偏微分方程基础

保继光 李海刚 编

PIANWEIFEN FANGCHENG JICHU

高等教育出版社·北京

内容提要

本书包含100多幅图片，图文并茂地讲述了偏微分方程的基本概念、发展历史、模型建立、研究方法；介绍了二阶、一阶方程定解问题的适定性和求解方法，其内容共由六章组成，包括偏微分方程的基本概念和史实、位势方程、热传导方程、波动方程、二阶线性方程的化简与分类、一阶方程。同时，本书设置了单独的章节，给出了n元微积分的预备知识、基本习题的完整答案，降低了初学者的学习难度；在各章的最后提供了拓展习题、阅读材料、中外著名参考文献，方便了学有余力读者的进一步提高。

本书可作为高等学校数学类专业本科生偏微分方程课程的教材，也可作为非数学类理工科本科生和研究生数学物理方程课程的教材，适合不同层次院校的学生学习，还可供自学者参考。

图书在版编目（CIP）数据

偏微分方程基础 / 保继光，李海刚编. -- 北京：高等教育出版社，2018.9（2019.11重印）
ISBN 978-7-04-050222-0

Ⅰ. ①偏… Ⅱ. ①保… ②李… Ⅲ. ①偏微分方程 – 高等学校 – 教材 Ⅳ. ① O175.2

中国版本图书馆 CIP 数据核字 (2018) 第 169226 号

策划编辑 李冬莉　责任编辑 李冬莉　封面设计 张楠　版式设计 张楠　插图绘制 黄云燕　责任校对 王雨　责任印制 赵义民

出版发行 高等教育出版社　社址 北京市西城区德外大街4号
邮政编码 100120　购书热线 010-58581118　咨询电话 400-810-0598
网址 http://www.hep.edu.cn http://www.hep.com.cn
网上订购 http://www.hepmall.com.cn http://www.hepmall.com http://www.hepmall.cn

印刷 固安县铭成印刷有限公司　开本 787mm×1092mm 1/16　印张 15.25　字数 280千字
版次 2018年9月第1版　印次 2019年11月第2次印刷　定价 31.00元

物料号 50222-00

前言

偏微分方程起源于 18 世纪, 发展于 19 世纪, 兴盛于 20 世纪。从历史上看, 偏微分方程的重要源泉是物理学与几何学。上世纪末以来, 偏微分方程又在备受关注的生物数学、金融数学与图像处理等领域大量出现, 在很大程度上推动了科学、技术、工程、社会的进步。"佩雷尔曼证明庞加莱猜想" 和 "爱因斯坦预言引力波存在" 就是应用偏微分方程的著名例子。

偏微分方程是数学类专业本科生的基础课, 也可以是非数学类理工科专业本科生或研究生的选修课, 一般安排在大学三年级或硕士一年级开设。本教材是作者在北京师范大学多年教学的基础上完成的, 遵循 "下要保底、上不封顶" 的原则, 适应高校扩招后人才培养多样化的状况。一方面, 本书精选了偏微分方程理论中最基本的内容, 选材首先考虑是有 "意思", 然后是有 "意义", 避免过分地强调 "理论意义" 使读者失去兴趣。第一章不仅介绍基本概念和记号, 讲述偏微分方程的发展历史、模型建立、研究方法, 还涉及金融数学、图像处理、网络搜索等读者感兴趣的话题, 穿插 79 幅的相关图片, 力求引人入胜, 避免枯燥; 此外, 第二、三、六章中专门设置了附录, 给出了教材需要的 n 元微积分的知识。另一方面, "上不封顶" 体现在本书各章后面提供了拓展习题和阅读材料、附注及其具体的参考文献, 为学有余力的读者预留了进一步深入学习的空间。根据作者多年的教学经验, 64 学时可以讲完全书, 48 学时可以讲完前 4 章, 12 学时可以讲完相对独立的第一章。

虽然执笔写书是近几年的事, 但作者在学习和工作过程中数学知识的积累和学术品位的提高, 离不开张恭庆院士、朱汝金教授, 以及周美珂教授、刘嘉荃教授、黄海洋教授、郇中丹教授、蒋美跃教授、李岩岩教授等老师们的教育与影响, 借此成书机会对他们表示由衷的感谢。同时, 感谢数学科学学院的同事们和国内外偏微分方程的同行们, 与他们的讨论开阔了作者的思路, 柯媛媛、黄红、代丽美老师指出了初稿中的具体错误。感谢高等教育出版社的领导和编辑对本书写作的鼓励与支持。最后, 也要感谢作者的博士生王宠、徐龙娟, 硕士生赵鹏、何欣蔚、侯媛媛、李一梅、王芳、肖俐、龚书钰、周子威等同学, 他们帮助作者录入了书稿, 给出了习题解答, 并提出了改进建议。

由于作者学识和水平有限, 本书一定还有许多需要完善的地方, 衷心希望读者批评指正, 电子邮件可发至 jgbao@bnu.edu.cn。

保继光
2017 年 4 月于北京师范大学

目录

第一章

偏微分方程的基本概念和史实

§1.1 偏微分方程的定义与实例

1. 方程概念的起源

在数学中, 方程可以简单地理解为含有未知量的等式.

中国人对方程的研究有着悠久的历史. 世界上最早的印刷本数学书、中国古代第一部数学专著《九章算术》(图 1.1) 成书于东汉初年 (约公元 1 世纪前后), 其 "卷第八" 的标题就是 "方程", 它在历史上首次阐述了负数及其加减运算法则, 提出了求解线性方程组的新方法.

中国古典数学理论的奠基人之一、魏晋期间伟大的数学家刘徽 (约 225—295) (图 1.2) 在 263 年给《九章算术》作注时, 给出了方程的定义:

程, 课程也. 群物总杂, 各列有数, 总言其实, 令每行为率. 二物者再程, 三物者三程, 皆如物数程之. 并列为行, 故谓之方程.

这里所谓的 "课程" 指的是按不同物品的数量关系列出的式子. "实" 就是式中的常数项. "令每行为率" 就是由一个条件写出一行式子. "如物数程之" 就是有几个未知数就必须列出几个等式. "方" 的本义是并, 将两条船并起来, 船头拴在一起, 谓之方. 故列出的一系列式子称 "方程". 这里的方程实际上就是现在人们说的一次方程组.

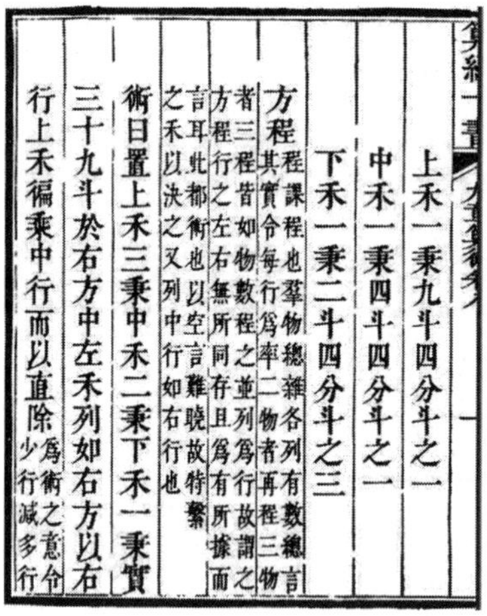
上禾一秉九斗四分斗之一
中禾一秉四斗四分斗之一
下禾一秉二斗四分斗之三
方程 程課程也羣物總雜各列有數總言其實令每行爲率二物者再程三物者三程皆如物數程之並列爲行故謂之方程行之左右無所同存且爲有所據而言耳此都術也以空言難曉故特繫之禾以決之又列中行如右行也
術曰置上禾三秉中禾二秉下禾一秉實三十九斗於右方中左禾列如右方以右行上禾徧乘中行而以直除 爲術之意令少行減多行

图 1.1《九章算术》的相关内容

图 1.2 带有刘徽画像的邮票

1859 年中国近代数学的前驱、清代数学史上的杰出代表李善兰 (1811—1882 年 12 月 9 日) (图 1.3) 与亚历山大 (Alexander Wylie, 1815—1887, 英国) 合作翻译出版了《代微积拾级 (Elements of Analytical Geometry and of the Differential and Integral Calculas)》, 书中将英文单词 "Equation" 创译成 "方程" 一词.《代微积拾级》是在中国翻译出版的第一部微积分著作, 此后该书译出的大批中文数学名词被普遍接受并沿用至今.

等式中的符号 "=" 是英国科学教育家雷科德 (Robert Recorde, 1510—1558) 在 1557 年出版的一本书《砺智石 (The Whetstone of Witte)》中建议使用的 (图 1.4). 直到 17 世纪末, 等号 "=" 才逐渐通用起来.

图 1.3 李善兰

图 1.4 雷科德在《砺智石》中有关等号的叙述: "为了避免多次烦琐重复使用 '等于' 这个词, 在日常工作中, 我规定用两条等长的平行线段来表示 '等于', 因为没有两样东西能比两条平行的线段更平等了". 第一次使用的方程是 "$14x + 15 = 71$".

1591 年, 韦达 (Franciscus Vieta, 1540—1603, 法国) (图 1.5) 在《分析方法入门 (In artem analyticem isagoge)》中第一次有意识地、系统地使用代数字母与符号. 笛卡儿 (René Descartes, 1596—1650, 法国) 对其进行了改进, 建议用 a, b, c, $\cdots$ 表示已知数, 用 x, y, z, $\cdots$ 表示未知数. 这已成为今天的习惯.

图 1.5 韦达

2. 偏微分方程的定义

方程可以根据其中出现的未知数或未知函数及其运算加以分类.

代数方程是指由已知数与未知数通过有限次的加、减、乘、除和开方组成的方程, 包括整式方程、分式方程与根式方程. 整式方程也称作多项式方程, 可以依多项式的次数, 细分为一次方程、二次方程等. 分式方程是指分母中至少含有一个未知数的方程. 整式方程与分式方程统称为有理方程. 根式方程是指被开方式中至少含有一个未知数, 而根指数不含未知数的方程, 也称为无理方程. 有理方程与无理方程统称为代数方程. 超越方程是指包含指数函数、对数函数、三角函数、反三角函数等超越函数的方程, 也称为非代数方程.

函数方程是指其中包含未知函数的方程. 微分方程是指其中包含未知函数及其导数 (或微分) 的函数方程. 如果一个微分方程中出现的未知函数只含一个自变量, 这个方程称为常微分方程, 也简称微分方程.

定义 1.1.1 *含有多元未知函数及其偏导数的方程称为偏微分方程* (partial differential equation). *含有多元未知函数及其偏导数的方程组称为偏微分方程组* (partial differential system), *其未知函数可以不止一个.*

另外, 积分方程是指其中包含未知函数积分的函数方程; 积分微分方程是指其中同时包含未知函数积分和导数 (或微分) 的函数方程.

莱布尼茨 (Gottfried Wilhelm Leibniz, 1646—1716, 德国, 图 1.6) 在他创办的《教师学报 (Acta Eruditorum)》上于 1684 年发表第一篇微分学论文《一种求极大极小和切线的新方法 (Nova methodus pro maximis et minimis)》, 定义了微分概念, 采用了微分符号 d. 1686 年他又在同一杂志上发表了积分学论文《深奥的几何与不可分量和无限的分析》, 讨论了微分与积分, 使用了积分符号 $\int$ (图 1.7). 依据他的笔记, 早在 1675 年莱布尼茨就完成了一套完整的微分学. 莱布尼茨是微积分的发明者之一、拓扑学的提出者、二进制的主要发现者, 被誉为 "17 世纪的亚里士多德 (Aristotle, 公元前 384 年—公元前 322 年, 希腊)". 他是最早接触中华文化的欧洲人, 并发现八卦可以用他的二进制来解释.

图 1.6 莱布尼茨

图 1.7 邮票上的微分和积分的符号

3. 两个千禧年问题

千禧年问题 (millennium prize problems) 是由美国克雷数学研究所 (Clay Mathematics Institute, 图 1.8) 于 2000 年 5 月 24 日公布的七个数学难题. 根据

规则, 所有难题的解答必须发表在数学期刊上, 并经过各方验证, 只要通过两年验证期, 每道题的第一个解答者, 将会被颁发 100 万美元的奖金. 人们期望千禧年问题的破解能为密码学、航天、通信等领域带来突破性进展.

这些难题是呼应希尔伯特 (David Hilbert, 1862—1943, 德国) 的 23 个数学问题提出的. 希尔伯特 (图 1.9) 是 19 世纪和 20 世纪初最具影响力的数学家之一, 因为创立了大量的思想理论 (例: 不变量理论、公理化几何、希尔伯特空间) 而被尊为伟大的数学家、科学家. 他在 1900 年巴黎国际数学家大会上提出的 23 个问题为 20 世纪的数学研究指出了方向.

图 1.8 克雷数学研究所的所标

图 1.9 希尔伯特

下面介绍两个与偏微分方程有关的千禧年问题. 一个来自几何, 另一个来自物理.

庞加莱猜想

庞加莱 (Jules Henri Poincaré, 1854—1912) (图 1.10) 是法国最伟大的数学家之一、理论物理学家和科学哲学家, 被公认是 19 世纪后四分之一和 20 世纪初的领袖数学家, 是继历史上最重要的数学家之一高斯 (Carl Friedrich Gauss, 1777—1855, 德国著名数学家、物理学家、天文学家、大地测量学家) (图 1.11) 之后对数学及其应用具有全面知识的最后一人.

图 1.10 庞加莱

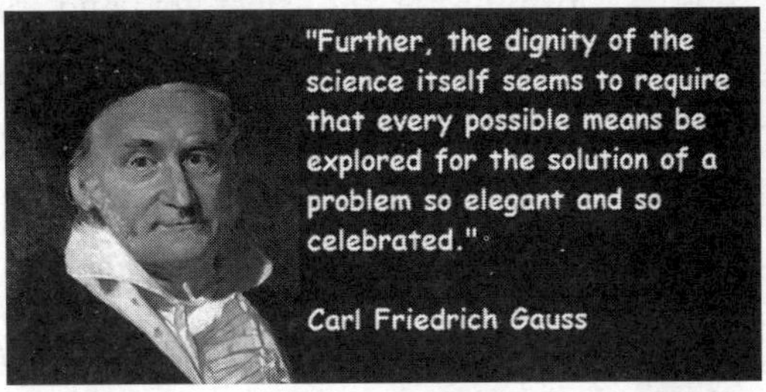

图 1.11 高斯

1904 年, 庞加莱提出猜想: 任何一个单连通的闭三维流形一定同胚于三维球面, 即该流形与球面之间存在一一的连续映照 (图 1.12).

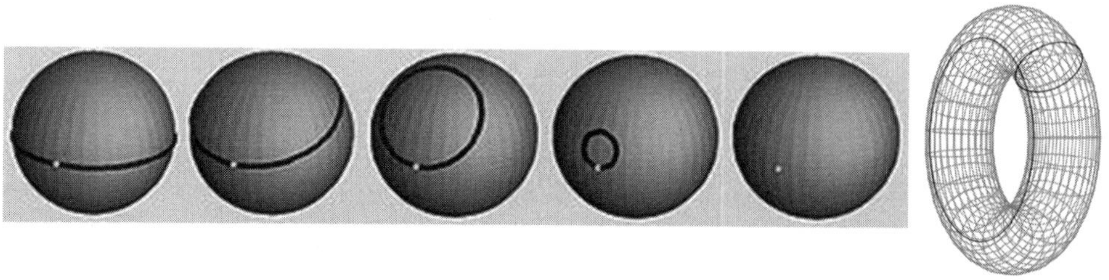

图 1.12 庞加莱猜想在二维情形的图示: 对一个二维闭曲面, 若它上面的每一个闭曲线都可以连续地收缩为一点, 则该曲面同胚于二维 (通常的) 球面. 作为对比, 右图中环面上两个圆周均无法连续地收缩成一点. 因此环面并不与球面同胚. 庞加莱猜想断言, 同样的结果适用于三维曲面.

百余年来, 数学家们为证明这一猜想付出了艰辛的努力. 数学家首先将庞加莱原来的猜想推广为: 任意维数的同伦等价于球面的闭流形同胚于球面. 1961 年斯梅尔 (Stephen Smale, 1930—, 美国) 绕过三维和四维的情形, 利用动力系统的方法证明了五维及五维以上的广义庞加莱猜想. 1982 年弗里德曼 (Michael Freedman, 1951—, 美国) 证明了四维广义庞加莱猜想, 仅留下庞加莱最初猜测的三维情形没有解决. 斯梅尔和弗里德曼分别获得了 1966 年和 1986 年的菲尔兹奖 (Fields Medal), 斯梅尔还获得了 2006 年的沃尔夫数学奖 (Wolf Prize, 世界最高成就奖之一).

佩雷尔曼 (Grigori Yakovlevich Perelman, 1966—, 俄罗斯) 在这个问题的研究中将分析、几何和拓扑的方法结合在一起, 以一种近乎 “疯狂” 的方式证明了庞加莱猜想, 给这个具有一百多年历史的著名数学问题画上了句号. 美国《科学》杂志 2006 年 12 月 21 日公布了该刊评选出的年度十大科学进展, 其中庞加莱猜想的解决名列榜首.

图 1.13 里奇的雕像

佩雷尔曼是一个神秘人物, 自从 2002 年 11 月在一个数学论文预印本网站上贴出《里奇流的熵公式及其几何应用 (The entropy formula for the Ricci flow and its geometric application)》等 3 篇关于庞加莱猜想的关键论文之后, 就不再露面, 甚至拒领菲尔兹奖和千禧年大奖. 他很好地使用了 2011 年邵逸夫奖 (Shaw Prize, 被称为 “东方诺贝尔奖”) 得主哈密顿 (Richard Hamilton, 1943—, 美国) 引入的所谓的里奇 (Gregorio Ricci-Curbastro, 1853—1925, 意大利) (图 1.13) 流方程. 实际上, 里奇流方程是一个比较复杂的偏微分方程组, 但它有一个非常简单的特例

$$\frac{\partial u}{\partial t} = \mathrm{e}^{2u}\Big(\frac{\partial^2 u}{\partial x^2} + \frac{\partial^2 u}{\partial y^2}\Big).$$

2006 年, 菲尔兹奖得主陶哲轩 (Terence Chi-Shen Tao, 1975—, 澳裔华人) 在预印本网站贴出了长达 42 页、题目为《从非线性偏微分方程看佩雷尔曼对庞加莱猜想的证明 (Perelman's proof of the Poincaré conjecture: a nonlinear PDE perspective)》的论文.

菲尔兹奖 (图 1.14 和图 1.15) 的正式名称为国际杰出数学发现奖 (The International Medals for Outstanding Discoveries in Mathematics), 是一个在国际数学家大会上颁发的奖项. 20 世纪 20 年代末, 数学家、教育家菲尔兹 (John Charles Fields, 1863—1932, 加拿大) (图 1.16) 开始筹备这个奖项, 在遗嘱中捐出 47 000 美元给奖项基金. 1936 年首次颁发, 每 4 年评选 2~4 名年龄不超过 40 岁的有卓越贡献的数学家, 奖金是 15 000 加拿大元.

图 1.14 菲尔兹奖章正面: 阿基米德的浮雕头像

图 1.15 菲尔兹奖章背面: 背景为阿基米德的球体嵌进圆柱体定理

图 1.16 菲尔兹

纳维 – 斯托克斯方程 (Navier–Stokes equation)

因为地球被大气层包围, 而地球表面的三分之二又被水面覆盖, 所以人们自然非常关心流体 (包括气体和液体) 的运动. 纳维 – 斯托克斯方程就是描述流体物质运动规律的一组偏微分方程, 是黏性不可压缩流体动力学的基础, 可以用于模拟天气、洋流、管道中的水流、恒星的运动、潜艇附近的水流、机翼周围的气流等大量对学术和经济有用的现象的物理过程. 它被称为改变世界的 17 个方程之一, 1827 年由纳维 (Claude-Louis Navier, 1785—1836, 法国) 首先提出, 1845 年由斯托克斯 (Sir George Gabriel Stokes, 1819—1903, 英国) 加以完善 (图 1.17).

对于不可压缩流体, 其纳维 – 斯托克斯方程包括动量守恒公式

$$\rho\left(\frac{\partial \boldsymbol{v}}{\partial t}+\boldsymbol{v}\cdot\nabla\boldsymbol{v}\right)=-\nabla p+\mu\nabla^2\boldsymbol{v}+\boldsymbol{f}$$

和质量守恒公式 $\nabla\cdot\boldsymbol{v}=0$, 其中 $\boldsymbol{v}$ 是描述流体速度的三维向量. 第一个方程是牛顿 (Isaac Newton, 1643—1727, 英国) 第二定律 $F=ma$ 的一个变形; 第二个方程表示流体是不可压缩的.

图 1.17 纳维与斯托克斯

从美国数学会网站可知, 纳维 – 斯托克斯方程的研究论文至今已超过 15 000 篇, 但许多基本性质都尚未被证明. 在千禧年问题中, 相关的数学问题是: 在三维空间中, 给定一个光滑的无散度的初值, 纳维 – 斯托克斯方程是否存在光滑的整体解? 1934 年, 勒雷 (Jean Leray, 1906—1998, 法国) (图 1.18) 证明了纳维 – 斯托克斯方程整体经典解的唯一性和弱解的存在性. 他获得了 1979 年的沃尔夫数学奖. 1969 年, 拉德仁斯卡娅 (Olga Aleksandrovna Ladyzhenskaya, 1922—2004, 苏联和俄罗斯) (图 1.19) 证明了二维纳维 – 斯托克斯方程整体经典解的存在性. 除了这两个结果外, 纳维 – 斯托克斯方程经典解的存在唯一性定理还没有本质的进展.

图 1.18 勒雷

图 1.19 拉德仁斯卡娅

1982 年, 卡法雷利 (Luis A. Caffarelli, 1948—, 阿根廷, 2012 年沃尔夫数学奖获得者), 科恩 (Robert V. Kohn, 1953—, 美国) 和尼伦伯格 (Louis Nirenberg,

1925—, 加拿大和美国; 2010 年首届陈省身奖获得者) 证明了纳维 – 斯托克斯方程弱解的部分正则性. 美国数学会评价说 "这大概是试图解决纳维 – 斯托克斯方程千禧年问题的所有已知结果中最好的结果". 2014 年, 这篇论文获得了由美国数学会颁发的斯梯尔 (Leroy P. Steele) 开创性贡献论文奖.

能否建构一个理论模型来描述湍流 (图 1.20 和图 1.21) 的行为, 特别是它的内部结构? 这也是物理学九大未解之谜之一. 纳维 – 斯托克斯方程只是流体在连续介质假定下的一种公认的近似, 究竟这种近似在什么程度下可以描述那些实际现象, 而另外一些现象是否需要用别的模型来描述, 这也是需要考虑的重要问题.

图 1.20 木星的大红斑

图 1.21 湍流波

习题 1.1.1 阅读文章《"潜伏" 在日常生活中的 7 个方程式》.

§1.2 偏微分方程的发展历史

1. 18 世纪的偏微分方程

微积分学的深入发展与广泛应用是 18 世纪数学的主流, 它刺激和推动了偏微分方程等许多新分支的产生. 欧拉 (Leonhard Euler, 1707—1783, 瑞士) (图 1.22) 在 18 世纪 30 年代就开始了对偏微分方程的研究. 1734 年, 他最早在自己的著作中提出了特殊的偏微分方程.

欧拉是 18 世纪最杰出的数学家, 也是有史以来最伟大的数学家之一, 在微积分、图论、力学、流体动力学、光学和天文学等多个领域都有重大发现. 他引进了许多现代数学的术语和书写格式, 最为著名的是第一个将函数写为 $f(x)$, 用来表示一个以 x 为自变量的函数. 据统计, 欧拉一生平均每年发表 800 页的学术论文, 内容涵盖多个学术范畴. 1911 年, 数学界开始系统地出版欧拉的著作, 并定名为《欧拉全集 (Leonhard Euler, Opera Omnia)》, 迄今已上架 70 多卷, 平均每卷 500 多页. 拉普拉斯 (Pierre–Simon Laplace, 1749—1827, 法国) (图 1.23) 说: 读读欧拉, 他是我们所有人的老师 (Read Euler, read Euler, he is the master of us all).

图 1.22 纪念欧拉诞辰 300 周年的邮票

图 1.23 拉普拉斯雕塑

就科研成果方面而言, 欧拉是数学史上或者说是自然科学史上首屈一指的. 欧拉给后人留下了极其丰富的科学遗产和为科学献身的精神. 历史学家把欧拉同阿基米德 (Archimedes, 公元前 287 年 — 公元前 212 年, 希腊, 其出生年月是历史学家推算出来的, 但其名字已无从考证) (图 1.24)、牛顿 (图 1.25)、高斯并列为数学史上的 "四杰". 他们有一个共同点, 就是在创建纯粹理论的同时, 还应用这些数学工具去解决大量的来自天文、物理和力学等方面的实际问题.

图 1.24 阿基米德

图 1.25 牛顿

1743 年, 达朗贝尔 (Jean–Baptiste le Rond d'Alembert, 1717—1783, 法国) (图 1.26) 在《论动力学 (Traité de dynamique)》中提出和总结力学中的达朗贝尔原理和虚功原理时出现了特殊的偏微分方程. 但这些著作当时并没有引起多大关注.

图 1.26 印有达朗贝尔头像的邮票

声音是人类最早研究的物理现象之一. 1747 年, 达朗贝尔在《张紧的弦在振动时形成的曲线研究 (Recherches sur la courbe que forme une corde tenduë mise en vibration)》中首先明确导出了弦振动方程

$$\frac{\partial^2 u}{\partial t^2}=a^2\frac{\partial^2 u}{\partial x^2},$$

且给出了其通解的表达式 (图 1.27), 并提议证明存在无穷多种与正弦曲线不同的曲线都是振动的模式, 由此开创了偏微分方程这门学科.

l'equation generale de la courbe eft donc

$$y=\Psi(t+s)+\Gamma(t-s).$$

图 1.27 达朗贝尔给出的弦振动方程的通解公式 $y=\Psi(t+s)+\Gamma(t-s)$.

1753 年, 伯努利 (Daniel Bernoulli, 1700—1782, 瑞士) 发表了《弦振动问题新思考》. 他假定初始曲线均可表示为正弦级数, 从而弦振动问题所有可能的解都是正弦周期模式的叠加. 这一做法遭到了欧拉和达朗贝尔的强烈反对, 并展开了长期的争论.

18 世纪获得的另一类重要的偏微分方程是位势方程, 这与当时另一个热门的问题 —— 计算两个物体之间的引力是相关的. 被誉为 “法国牛顿” 的拉普拉斯在 1785 年发表的论文《球状物体的引力理论与行星形状 (Théorie du movement et de la figure elliptique des planètes)》中引进了标量函数 V, 推导出 V 所满足的方程

$$\frac{\partial^2 V}{\partial x^2}+\frac{\partial^2 V}{\partial y^2}+\frac{\partial^2 V}{\partial z^2}=0.$$

这就是所谓的位势方程, 也称之为拉普拉斯方程.

2. 19 世纪的偏微分方程

在 19 世纪, 偏微分方程是数学家、物理学家关注的核心. 这有两方面的原因, 一方面是因为偏微分方程在物理学研究中有广泛的应用, 另一方面则是由于偏微分方程的研究促进了函数论、变分法、无穷级数、常微分方程、代数、微分几何等数学分支的发展, 从而在很大程度上推动了数学的进步.

19 世纪在偏微分方程求解方面迈出第一步的是傅里叶 (Joseph Fourier, 1768—1830, 法国). 傅里叶的主要贡献是他在研究热传导问题时创立了一套数学理论. 傅里叶深信数学是解决实际问题的最卓越的工具, 并且很重视数学物理等应用数学的发展. 由于当时工业上处理金属的需要, 他很早就开始并一生坚持不渝地从事热流动的研究. 1807 年, 他向巴黎科学院提交了关于热传导方程

$$\frac{\partial^2 T}{\partial x^2}+\frac{\partial^2 T}{\partial y^2}+\frac{\partial^2 T}{\partial z^2}=k^2\frac{\partial T}{\partial t}$$

的论文, 断言任一函数都能够展成三角函数的无穷级数. 1822 年, 他又出版了《热的解析理论 (Théorie analytique de la chaleur)》一书, 断言任意周期函数都可以用正弦函数和余弦函数表示, 提出了求解热传导方程的变量分离法. 他的这种思想, 虽然缺乏严格的论证, 但对近代数学、物理以及工程技术都产生了深远的影响, 成为傅里叶分析的起源. 热力学之父汤姆森 (William Thomson, 1st Baron Kelvin, 1824—1907, 英国) 和泰特 (Peter Guthrie Tait, 1831—1901, 英国) 在《自然哲学 (Treatise on Natural Philosophy)》中曾说: "傅里叶的定理不仅是现代分析学中最美妙的成果之一, 而且是现代物理研究不可或缺的工具."

图 1.28 法国的约瑟夫傅里叶大学

今天, 傅里叶的思想和方法在很多方面影响着我们的生活 (图 1.28 为法国的约瑟夫傅里叶大学). 例如, 拍摄数码照片时都会自动地将拍摄到的图像进行压缩处理并存储在数码相机里, 其中使用的 JPEG 数据压缩方法的一个步骤就是傅里叶变换.

马克思主义的创始人之一、辩证唯物主义哲学家恩格斯 (Friedrich Von Engels, 1820—1895, 德国) 把傅里叶的数学成就与他所推崇的唯心论哲学的代表人物之一黑格尔 (Georg Wilhelm Friedrich Hegel, 1770—1831, 德国) 的辩证法相提并论. 他写道: 傅里叶是一首数学的诗, 黑格尔是一首辩证法的诗.

在求解位势方程

$$\frac{\partial^2 V}{\partial x^2}+\frac{\partial^2 V}{\partial y^2}+\frac{\partial^2 V}{\partial z^2}=0$$

方面, 1828 年, 格林 (George Green, 1793—1841, 英国) (图 1.29 为格林图书馆) 出版了一本私人印刷的小册子《数学分析在电磁学理论中的应用的一篇论文 (An essay on the application of mathematical analysis to the theories of electricity and magnetism)》, 引入了位势的概念, 并且把位势函数的概念移用到电磁学中, 第一个创立了电学和磁学的数学理论. 他的理论是麦克斯韦 (James Clerk Maxwell, 1831—1879, 英国) (图 1.30)、汤姆森等人工作的基础. 他求解位势方程解的方法, 称为奇异点方法.

图 1.29 英国诺丁汉大学的乔治 · 格林图书馆

图 1.30 麦克斯韦的雕像

1828 年, 仅次于欧拉的多产数学家柯西 (Augustin Louis Cauchy, 1789—1857, 法国) (图 1.31) 等人得到了弹性介质方程组

$$
\begin{cases}
(\lambda+\mu)\dfrac{\partial\theta}{\partial x}+\mu\Delta u=\rho\dfrac{\partial^2 u}{\partial t^2},\\
(\lambda+\mu)\dfrac{\partial\theta}{\partial y}+\mu\Delta v=\rho\dfrac{\partial^2 v}{\partial t^2},\\
(\lambda+\mu)\dfrac{\partial\theta}{\partial z}+\mu\Delta w=\rho\dfrac{\partial^2 w}{\partial t^2},\\
\theta=\dfrac{\partial u}{\partial x}+\dfrac{\partial v}{\partial y}+\dfrac{\partial w}{\partial z}.
\end{cases}
$$

图 1.31 印有柯西头像的邮票

1864 年, 麦克斯韦在先辈法拉第 (Michael Faraday, 1791—1867, 英国) 关于电磁实验的基础上提出了麦克斯韦方程组

$$
\begin{cases}
\nabla\cdot\boldsymbol{E}=\dfrac{\rho}{\varepsilon_0},\\
\nabla\cdot\boldsymbol{B}=0,\\
\nabla\times\boldsymbol{E}=-\dfrac{\partial\boldsymbol{B}}{\partial t},\\
\nabla\times\boldsymbol{B}=\mu_0\left(\boldsymbol{J}+\varepsilon_0\dfrac{\partial\boldsymbol{E}}{\partial t}\right),
\end{cases}
$$

将电学与磁学统一成电磁学, 预言了电磁波的存在. 由于算出电磁波在真空中的传播速度与光在真空中的传播速度相同, 麦克斯韦断言, 光就是频率在某一范围的电磁波. 后来无线电波的发现, 证实了麦克斯韦的预言. 在此之前, 从未有人想过光、电和磁之间存在着如此重要的关联.

麦克斯韦方程组是 19 世纪偏微分方程最重要的成果, 被誉为继科学史上最有影响力的牛顿之后 "物理学的第二次大统一". 发现电磁波的赫兹 (Heinrich Hertz, 1857—1894, 德国) 曾经说过: "人们无法回避这种感觉, 这些数学公式是独立存在的, 它们本身是有智慧的, 这种智慧超过了我们, 甚至比它们的发现者还要聪明." 在麦克斯韦百年诞辰时, 诺贝尔奖获得者、理论物理学家爱因斯坦 (Albert Einstein, 1879—1955, 德国) 盛赞他对于物理学做出了 "自牛顿时代以来的一次最深刻、最富有成效的变革". 据说, 爱因斯坦书房的墙壁悬挂着三幅相片: 法拉第、麦克斯韦、牛顿.

当今, 现代通信的全套装备 —— 从无线电、电视到雷达以及手机使用的微波通信等都自然而然地来到了人们面前, 使人类的生活丰富多彩. 所有这一切的原动力都是麦克斯韦的 4 个方程式和一些简单的计算, 麦克斯韦方程组因此也被列入 "改变世界面貌的 10 个公式" 之一. 其实, 它们不仅改变了世界, 也开启了一个全新的世界.

对于偏微分方程来说, 若求出了显式解, 则解的存在性不证自明. 求不出显式解时, 数学家们则需要证明解的存在. 柯西是讨论偏微分方程解的存在性的第一人. 他在 1848 年的一系列论文中将阶数大于 1 的偏微分方程化为一阶偏微分方程组, 然后讨论偏微分方程组解的存在性, 并给出了证明存在性的优函数方法.

图 1.32 柯瓦列夫斯卡娅

柯西的工作后来被柯瓦列夫斯卡娅 (Sofia Kovalevskaya, 1850—1891, 俄国) (图 1.32) 独立地发展为包括拟线性方程和高阶方程组在内的非常一般的形式. 她的论文《偏微分方程理论 (Zur Theorie der partiellen Differentialgleichung)》在 1875 年发表. 有关偏微分方程解的存在唯一性定理被称为 Cauchy–Kovalevskaya 定理, 其重要性相当于常微分方程中 $y' = f(x, y)$ 初值问题幂级数解的存在唯一性定理. 柯瓦列夫斯卡娅是俄国历史上第一个皇家圣彼得堡科学院女院士, 北欧第一个女教授, 也是世界上最早担任学术期刊编辑的女性之一.

3. 20 世纪的偏微分方程

1900 年, 希尔伯特在巴黎第二届国际数学家大会上提出了新世纪数学家应当努力解决的 “23 个数学问题”, 这被认为是 20 世纪数学的至高点, 对这些问题的研究有力推动了 20 世纪数学的发展. “23 个数学问题” 中的第 19, 20 和 23 个问题都与偏微分方程有关, 并且现在已发展成为一个很大的数学分支.

如果说希尔伯特 1900 年的这次演讲标志着世界数学中心由法国的巴黎转向了德国的哥廷根的话, 那么第二次世界大战的爆发却使得于 20 世纪 30 年代刚刚成立的美国普林斯顿高等研究所抓住了机遇, 迅速取代哥廷根成为新的世界数学中心. “二战” 的爆发迫使大量著名的欧洲数学家移民到了美国, 包括希尔伯特的接班人外尔 (Hermann Weyl, 1885—1955, 德国), 创新数学大师冯 · 诺依曼 (John von Neuman, 1903—1957, 匈牙利, 美国), 以及当时哥廷根大学数学系的主持人柯朗 (Richard Courant, 1888—1972, 德国, 美国) (图 1.33) 等. 在此期间, 普林斯顿高等研究所集中了众多世界一流的数学家到此工作. 1943 年, 在西南联合大学任教的陈省身 (Shiing-Shen Chern, 1911—2004, 国际数学大师) 先生也被邀请前往普林斯顿高等研究所进行学术访问. 陈先生在晚年回忆, 认为自己一生最得意的工作就是 Gauss–Bonnet 公式的内蕴证明, 现在人们称之为 Gauss–Bonnet–Chern 公式. 而这篇划时代的文章就是陈先生于 1943 年冬天在普林斯顿高等研究所完成的.

图 1.33 柯朗

第二次世界大战迫使美国政府将数学与科学技术、军事目标空前紧密地结合起来, 开辟了美国数学发展的新时代. 1942 年, 美国国家防卫科学委员会成立了应用数学组, 帮助解决战争中日益增多的数学问题. 应用数学组与 11 所大学签订了合同, 包括普林斯顿大学、纽约大学、布朗大学、哈佛大学等著名大学. 例如, 在纽约大学, 柯朗和弗里德里希斯 (Kurt Otto Friedrichs, 1901—1982, 德国) 领导的小组研究空气动力学、水下爆破和喷气火箭理论、超音速飞机带来的激波和声爆问题, 其中主要是求解相关的双曲型偏微分方程. 这个小组在战后发展成为柯朗数学研究所. 在布朗大学, 以普拉格 (William Prager, 1903—1980, 德国, 美国) 为首的应用小组集中研究经典动力学和畸变介质力学, 以提高军备的使用寿命. 在哈佛大学, 伯克霍夫 (Garrett Birkhoff, 1911—1996, 美国) 主要研究雷达瞄准和弹道学等流体力学问题.

第二次世界大战以后, 偏微分方程理论取得巨大的发展. 20 世纪 50 年代中期, 菲尔兹奖和沃尔夫奖得主赫尔曼德尔 (Lars Valter Hörmander, 1931—2012, 瑞典) (图 1.34)、马尔格朗日 (Bernard Malgrange, 1928—, 法国) 与埃伦普里斯 (Leon Ehrenpreis, 1930—2010, 美国) 独立证明了常系数线性偏微分方程的可解性. 但是, 沃尔夫奖得主卢伊 (Hans Lewy, 1904—1988, 美国) (图 1.35) 在 1957 年举出了一个简单的反例

$$\frac{\partial u}{\partial x}+\mathrm{i}\frac{\partial u}{\partial y}-2\mathrm{i}(x+\mathrm{i}y)\frac{\partial u}{\partial t}=f(t).$$

由此方程出发也可以构造出实系数方程的反例. 这些反例表明, 无穷次可微系数 (甚至多项式系数) 的线性方程可能没有解. 1973 年, 菲尔兹奖得主费弗曼 (Charles Louis Fefferman, 1949—, 美国) 给出了非退化线性偏微分方程局部可解性的一个充分必要条件.

图 1.34 赫尔曼德尔 (左) 获沃尔夫奖

图 1.35 沃尔夫奖得主卢伊

相比线性方程而言, 非线性方程的研究却困难重重, 进展缓慢. 这种状况直到 20 世纪 60 年代以后才有所改变.

故事还得从 19 世纪讲起. 造船工程师罗素 (John Scott Russell, 1808—1882, 苏格兰) 于 1834 年 8 月在英国格拉斯哥 (Glasgow) 运河旁骑马时观察到一个奇怪的现象. 他看到一只行进木船的船头挤出高约 0.4 m、长约 9 m 的一堆水来; 当船突然停下时, 这堆水竟保持着它的形状, 以每小时大约 14 km 的速度向前传播 (图 1.36). 罗素将他发现的这种在行进中波形不随时间而改变的水波包称为孤立波, 并在其后半生专门从事孤立波的研究, 发表了论文《论水波 (Report on Waves)》.

直到 1895 年, 科尔泰沃赫 (Diederik Johannes Korteweg, 1848—1941, 荷兰) 和德弗里斯 (Gustav De Vries, 1866—1934, 荷兰) 才获得了描述孤立波现象较满意的数学模型 (图 1.37)

$$\frac{\partial\eta}{\partial t}=\frac{3}{2}\sqrt{\frac{g}{l}}\,\frac{\partial\left(\frac{1}{2}\eta^2+\frac{2}{3}\alpha\eta+\frac{1}{3}\sigma\frac{\partial^2\eta}{\partial x^2}\right)}{\partial x},$$

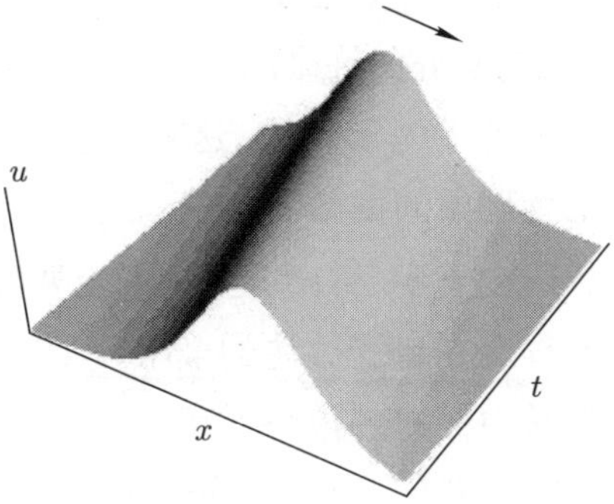

KdV 1-soliton

图 1.36 实地再现和计算机模拟罗素当年看到的现象

并给出了一个类似于罗素孤立波的解析解, 其中 x 是沿河道的一维坐标, t 是时间, $\eta(x,t)$ 是波峰高度, l 是水深, g 是重力加速度, α, σ 是有关常数. 这个方程就叫科尔泰沃赫 – 德弗里斯方程, 简称 KdV 方程. KdV 方程的研究在其后 60 多年中停滞不前.

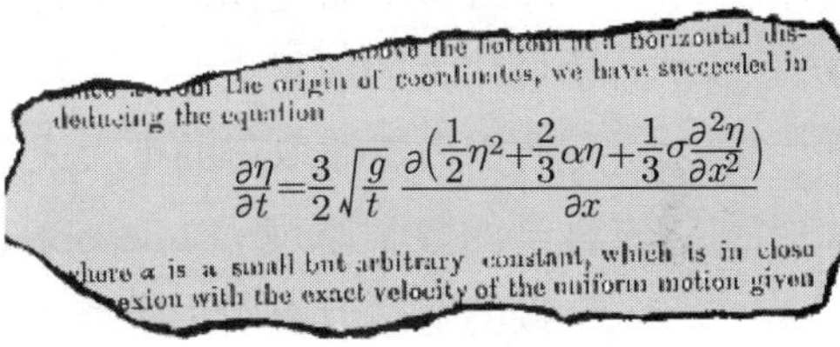
the bottom at a horizontal dis-
the origin of coordinates, we have succeeded in
deducing the equation

$$\frac{\partial\eta}{\partial t}=\frac{3}{2}\sqrt{\frac{g}{t}}\,\frac{\partial\left(\frac{1}{2}\eta^2+\frac{2}{3}\alpha\eta+\frac{1}{3}\sigma\frac{\partial^2\eta}{\partial x^2}\right)}{\partial x}$$

where α is a small but arbitrary constant, which is in close
exion with the exact velocity of the uniform motion given

图 1.37 发表在《哲学杂志 (Philosophical Magazine)》的 KdV 方程

1960 年, 加德纳 (Clifford Spear Gardner, 1924—2013, 美国) 等人发现 KdV 方程可以作为非线性科学中许多实际问题的数学模型, 从而重新引起数学界的重视. 不久, 他们发展出了 “散射反演方法”, 成功地求解了 KdV 方程. 后来人们发现光纤通信、神经细胞脉冲传导、木星红斑活动等都存在孤立子性质. 孤立波作为一种普遍存在的非线性现象引起了科学家们极大的兴趣.

综上所述, 偏微分方程起源于 18 世纪, 发展于 19 世纪, 丰富于 20 世纪. 如果没有偏微分方程, 人类现有的大部分技术可能都无法被发明出来; 没有偏微分方程, 人类可能仍然生活在中世纪. 如果没有方程式, 我们将不能理解统辖潮汐冲刷海滩的浪涛、不断变化的天气、行星的运行、恒星的核反应等现象的物理学原理; 不可能理解宇宙之广袤以及我们在其中的位置.

习题 1.2.1 搜集并整理偏微分方程在中国发展的史料.

§1.3 偏微分方程的建模

偏微分方程建模就是运用偏微分方程的思想和方法, 理解、分析和解决自然科学、社会科学以及工程技术中的应用问题. 在科学技术日新月异的发展过程中, 人们研究的许多问题不仅和时间有关系, 而且和空间坐标也有联系, 还可能与其他若干因素有关, 这就要用含有多个变量的函数来表示. 于是就产生了研究某些现象的偏微分方程.

从历史上看, 偏微分方程的重要源泉是物理学与几何学. 20 世纪末以来, 偏微分方程又在备受关注的金融数学与图像处理等领域大量出现. 下面, 首先介绍物理学中经典的位势方程、弦振动方程和热传导方程的推导过程, 然后再分别介绍微分几何、证券投资中的两个例子. 图像处理中的偏微分方程的例子留作习题.

1. 位势方程

万有引力定律揭示了物体在相互引力作用下的运动规律, 是 17 世纪自然科学最伟大的成果之一. 科学史上哈雷彗星、海王星、冥王星的发现, 都是应用了万有引力定律取得的重大成就. 万有引力定律 (图 1.38) 发表于 1687 年的《自然哲学的数学原理 (Philosophiae Naturalis Principia Mathematica)》(图 1.39) 上. 牛顿的普适万有引力定律表示如下: P 点处质量为 m 的质点对 Q 点处具有单位质量质点的作用力是

$$\boldsymbol{F} = -G\frac{m}{r^3}\boldsymbol{r},$$

其中 G 是万有引力常量, $\boldsymbol{r} = \overrightarrow{PQ}$, $r = |\boldsymbol{r}|$.

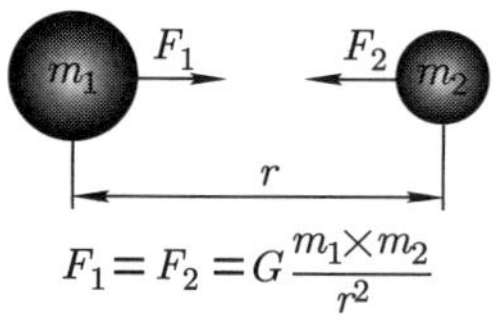

图 1.38 万有引力定律示意图

图 1.39 牛顿的《自然哲学的数学原理》

设物体 Ω 的密度为 $\rho(\xi,\eta,\zeta)$, 点 $Q(x,y,z)$ 的质量为 1, 则物体 Ω 对 Q 的作用力

$$\boldsymbol{F}(x,y,z) = -G\iiint_{\Omega}\frac{\rho}{r^3}\boldsymbol{r}\mathrm{d}\xi\mathrm{d}\eta\mathrm{d}\zeta,$$

其中

$$\boldsymbol{r}=(x-\xi,y-\eta,z-\zeta),\qquad r=\sqrt{(x-\xi)^2+(y-\eta)^2+(z-\zeta)^2}.$$

由

$$\frac{\partial}{\partial x}\Big(\frac{1}{r}\Big)=-\frac{1}{r^2}\cdot\frac{x-\xi}{r},\qquad \mathrm{D}_{(x,y,z)}\Big(\frac{1}{r}\Big)=-\frac{\boldsymbol{r}}{r^3},$$

有

$$\boldsymbol{F}(x,y,z)=G\iiint_{\Omega}\rho\mathrm{D}\Big(\frac{1}{r}\Big)\,\mathrm{d}\xi\mathrm{d}\eta\mathrm{d}\zeta=:\mathrm{D}V(x,y,z),$$

其中

$$V(x,y,z)=G\iiint_{\Omega}\frac{\rho(\xi,\eta,\zeta)}{r}\,\mathrm{d}\xi\mathrm{d}\eta\mathrm{d}\zeta$$

称为引力场的势函数. 对任意的 $(x,y,z)\notin\overline{\Omega}$, 有

$$\frac{\partial^2}{\partial x^2}\Big(\frac{1}{r}\Big)=-\frac{1}{r^3}-(x-\xi)\cdot\frac{-3}{r^4}\cdot\frac{x-\xi}{r}=\frac{-r^2+3(x-\xi)^2}{r^5},$$

$$\Delta\Big(\frac{1}{r}\Big):=\Big(\frac{\partial^2}{\partial x^2}+\frac{\partial^2}{\partial y^2}+\frac{\partial^2}{\partial z^2}\Big)\Big(\frac{1}{r}\Big)=0,$$

所以

$$\Delta V(x,y,z)=G\iiint_{\Omega}\rho(\xi,\eta,\zeta)\Delta_{(x,y,z)}\Big(\frac{1}{r}\Big)\,\mathrm{d}\xi\mathrm{d}\eta\mathrm{d}\zeta=0,$$

即在 $\mathbf{R}^3\setminus\overline{\Omega}$ 中 V 满足拉普拉斯方程或位势方程

$$\Delta V=0.$$

它是线性椭圆型方程的典型代表, 也是偏微分方程研究的基础中的基础.

2. 热传导方程

热传导是热能从高温部分向低温部分转移的物理现象, 工业上和生活中有许多热传导过程 (图 1.40). 热传导方程首先由傅里叶在 1822 年的著作《热的解析理论》中给出, 描述了空间某物体 Ω 内部的热传导问题. 建立物体的温度函数 $u(x,y,z,t)$ 满足的方程, 其主要依据是热量守恒定律, 即: 对任意的子区域 $\Omega_1\subset\Omega$ 和时刻 $t_2>t_1>0$, Ω_1 内部从 t_1 时刻到 t_2 时刻的热量增量等于在时间 $[t_1,t_2]$ 内由 $\partial\Omega_1$ 进入 Ω_1 的热量与热源产生的热量之和.

热量守恒定律中出现的三个物理量有下列数学表示:

(1) 在 t 时刻 Ω_1 内的热量

$$\iiint_{\Omega_1}c\rho u(\xi,\eta,\zeta,t)\,\mathrm{d}\xi\mathrm{d}\eta\mathrm{d}\zeta,$$

其中 c 是比热, ρ 是密度;

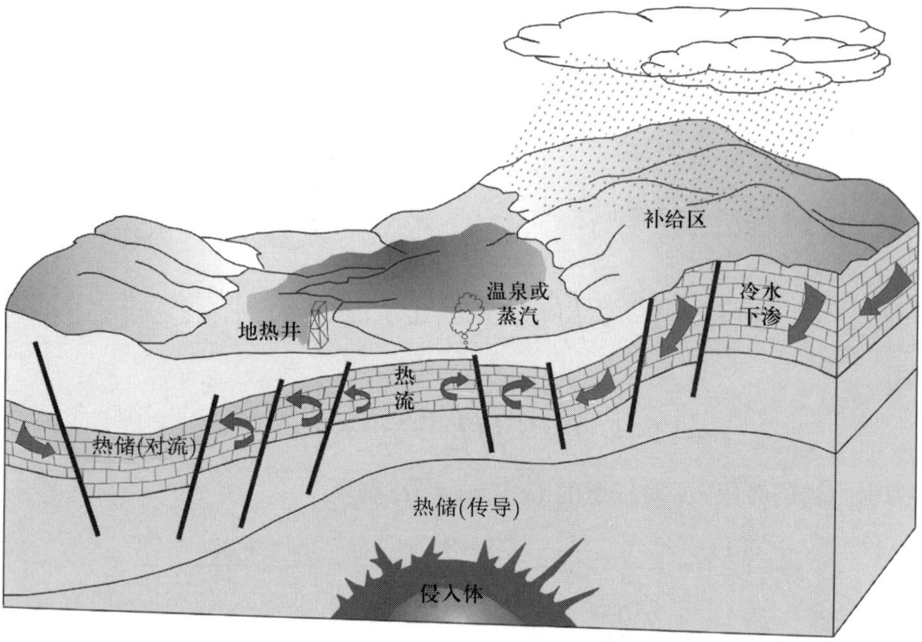

图 1.40 传导型地热资源的模型

(2) 在时间 $[t_1,t_2]$ 内热源在 Ω_1 中产生的热量

$$\int_{t_1}^{t_2}\iiint_{\Omega_1}\rho F(\xi,\eta,\zeta,t)\,\mathrm{d}\xi\mathrm{d}\eta\mathrm{d}\zeta\mathrm{d}t,$$

其中 $F(x,y,z,t)$ 是热源强度 (在时刻 t 点 (x,y,z) 处产生的热量);

(3) 根据傅里叶定律: 热量流速 $\boldsymbol{q}=-k\mathrm{D}u$, 其中 k 为导热系数, 在 $[t_1,t_2]$ 内从 $\partial\Omega_1$ 进入 Ω_1 的热量为

$$-\int_{t_1}^{t_2}\iint_{\partial\Omega_1}\boldsymbol{q}\cdot\boldsymbol{\nu}\,\mathrm{d}S\mathrm{d}t=-\int_{t_1}^{t_2}\iint_{\partial\Omega_1}(-k)\mathrm{D}u\cdot\boldsymbol{\nu}\,\mathrm{d}S\mathrm{d}t=k\int_{t_1}^{t_2}\iint_{\partial\Omega_1}\frac{\partial u}{\partial\boldsymbol{\nu}}\,\mathrm{d}S\mathrm{d}t,$$

$\boldsymbol{\nu}$ 是 $\partial\Omega$ 的单位外法向.

所以, 根据热量守恒定律, 有

$$\begin{aligned}&\iiint_{\Omega_1}c\rho\Big[u(\xi,\eta,\zeta,t_2)-u(\xi,\eta,\zeta,t_1)\Big]\,\mathrm{d}\xi\mathrm{d}\eta\mathrm{d}\zeta\\=&\int_{t_1}^{t_2}\iiint_{\Omega_1}\rho F(\xi,\eta,\zeta,t)\,\mathrm{d}\xi\mathrm{d}\eta\mathrm{d}\zeta\mathrm{d}t+k\int_{t_1}^{t_2}\iint_{\partial\Omega_1}\frac{\partial u}{\partial\boldsymbol{\nu}}\,\mathrm{d}S\mathrm{d}t.\end{aligned}$$

应用牛顿 – 莱布尼兹公式和散度定理, 得

$$\int_{t_1}^{t_2}\iiint_{\Omega_1}\Big(c\rho\frac{\partial u}{\partial t}-k\Delta u-\rho F\Big)\,\mathrm{d}\xi\mathrm{d}\eta\mathrm{d}\zeta\mathrm{d}t=0.$$

由 Ω_1 和 $t_2>t_1$ 的任意性, 在 $\Omega\times[0,+\infty)$ 上有

$$c\rho\frac{\partial u}{\partial t}-k\Delta u-\rho F=0,$$

通常简写为

$$\frac{\partial u}{\partial t} = a^2 \Delta u + f(x,t),$$

其中 $a^2 = \frac{k}{c\rho}$, $f = \frac{F}{c}$. 热传导方程是线性抛物型方程的典型代表. 它及其推广在金融数学、图像处理和黎曼几何中有许多深入的应用.

3. 弦振动方程

弦是指一段又细又柔软的弹性长线, 比如二胡 (图 1.41)、吉他等乐器上所用的弦. 再如悬于两根高压电杆间的电力线, 大跨度的桥梁 (图 1.42) 在一定程度上也是一根 "弦". 张紧的弦相邻小段之间有拉力, 这种拉力称为弦中的张力, 张力方向为沿弦的切线方向. 用薄片拨动或者用琴弓在张紧的弦上拨动, 一个小段的振动必带动它的邻段, 邻段又带动它的邻段, 这样一个小段的振动必然传播到整个弦, 这种振动的传播现象叫作波. 对于弦振动的研究, 有助于我们理解这些特殊 "弦" 的振动特点、机制, 从而对其加以控制. 同时, 弦的振动也提供了一个直观的振动与波的模型, 对它的分析、研究是处理声与振动问题的基础. 欧拉最早提出了弦振动的二阶方程, 而后达朗贝尔等人通过对弦振动的研究开创了偏微分方程理论.

图 1.41 二胡

图 1.42 北盘江大桥 —— 世界第一高桥

考虑均匀柔软的轻弦在平衡位置附近在垂直平衡位置的外力作用下作微小横振动时位移函数满足的规律. 对于上面有关弦和振动的假设有如下解释:

(1) 均匀 —— 弦的线密度 ρ 是常数;

(2) 柔软 —— 弦上各点的张力沿弦的切线方向;

(3) 轻 —— 弦所受的重力与张力相比可忽略不计;

(4) 微小 —— 在振动过程中任一弦段的长度是 “不变” 的 (因此由胡克 (Hooke, 1635—1703, 英国) 定律知弦上各点的张力是 “常数” T);

(5) 横振动 —— 弦的振动发生在一个平面内, 且弦上各点的位移与平衡位置垂直.

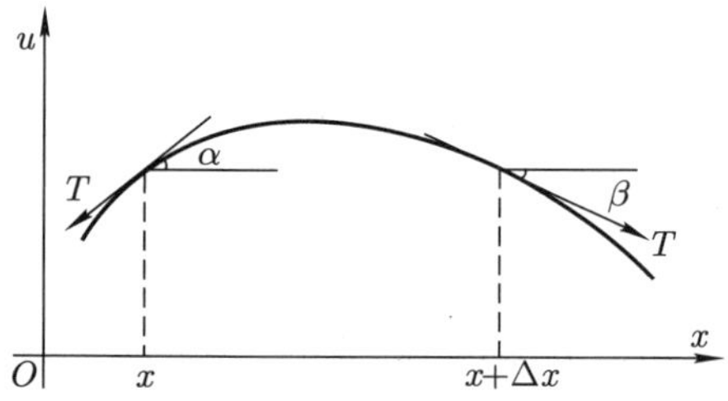

图 1.43 弦上张力示意图

设弦的振动发生在 (x,u) 平面内. 其平衡位置在 x 轴上, 在 x 点 t 时刻所受的外力密度是 $F(x,t)$. 下面在连续介质的假设下利用 “微元法” 导出位移函数 $u(x,t)$ 满足的方程.

任取一小区间 $[x,x+\Delta x]$, 作受力分析 (图 1.43). 在垂直方向上应用牛顿第二定律, 有

$$-T\sin\beta - T\sin\alpha + \int_x^{x+\Delta x} F(\xi,t)\mathrm{d}\xi = \int_x^{x+\Delta x} \rho\frac{\partial^2 u}{\partial t^2}(\xi,t)\mathrm{d}\xi.$$

由

$$\sin\alpha = \frac{\dfrac{\partial u}{\partial x}(x,t)}{\sqrt{1+\left(\dfrac{\partial u}{\partial x}(x,t)\right)^2}}, \qquad \sin\beta = \frac{-\dfrac{\partial u}{\partial x}(x+\Delta x,t)}{\sqrt{1+\left(\dfrac{\partial u}{\partial x}(x+\Delta x,t)\right)^2}}$$

可得

$$\int_x^{x+\Delta x}\left[T\frac{\partial}{\partial x}\left(\frac{\dfrac{\partial u}{\partial x}(\xi,t)}{\sqrt{1+\left(\dfrac{\partial u}{\partial x}(\xi,t)\right)^2}}\right)+F(\xi,t)-\rho\frac{\partial^2 u}{\partial t^2}(\xi,t)\right]\mathrm{d}\xi = 0.$$

由假定, 弦只作微小振动, 其长度保持不变, 所以 $\dfrac{\partial u}{\partial x}$ 可忽略不计. 再由 x, Δx 的任意性和被积函数的连续性, 得到

$$T\frac{\partial^2 u}{\partial x^2}(x,t) + F(x,t) - \rho\frac{\partial^2 u}{\partial t^2}(x,t) = 0.$$

通常写作

$$\frac{\partial^2 u}{\partial t^2}(x,t) = a^2\frac{\partial^2 u}{\partial x^2}(x,t) + f(x,t),$$

其中 $a^2 = \dfrac{T}{\rho}$ 表示弦上单位质量所受的张力 (即 a 是振动的传播速度, 这意味着, 对乐器来讲, 弦绷得越紧, 波速越大; 弦的质料越密, 波速越小), $f = \dfrac{F}{\rho}$ 表示弦在 x 点 t 时刻单位质量所受的外力.

弹性杆的横振动方程 (一维)、薄膜的横振动方程 (二维) 也可以采用上述方式推导, 它们都称为波动方程. 波动方程是线性双曲型方程的典型代表.

4. 极小曲面方程

2013 年 3 月, 美国的一个科学新闻网站刊登出了由世界各国科学家们鼎力推荐的影响世界文明进程的十大 “魅力方程”. 极小曲面方程便在其中. 这个方程某种程度上解释了人们吹出的那些肥皂泡的秘密 (图 1.44). 同时, 极小曲面作为一种数学原型, 也具备许多理想的建筑化潜力 (图 1.45).

图 1.44 美丽的肥皂泡及其曲面面积公式

图 1.45 纽约 (New York) 科学馆的极小曲面华盖

1744 年, 欧拉出版了《寻找具有某种极大或极小性质的曲线的技巧 (Methodus inveniendi lineas curves maximi minimive proprietate gaudentes)》. 这是变分法首次被系统地论述. 在该书中提出了相关问题: 求出在点 (x_0, y_0) 和点 (x_1, y_1) 之间的平面曲线 $y = f(x)$, 使得它在绕 x 轴旋转时所产生的曲面面积最小. 他证明了, 此时的平面曲线必须是一条悬链线, 生成的旋转面则叫做悬链面 (图 1.46).

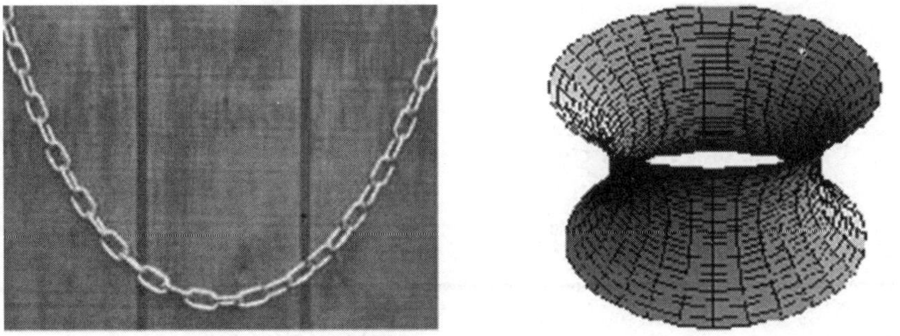

图 1.46 悬链线 (catenary) 和悬链面 (catenoid)

其实, 早在 1490 年, 欧洲文艺复兴时期的代表人物达 · 芬奇 (Leonardo da Vinci, 1452—1519, 意大利) 在创作《抱银鼠的女子 (Lady with an ermine)》时思索这样一个问题: 固定项链的两端, 使其在重力的作用下自然下垂, 那么项链所形成的曲线是什么? 1691 年, 伯努利 (Johann Bernoulli, 1667—1748, 瑞士) 证明了悬链线是一条双曲余弦曲线.

然而, 对于极小曲面的研究, 一般都认为是 “欧洲最伟大的数学家” 拉格朗日 (Joseph Lagrange, 1736—1813, 法国籍意大利裔) (图 1.47) 在 1760 年开始的,因为他第一次给出了这类曲面所应满足的偏微分方程, 也就是著名的极小曲面方程.

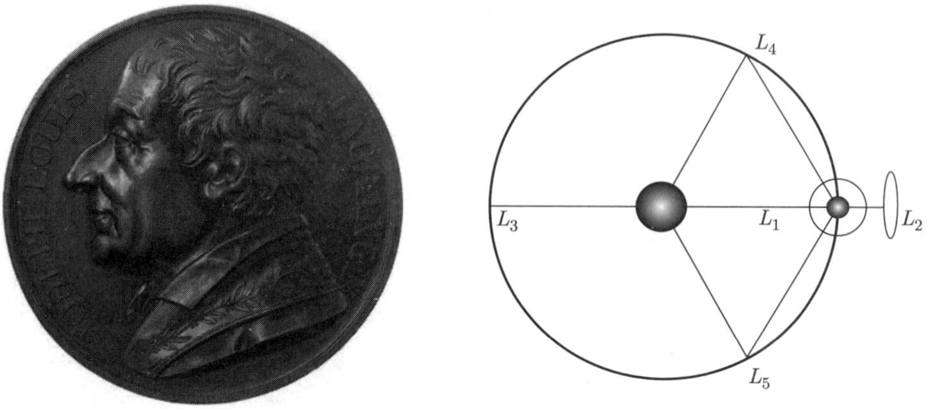

图 1.47 拉格朗日奖章与天体力学中的拉格朗日点

在 $\mathbf{R}^3$ 中考虑曲面

$$M: \quad z = u(x,y), \quad (x,y) \in D,$$

D 是 $\mathbf{R}^2$ 中的一个区域. 拉格朗日利用他创立的变分法原理证明了: 在所有定义在 D 上且在边界 ∂D 上取相同值的函数图像中, 若曲面 M 的面积是局部极小的, 则 u 满足极小曲面方程

$$\left[1+\left(\frac{\partial u}{\partial y}\right)^2\right]\frac{\partial^2 u}{\partial x^2} - 2\frac{\partial u}{\partial x}\frac{\partial u}{\partial y}\frac{\partial^2 u}{\partial x \partial y} + \left[1+\left(\frac{\partial u}{\partial x}\right)^2\right]\frac{\partial^2 u}{\partial y^2} = 0, \quad (x,y) \in D. \tag{1.3.1}$$

记 M 的形变

$$M_t: \quad z = u(x,y) + tv(x,y), \quad (x,y) \in D,$$

其中 $t \in (-\varepsilon, \varepsilon)$, ε 为一个正的常数, $v|_{\partial D} = 0$, 则 M_t 的面积

$$A(M_t) = \iint_D \sqrt{1 + \left(\frac{\partial(u+tv)}{\partial x}\right)^2 + \left(\frac{\partial(u+tv)}{\partial y}\right)^2} \, \mathrm{d}x\mathrm{d}y.$$

由 $M = M_0$ 的局部极小性知, $A(M_t)$ 作为 t 的函数在 $t=0$ 处取极小值 $A(M_0)$, 从而

$$\frac{\mathrm{d}}{\mathrm{d}t} A(M_t)\Big|_{t=0} = 0,$$

即

$$0=\iint_D \frac{\dfrac{\partial(u+tv)}{\partial x}\dfrac{\partial v}{\partial x}+\dfrac{\partial(u+tv)}{\partial y}\dfrac{\partial v}{\partial y}}{\sqrt{1+\left(\dfrac{\partial(u+tv)}{\partial x}\right)^2+\left(\dfrac{\partial(u+tv)}{\partial y}\right)^2}}\mathrm{d}x\mathrm{d}y\bigg|_{t=0}$$

$$=\iint_D \frac{\dfrac{\partial u}{\partial x}\dfrac{\partial v}{\partial x}+\dfrac{\partial u}{\partial y}\dfrac{\partial v}{\partial y}}{\sqrt{1+\left(\dfrac{\partial u}{\partial x}\right)^2+\left(\dfrac{\partial u}{\partial y}\right)^2}}\mathrm{d}x\mathrm{d}y.$$

应用散度定理 (即高维分部积分公式), 并注意到 $v|_{\partial D}=0$, 记 $\boldsymbol{\nu}$ 是 ∂D 的单位外法向量, 得

$$0=\int_{\partial D}\frac{\dfrac{\partial u}{\partial x}v\cos(\boldsymbol{\nu},x)}{\sqrt{1+\left(\dfrac{\partial u}{\partial x}\right)^2+\left(\dfrac{\partial u}{\partial y}\right)^2}}\mathrm{d}s-\iint_D v\frac{\partial}{\partial x}\left[\frac{\dfrac{\partial u}{\partial x}}{\sqrt{1+\left(\dfrac{\partial u}{\partial x}\right)^2+\left(\dfrac{\partial u}{\partial y}\right)^2}}\right]\mathrm{d}x\mathrm{d}y+$$

$$\int_{\partial D}\frac{\dfrac{\partial u}{\partial y}v\cos(\boldsymbol{\nu},y)}{\sqrt{1+\left(\dfrac{\partial u}{\partial x}\right)^2+\left(\dfrac{\partial u}{\partial y}\right)^2}}\mathrm{d}s-\iint_D v\frac{\partial}{\partial y}\left[\frac{\dfrac{\partial u}{\partial y}}{\sqrt{1+\left(\dfrac{\partial u}{\partial x}\right)^2+\left(\dfrac{\partial u}{\partial y}\right)^2}}\right]\mathrm{d}x\mathrm{d}y$$

$$=-\iint_D v\left[\frac{\partial}{\partial x}\left(\frac{\dfrac{\partial u}{\partial x}}{\sqrt{1+\left(\dfrac{\partial u}{\partial x}\right)^2+\left(\dfrac{\partial u}{\partial y}\right)^2}}\right)+\frac{\partial}{\partial y}\left(\frac{\dfrac{\partial u}{\partial y}}{\sqrt{1+\left(\dfrac{\partial u}{\partial x}\right)^2+\left(\dfrac{\partial u}{\partial y}\right)^2}}\right)\right]\mathrm{d}x\mathrm{d}y.$$

由 v 的任意性, 在 D 中有

$$\frac{\partial}{\partial x}\left(\frac{\dfrac{\partial u}{\partial x}}{\sqrt{1+\left(\dfrac{\partial u}{\partial x}\right)^2+\left(\dfrac{\partial u}{\partial y}\right)^2}}\right)+\frac{\partial}{\partial y}\left(\frac{\dfrac{\partial u}{\partial y}}{\sqrt{1+\left(\dfrac{\partial u}{\partial x}\right)^2+\left(\dfrac{\partial u}{\partial y}\right)^2}}\right)=0,$$

由此得到方程 (1.3.1). 极小曲面方程是二阶拟线性方程的典型代表. 注意这里只用到了极小曲面是局部极小, 这将涉及更多的理论.

极小曲面问题最早由物理学家普拉托 (Joseph Antoine Ferdinand Plateau, 1801—1883, 比利时) 根据 “肥皂泡现象” 提出, 故又称普拉托问题. 1840 年, 普拉托对最小表面积问题着手进行实验研究. 与很多科学发现一样, 实验开始于一次偶然. 一个仆人把油溅到了盛有水和酒精的容器中, 普拉托注意到油在混合物中呈现出了完美的球形. 后来, 普拉托改用肥皂溶液和甘油进行实验, 并把蘸

湿的线框放入其中, 得到了一系列的实验结果. 我们很容易就可以重演普拉托的实验. 正如小时候都喜欢的吹泡泡游戏一样, 我们把一个带柄的铁环浸入肥皂水中, 然后轻轻地取出来, 在铁环上就会形成一个处于平衡状态的彩色薄膜 (图 1.48). 如果忽略混合液体自身的重量, 也不考虑风力等外部干扰因素, 那么薄膜的势能在表面张力的作用下会达到最小值, 而肥皂膜所呈现的曲面形状必然具有相对最小的面积, 也就是我们说的局部极小.

普拉托陈述了一个十分自然的问题: 对空间中的任何封闭曲线, 是否存在一个以该曲线为边界的极小曲面? 经过了差不多一个世纪, 1931 年, 道格拉斯 (Jesse Douglas, 1897—1965, 美国) (图 1.49) 给出了这个问题的解, 因此获得了 1936 年的首届菲尔兹奖.

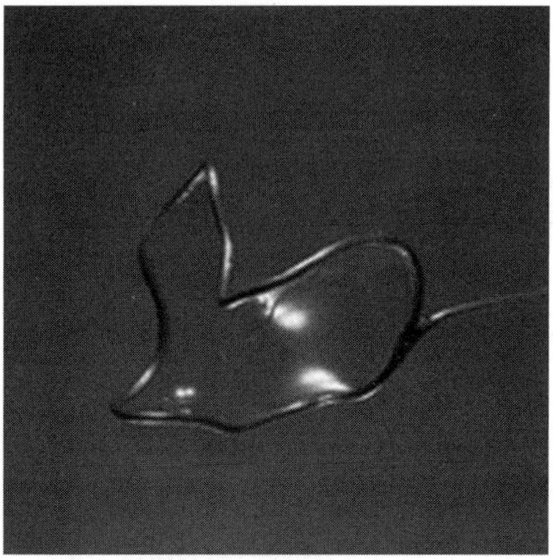

图 1.48 肥皂泡实验

图 1.49 道格拉斯

5. 布莱克 – 舒尔斯 – 默顿方程

金融数学是近年来蓬勃发展的新兴学科, 在国际金融界和应用数学界受到高度重视. 它利用数学工具研究金融投资理论, 进行数学建模、理论分析、数值计算等定量分析, 以求找到金融学的内在规律并用以指导实践.

金融数学的历史可以追溯到 1900 年巴谢利耶 (Louis Jean-Baptiste Alphonse Bachelier, 1870—1946, 法国) 发表的博士学位论文《投机的理论 (Theory of speculation)》. 1952 年, 马可维兹 (Harry Max Markowitz, 1927—, 美国) 提出证券投资组合理论, 第一次明确地用数学工具给出了在一定风险水平下按不同比例投资多种证券收益可能最大的投资方法. 稍后, 夏普 (William Forsyth Sharpe, 1934—, 美国) 和林特纳 (John Virgil Lintner, Jr., 1916—1983, 美国) 进一步拓展了马可维兹的工作, 提出了资本资产定价模型, 引发了第一次 "华尔街 (Wall Street) (图 1.50) 革命". 马可维兹和夏普也因他们在金融数学中的开创性贡献而获得 1990 年诺贝尔经济学奖.

从应用的角度看, 金融数学学科大致有三个分支, 分别为投资组合理论、衍生产品定价理论和风险管理理论, 其中在衍生产品定价理论中布莱克 – 舒尔斯 – 默顿方程尤为著名. 衍生产品的定价理论起源于数学家布莱克 (Fischer Sheffey Black, 1938—1995, 美国)、金融学家舒尔斯 (Myron Scholes, 1941—, 美国) 和默顿 (Robert Cox Merton, 1944—, 美国) 1973 年所开启的无套利定价理论, 其核心是构造了一个定价测度. 可以证明, 一旦有了这个定价测度, 衍生产品现时的价格就是其 (经折现后的) 到期日价格的期望值.

图 1.50 华尔街铜牛

现在以股票期权为例. 设 S_t 为 t 时刻的股票价格, T 为期权的到期日, r 为市场的短期利率, $f(S_t)$ 为到期日的合约价格函数, 则 t 时刻的期权价格 (即期权金) 由下式给出:

$$V(S_t,t)=E\left[\mathrm{e}^{-r(T-t)}f(S_t)|S_t=S\right],$$

其中 S 是 t 时刻的股票价格, $E[\cdot]$ 是条件数学期望. "对冲" 是定价理论的一个重要概念, 指特意减少另一项投资的风险的投资. 通过支付期权金, 投资人将风险转移给庄家, 而庄家则通常要为期权卖出作对冲. 标准的做法是买入或卖出一定数量的股票, 而这个数量正是期权价格相对于股票价格的变化率

$$\frac{\partial V}{\partial S}(S_t,t)=E\left[\mathrm{e}^{-r(T-t)}\frac{\partial}{\partial S}f(S_t)|S_t=S\right].$$

在股票价格的变化服从几何布朗运动的假设下, 布莱克、舒尔斯和默顿证明了 $V(S,t)$ 满足偏微分方程终值问题:

$$\begin{cases}\dfrac{\partial V}{\partial t}+\dfrac{1}{2}\sigma^2S^2\dfrac{\partial^2 V}{\partial S^2}+rS\dfrac{\partial V}{\partial S}-rV=0,\\ V(S,T)=f(S),\end{cases}$$

其中 σ 为股价的波动率.

这就是第二次 "华尔街革命". 1997 年第 29 届诺贝尔经济学奖授予了默顿和舒尔斯, 同时肯定了于 1995 年逝世的布莱克的杰出贡献. 他们创立和发展的布莱克 – 舒尔斯 – 默顿期权定价模型为包括股票、债券、货币、商品在内的衍生金融工具的合理定价奠定了基础. 瑞典皇家科学院赞誉他们在期权定价方面的研究成果是之后 25 年经济科学中的最杰出贡献.

习题 1.3.1 学习并介绍一个图像处理中的偏微分方程模型.

§1.4　偏微分方程的研究方法

在微分方程的发展初期, 对具体的微分方程人们总希望能用初等函数表示其解. 可以说, 那是一个 “求通解” 时代, 这一时期大约持续了一百年.

1. 求通解

例题 1.4.1 求解线性弦振动方程

$$\frac{\partial^2 u}{\partial t^2}=a^2\frac{\partial^2 u}{\partial x^2}, \tag{1.4.1}$$

其中 a 是正常数.

解　作自变量变换 $y=x+at$, $s=x-at$ 和未知函数变换 $U(y,s)=u(x,t)$. 直接计算, 得

$$\frac{\partial u}{\partial x}=\frac{\partial U}{\partial y}+\frac{\partial U}{\partial s},\qquad \frac{\partial u}{\partial t}=a\Big(\frac{\partial U}{\partial y}-\frac{\partial U}{\partial s}\Big),$$

$$\frac{\partial^2 u}{\partial x^2}=\Big(\frac{\partial^2 U}{\partial y^2}+\frac{\partial^2 U}{\partial y\partial s}\Big)+\Big(\frac{\partial^2 U}{\partial s\partial y}+\frac{\partial^2 U}{\partial s^2}\Big)=\frac{\partial^2 U}{\partial y^2}+2\frac{\partial^2 U}{\partial y\partial s}+\frac{\partial^2 U}{\partial s^2},$$

$$\frac{\partial^2 u}{\partial t^2}=a\left(a\Big(\frac{\partial^2 U}{\partial y^2}-\frac{\partial^2 U}{\partial y\partial s}\Big)-a\Big(\frac{\partial^2 U}{\partial s\partial y}-\frac{\partial^2 U}{\partial s^2}\Big)\right)=a^2\left(\frac{\partial^2 U}{\partial y^2}-2\frac{\partial^2 U}{\partial y\partial s}+\frac{\partial^2 U}{\partial s^2}\right).$$

代入方程 (1.4.1), 有

$$\frac{\partial^2 U}{\partial y\partial s}=0.$$

关于 y 和 s 先后分别积分, 得

$$U(y,s)=F(y)+G(s),$$

其中 F, G 是任意的二次可微函数. 于是, 代回原来的自变量, 得到

$$u(x,t)=F(x+at)+G(x-at).$$

这就是方程 (1.4.1) 的通解. □

一般来讲, 常微分方程的通解中含有任意常数; 偏微分方程的通解中含有任意函数.

2. 求通解的终结

1841 年, 刘维尔 (Joseph Liouville, 1809—1882, 法国) (图 1.51) 证明了形式上非常简单的黎卡提 (Jacopo Francesco Riccati, 1676—1754, 意大利) 方程

$$\frac{\mathrm{d}y}{\mathrm{d}x}+y^2=1+\frac{\gamma(\gamma+1)}{x^2}$$

能用初等积分法求解的充要条件是 $\gamma = 0, \pm 1, \pm 2, \cdots$. 这一成果从理论上结束了一般地求解非线性微分方程通解的尝试. 微分方程从 “求通解” 转向 “直接求特解” 与 “定性研究” 相结合的时代.

刘维尔的这个结果平行于 1824 年阿贝尔 (Niels Henrik Abel, 1802—1829, 挪威) “一般五次及高于五次的代数方程不存在根式解” 的著名结果. 一元二次方程的求根公式早在公元 9 世纪由波斯数学家阿尔 · 花拉子米 (Al-Khwārizmi, 780—850) 发现. 一元三次和四次方程的求根公式分别由卡尔达诺 (Girolamo Cardano, 1501—1576, 意大利) 和费拉里 (Lodovico Ferrari, 1522—1565, 意大利) 给出, 其解法发表在 1545 年的《大术 (Ars Magna)》. 但是, 真正发现三次代数方程解法的为塔尔塔利亚 (Niccolò Tartaglia, 约 1499—1557, 意大利). 有资料表示, 三国时期数学家赵爽 (约 182—250) 在 3 世纪, 南宋数学家秦九韶 (1202—1261) 在 13 世纪也研究过一元二次、三次方程的求根公式.

图 1.51 巴黎以刘维尔命名的街道

阿贝尔对数学做出了巨大贡献, 以其名字命名的概念、定理至少有 20 个. 他是挪威的民族英雄, 名字、肖像不时出现在挪威的纸币 (图 1.52)、铜币和邮票上, 以其名字命名的大奖 —— 阿贝尔奖则是数学界的最高奖之一 (图 1.53). 2002 年, 挪威政府为了纪念著名数学家阿贝尔诞辰 200 周年, 扩大数学的影响, 吸引年轻人从事数学研究, 拨款两亿挪威克朗作为启动资金设立阿贝尔奖. 2003 年首次颁发, 每年颁发一次. 奖金金额为 600 万挪威克朗, 与诺贝尔奖相近. 设

图 1.52 挪威 1985 年的 500 克朗上的阿贝尔

图 1.53 阿贝尔奖杯

立此奖的另一个原因是诺贝尔奖没有数学奖项.

2015 年, 挪威科学与文学院决定将阿贝尔奖授予纳什 (John F. Nash, Jr. 1928—2015, 美国) (1994 年诺贝尔经济学奖获得者) (图 1.54) 和尼伦伯格, 以表彰他们在非线性偏微分方程理论及其在几何分析应用方面做出的开创性贡献. 2015 年 5 月 24 日, 纳什在领奖回家的途中, 不幸车祸身亡, 结束了其戏剧性的一生.

图 1.54 纳什

3. 求特解

例题 1.4.2 求拉普拉斯方程

$$\Delta u := \sum_{i=1}^{n} \frac{\partial^2 u}{\partial x_i^2} = 0, \quad \boldsymbol{x} \in \mathbf{R}^n \setminus \{\mathbf{0}\} \tag{1.4.2}$$

的径向对称解.

解 设 $u(\boldsymbol{x}) = U(r)$, $r = |\boldsymbol{x}|$, 则

$$\frac{\partial u}{\partial x_i} = U'(r)\frac{x_i}{r}, \quad i = 1, 2, \cdots, n,$$

$$\frac{\partial^2 u}{\partial x_i^2} = U''(r)\left(\frac{x_i}{r}\right)^2 + U'(r)\frac{r - x_i\dfrac{x_i}{r}}{r^2} = \left(\frac{U''(r)}{r^2} - \frac{U'(r)}{r^3}\right)x_i^2 + \frac{U'(r)}{r},$$

$$\sum_{i=1}^{n} \frac{\partial^2 u}{\partial x_i^2} = \left(\frac{U''(r)}{r^2} - \frac{U'(r)}{r^3}\right)r^2 + n \cdot \frac{U'(r)}{r}.$$

于是, 拉普拉斯方程 (1.4.2) 化为常微分方程

$$U''(r) + \frac{n-1}{r}U'(r) = 0.$$

两端同乘以 r^{n-1}, 得

$$r^{n-1}U''(r) + (n-1)r^{n-2}U'(r) = 0, \qquad \left(r^{n-1}U'(r)\right)' = 0.$$

关于 r 积分, 得

$$r^{n-1}U'(r) = C, \qquad U'(r) = \frac{C}{r^{n-1}},$$

再次积分

$$U(r) = \begin{cases} C_1 \ln r + C_2, & n = 2, \\ \dfrac{C_1}{r^{n-2}} + C_2, & n \geqslant 3, \end{cases}$$

即

$$u(\boldsymbol{x}) = \begin{cases} C_1 \ln |\boldsymbol{x}| + C_2, & n = 2, \\ C_1 |\boldsymbol{x}|^{2-n} + C_2, & n \geqslant 3, \end{cases}$$

其中 C, C_1, C_2 都是任意的常数. □

习题 1.4.1 求二维蒙日 – 安培 (Monge–Ampère) 方程

$$\frac{\partial^2 u}{\partial x^2}\cdot\frac{\partial^2 u}{\partial y^2}-\left(\frac{\partial^2 u}{\partial x\partial y}\right)^2=1,\qquad (x,y)\in\mathbf{R}^2\setminus\{\mathbf{0}\}$$

的径向对称解.

例题 1.4.3 求极小曲面方程 (1.3.1) 形如 $u=u\Big(\dfrac{y}{x}\Big)$ 的解.

解 设 $u=U(t),\ t=\dfrac{y}{x}$, 直接计算, 得

$$\frac{\partial u}{\partial x}=U'(t)\cdot\Big(-\frac{y}{x^2}\Big)=-\frac{y}{x^2}U'(t),\qquad \frac{\partial u}{\partial y}=\frac{U'(t)}{x},$$

和

$$\begin{aligned}\frac{\partial^2 u}{\partial x^2}&=U''(t)\cdot\Big(-\frac{y}{x^2}\Big)^2+U'(t)\cdot\frac{2y}{x^3}=\frac{y^2}{x^4}U''(t)+\frac{2y}{x^3}U'(t),\\ \frac{\partial^2 u}{\partial y^2}&=U''(t)\cdot\Big(\frac{1}{x}\Big)^2=\frac{U''(t)}{x^2},\\ \frac{\partial^2 u}{\partial x\partial y}&=U''(t)\cdot\frac{1}{x}\Big(-\frac{y}{x^2}\Big)+U'(t)\cdot\Big(-\frac{1}{x^2}\Big)=-\frac{y}{x^3}U''(t)-\frac{U'(t)}{x^2}.\end{aligned}$$

代入极小曲面方程 (1.3.1), 有

$$\begin{aligned}&\Big(1+\frac{U'(t)^2}{x^2}\Big)\ \Big(\frac{y^2}{x^4}U''(t)+\frac{2y}{x^3}U'(t)\Big)-\\ &2\Big(-\frac{y}{x^2}U'(t)\Big)\frac{U'(t)}{x}\ \Big(-\frac{y}{x^3}U''(t)-\frac{U'(t)}{x^2}\Big)+\Big(1+\frac{y^2}{x^4}U'(t)^2\Big)\ \frac{U''(t)}{x^2}=0,\end{aligned}$$

整理

$$\begin{aligned}&\left[\Big(1+\frac{U'(t)^2}{x^2}\Big)\frac{y^2}{x^4}-\frac{2y^2}{x^6}U'(t)^2+\Big(1+\frac{y^2}{x^4}U'(t)^2\Big)\frac{1}{x^2}\right]U''(t)+\\ &\qquad\qquad\Big(1+\frac{U'(t)^2}{x^2}\Big)\frac{2y}{x^3}U'(t)-\frac{2y}{x^5}U'(t)^3=0.\end{aligned}$$

化简, 得到

$$\Big(1+t^2\Big)U''(t)+2tU'(t)=0,$$

即

$$\Big((1+t^2)U'(t)\Big)'=0.$$

积分一次, 得

$$\Big(1+t^2\Big)U'(t)=C_1,$$

再次积分

$$U(t)=C_1\arctan t+C_2,$$

其中 C_1, C_2 是任意的常数. 所以

$$u(x,y)=C_1\arctan\frac{y}{x}+C_2.$$

这个曲面称为螺旋面 (图 1.55). □

螺旋面是继平面、悬链面之后, 人们知道的第三种极小曲面, 由欧拉和默尼耶 (Jean Baptiste Meusnier, 1754—1793, 法国) 分别在 1774 年和 1776 年给出. 1842 年卡塔兰 (Eugène Charles Catalan, 1814—1894, 法国, 比利时) 证明了只有平面和螺旋面两种直纹极小曲面.

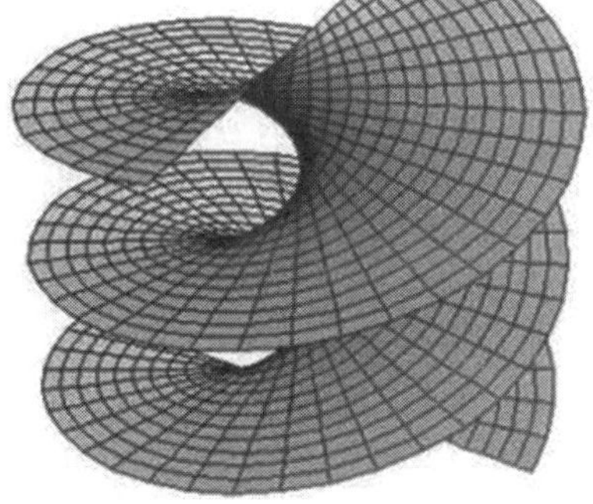

图 1.55 螺旋面

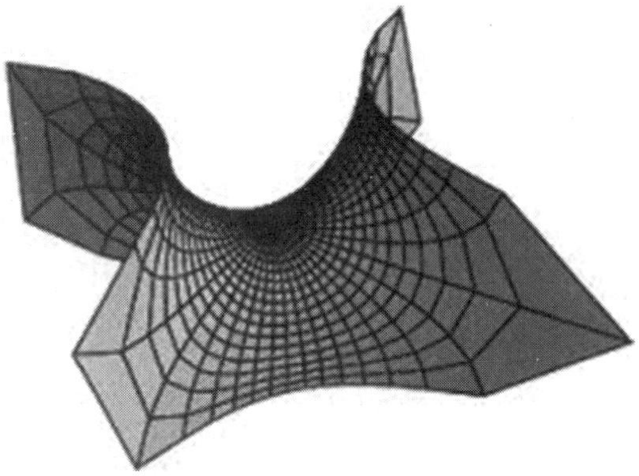

图 1.56 谢尔克曲面

习题 1.4.2 求极小曲面方程 (1.3.1) 形如 $u=f(x)+g(y)$ 的解. 它是 1834 年由谢尔克 (Heinrich Scherk, 1798—1885, 德国) 发现的一类极小曲面 (图 1.56).

4. 解的定性研究

1900 年, 利布曼 (Heinrich Liebmann, 1874—1939, 德国) 证明了以下定理: 三维欧几里得空间中具有常数平均曲率的严格凸的闭曲面只有球面. 1929 年, 这个定理被苏斯 (Wilhelm Süss, 1895—1958, 德国) 推广到 n 维欧几里得空间的一个凸超曲面. 霍普夫 (Heinz Hopf, 1894—1971, 德国) 和亚历山德罗夫 (Aleksandr Danilovich Aleksandrov, 1912—1999, 苏联) 分别在 1951 年和 1958 年去掉了凸性.

由于还没有学习偏微分方程的相关知识, 下面我们以常微分方程 (相应于平面上的曲线) 为例说明证明的想法. 此时的结果可表述为

例题 1.4.4 平面上一条常数曲率的不自交的 C^2 闭曲线一定是圆周.

证明　亚历山德罗夫利用了所谓的移动直线法. 他只需证明: 将任意方向作为垂直方向, 都有曲线关于某水平直线对称.

记给定的曲线为 C, C 围成的区域为 Ω, 常数 λ 小于但接近于 C 在 y 方向

上的最大值, S_λ 是 C 位于直线 $y=\lambda$ 上方的部分 (图 1.57). 将 S_λ 按 $y=\lambda$ 进行反射, 其反射部分记为 S'_λ. 不断减小 λ 的值, 并连续反射 S_λ, 总使 $S'_\lambda\subset\overline{\Omega}$.

当 λ 减小到某个值 λ_0 时, 会发生下列两种情形:

情形 1. S'_{λ_0} 在点 (x_0,y_0) 与 C 相切于 (x_0,y_0), $y_0<\lambda_0$. 取充分小的正数 δ, 使得 S'_{λ_0} 和 C 在 $y=\lambda_0$ 下方的部分在 (x_0,y_0) 附近分别表示成在 $(x_0-\delta,x_0+\delta)$ 上的函数 u 和 v (图 1.58).

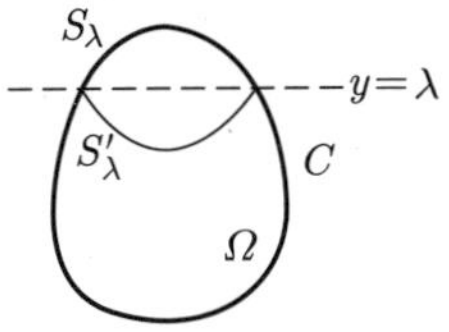

图 1.57 移动直线法示意图

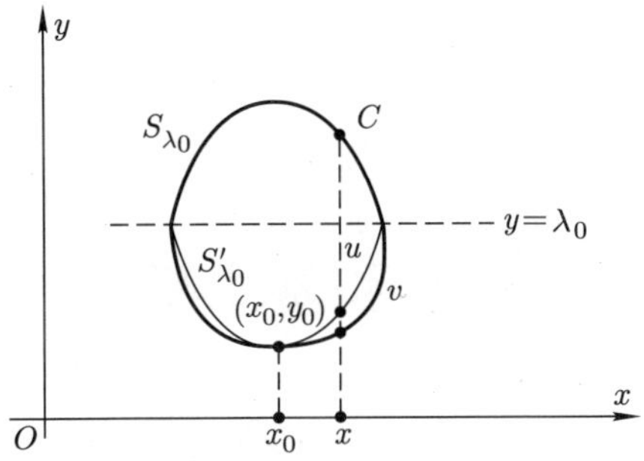

图 1.58 移动直线法 (情形 1)

这时 $u(x)\geqslant v(x)$, $u(x_0)=v(x_0)$, $u'(x_0)=v'(x_0)$,

$$\frac{u''}{(1+u'^2)^{3/2}}=\frac{v''}{(1+v'^2)^{3/2}},$$

即

$$\left(\frac{u'}{\sqrt{1+u'^2}}\right)'=\left(\frac{v'}{\sqrt{1+v'^2}}\right)'.$$

两边积分, 并利用 $u'(x_0)=v'(x_0)$, 得

$$\frac{u'}{\sqrt{1+u'^2}}=\frac{v'}{\sqrt{1+v'^2}}.$$

这等价于

$$u'^2=v'^2,\quad 且\quad u'=v'.$$

由 $u(x_0)=v(x_0)$, 从而 $u(x)=v(x)$, $x\in(x_0-\delta,x_0+\delta)$. 对其他点做类似的讨论, 可得

$$S'_{\lambda_0}=\{(x,y)\in C|\,y<\lambda_0\},$$

即曲线 C 关于 $y=\lambda_0$ 对称.

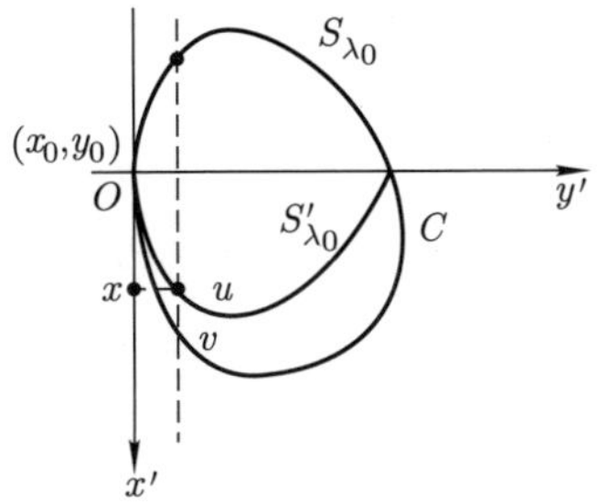

图 1.59 移动直线法 (情形 2)

情形 2. S'_{λ_0} 与 C 相切于点 (x_0,y_0), 且 $y_0=\lambda_0$ (图 1.59). 为方便起见, 以点 (x_0,y_0) 为原点重新选取新的坐标系.

在新坐标系 $x'Oy'$ 下, 取充分小的正数 δ, 使在 $(0,\delta)$ 中,

$$u(x') \geqslant v(x'), \quad u(0)=v(0), \quad u'(0)=v'(0),$$

$$\frac{u''}{(1+u'^{\,2})^{3/2}}=\frac{v''}{(1+v'^{\,2})^{3/2}}.$$

类似情形 1, $u(x')=v(x')$, $x\in(0,\delta)$. 因此

$$S'_{\lambda_0}=\{(x,y)\in C|\, y<\lambda_0\},$$

即曲线 C 关于 $y=\lambda_0$ 对称. 证毕. □

§1.5　记号和基本概念

1. 多重指标与偏导数的记法

多重指标是数学中一种方便的表示法. 它将指标中的单个整数推广为由多个整数组成的数组, 用于简化多元微积分、偏微分方程与分布理论中的计算, 也便于操作多元幂级数.

一个 n 重指标是一个由 n 个非负整数构成的数组

$$\boldsymbol{\alpha}=(\alpha_1,\alpha_2,\cdots,\alpha_n).$$

n 重指标 $\boldsymbol{\alpha}$ 的模 $|\boldsymbol{\alpha}|=\alpha_1+\alpha_2+\cdots+\alpha_n$, 阶乘 $\boldsymbol{\alpha}!=\alpha_1!\alpha_2!\cdots\alpha_n!$. 设 $\boldsymbol{\alpha},\boldsymbol{\beta}$ 为两个 n 重指标, 定义加减法

$$\boldsymbol{\alpha}\pm\boldsymbol{\beta}:=(\alpha_1\pm\beta_1,\alpha_2\pm\beta_2,\cdots,\alpha_n\pm\beta_n),$$

大小

$$\boldsymbol{\alpha}\geqslant\boldsymbol{\beta}\Leftrightarrow\alpha_i\geqslant\beta_i,\quad i=1,2,\cdots,n.$$

若 $\boldsymbol{\alpha}\geqslant\boldsymbol{\beta}$, 还可以定义组合数

$$\binom{\boldsymbol{\alpha}}{\boldsymbol{\beta}}=\frac{\boldsymbol{\alpha}!}{(\boldsymbol{\alpha}-\boldsymbol{\beta})!\boldsymbol{\beta}!}=\binom{\alpha_1}{\beta_1}\binom{\alpha_2}{\beta_2}\cdots\binom{\alpha_n}{\beta_n}.$$

一个多元函数的一阶偏导数是它关于其中一个变量 (其他变量保持恒定) 的导数, 高阶偏导数是它关于若干个变量先后分别求导的结果, 本质上都是一元函数的导数. 偏导数的符号 ∂ 是 1786 年由勒让德 (Adrien-Marie Legendre, 1752—1833, 法国) (图 1.60) 首先使用的.

图 1.60 勒让德

图 1.61 埃菲尔铁塔

18 世纪后期到 19 世纪初期法国数学界著名的三个人物是拉格朗日、拉普拉斯和勒让德. 因为他们三人姓氏的第一个字母都为 "L", 又生活在同一时代, 所以人们称他们为 "三 L". 作为巴黎和法国象征的埃菲尔铁塔 (图 1.61) 的第一平台上刻有为科学、技术、工程做出卓越贡献的 72 位法国数学家、科学家和工程师的名字, 其中就包括他们三个人.

设 Ω 是 $\mathbf{R}^n$ 中的区域, u 是定义在 Ω 上的一个 n 元光滑函数, $\boldsymbol{\alpha}=(\alpha_1, \alpha_2, \cdots, \alpha_n)$ 是一个 n 重指标, 则 u 关于 x_1 变量 α_1 阶, 关于 x_2 变量 α_2 阶, $\cdots$, 关于 x_n 变量 α_n 阶的偏导数记成

$$\mathrm{D}^{\boldsymbol{\alpha}} u(\boldsymbol{x})=\frac{\partial^{|\boldsymbol{\alpha}|} u(\boldsymbol{x})}{\partial x_1^{\alpha_1} \partial x_2^{\alpha_2} \cdots \partial x_n^{\alpha_n}}.$$

对非负整数 k, u 的所有 k 阶偏导数记成

$$\mathrm{D}^k u(\boldsymbol{x})=\{\mathrm{D}^{\boldsymbol{\alpha}} u(\boldsymbol{x}) \| \boldsymbol{\alpha}|=k\};$$

它的模记为

$$\left|\mathrm{D}^k u(\boldsymbol{x})\right|=\sqrt{\sum_{|\boldsymbol{\alpha}|=k}\left(\mathrm{D}^{\boldsymbol{\alpha}} u(\boldsymbol{x})\right)^2}.$$

特别地, 当 $k=1$ 时, $\mathrm{D}^1 u(\boldsymbol{x})=\mathrm{D} u(\boldsymbol{x})$ 就是 u 的梯度

$$\begin{aligned}
\mathrm{D} u(\boldsymbol{x}) & =\{\mathrm{D}^{\boldsymbol{\alpha}} u(\boldsymbol{x}) \| \boldsymbol{\alpha}|=1\} \\
& =\left\{\frac{\partial u}{\partial x_i} | i=1,2, \cdots, n\right\} \\
& =\left(\frac{\partial u}{\partial x_1}(\boldsymbol{x}), \frac{\partial u}{\partial x_2}(\boldsymbol{x}), \cdots, \frac{\partial u}{\partial x_n}(\boldsymbol{x})\right);
\end{aligned}$$

梯度的模 (或长度, 也称模长)

$$\left|\mathrm{D}u(\boldsymbol{x})\right| = \sqrt{\sum_{i=1}^{n}\left(\frac{\partial u}{\partial x_i}(\boldsymbol{x})\right)^2}.$$

当 $k=2$ 时, $\mathrm{D}^2u(\boldsymbol{x})$ 就是 u 的黑塞 (Ludwig Otto Hesse, 1811—1874, 德国) 矩阵

$$\begin{aligned}
\mathrm{D}^2u(\boldsymbol{x}) &= \{\mathrm{D}^{\boldsymbol{\alpha}}u(\boldsymbol{x})||\boldsymbol{\alpha}|=2\} \\
&= \left\{\frac{\partial^2 u}{\partial x_i \partial x_j}(\boldsymbol{x})|i,j=1,2,\cdots,n\right\} \\
&= \begin{pmatrix}
\dfrac{\partial^2 u}{\partial x_1^2}(\boldsymbol{x}) & \dfrac{\partial^2 u}{\partial x_1\partial x_2}(\boldsymbol{x}) & \cdots & \dfrac{\partial^2 u}{\partial x_1\partial x_n}(\boldsymbol{x}) \\
\dfrac{\partial^2 u}{\partial x_2\partial x_1}(\boldsymbol{x}) & \dfrac{\partial^2 u}{\partial x_2^2}(\boldsymbol{x}) & \cdots & \dfrac{\partial^2 u}{\partial x_2\partial x_n}(\boldsymbol{x}) \\
\vdots & \vdots & & \vdots \\
\dfrac{\partial^2 u}{\partial x_n\partial x_1}(\boldsymbol{x}) & \dfrac{\partial^2 u}{\partial x_n\partial x_2}(\boldsymbol{x}) & \cdots & \dfrac{\partial^2 u}{\partial x_n^2}(\boldsymbol{x})
\end{pmatrix};
\end{aligned}$$

黑塞矩阵的模

$$\left|\mathrm{D}^2u(\boldsymbol{x})\right| = \sqrt{\sum_{i,j=1}^{n}\left(\frac{\partial^2 u}{\partial x_i \partial x_j}(\boldsymbol{x})\right)^2}.$$

记 Ω 上的全体连续函数的集合为

$$C^0(\Omega) = \left\{u:\Omega\to\mathbf{R}|u \text{ 在 } \Omega \text{ 中连续}\right\},$$

Ω 中全体 k 阶偏导数连续的函数的集合为

$$C^k(\Omega) = \left\{u\in C^0(\Omega)|\mathrm{D}^{\boldsymbol{\alpha}}u\in C^0(\Omega),\ |\boldsymbol{\alpha}|\leqslant k\right\}.$$

相应地, $C^0(\overline{\Omega})$ 和 $C^k(\overline{\Omega})$ 分别表示 $\overline{\Omega}$ 上全体连续和 k 阶偏导数连续的函数的集合.

2. 方程的分类

从实际问题中产生的偏微分方程是多种多样的. 为研究方便, 通常按方程的阶数和线性性进行分类.

定义 1.5.1 阶是指偏微分方程中所含未知函数偏导数的最高阶数.

对于正整数 m, m 阶方程可写成

$$F\Big(\boldsymbol{x},u,\mathrm{D}u,\cdots,\mathrm{D}^m u\Big)=0, \qquad \boldsymbol{x}\in\Omega, \tag{1.5.1}$$

其中 F 是 $\Omega\times\mathbf{R}\times\mathbf{R}^n\times\cdots\times\mathbf{R}^{n^m}$ 上的已知函数. 一阶和二阶偏微分方程的一般形式分别为

$$F\Big(\boldsymbol{x},u,\mathrm{D}u\Big)=0,\qquad F\Big(\boldsymbol{x},u,\mathrm{D}u,\mathrm{D}^2u\Big)=0.$$

定义 1.5.2 *若 F 关于 u 及其一切偏导数都是线性的, 则称方程 (1.5.1) 是线性偏微分方程.*

m 阶线性方程可写成

$$\sum_{|\boldsymbol{\alpha}|\leqslant m}a_{\boldsymbol{\alpha}}(\boldsymbol{x})\mathrm{D}^{\boldsymbol{\alpha}}u+f(\boldsymbol{x})=0,\qquad \boldsymbol{x}\in\Omega,$$

其中 $a_{\boldsymbol{\alpha}}(\boldsymbol{x})$ 和 $f(\boldsymbol{x})$ 是 Ω 上的已知函数. 一阶和二阶线性偏微分方程的一般形式分别为

$$\sum_{i=1}^n b_i(\boldsymbol{x})\frac{\partial u}{\partial x_i}+c(\boldsymbol{x})u+f(\boldsymbol{x})=0,$$

$$\sum_{i,j=1}^n a_{ij}(\boldsymbol{x})\frac{\partial^2 u}{\partial x_i\partial x_j}+\sum_{i=1}^n b_i(\boldsymbol{x})\frac{\partial u}{\partial x_i}+c(\boldsymbol{x})u+f(\boldsymbol{x})=0,$$

其中 $a_{ij}(\boldsymbol{x})$, $b_i(\boldsymbol{x})$, $c(\boldsymbol{x})$ 和 $f(\boldsymbol{x})$ 是 Ω 上的已知函数.

例如: 跨音速流体力学中的欧拉 – 特里科米 (Francesco Tricomi, 1897—1978, 意大利) 方程

$$\frac{\partial^2 u}{\partial x^2}=x\frac{\partial^2 u}{\partial y^2},$$

群体遗传学中的扩散方程

$$\frac{\partial\phi}{\partial t}=\sum_{i,j=1}^n\frac{\partial}{\partial x_i}\Big(a_{ij}(x,t)\frac{\partial\phi}{\partial x_j}\Big),$$

以及量子力学中的薛定谔 (Erwin Schrödinger, 1887—1961, 奥地利) (图 1.62) 方程

$$-\mu\Delta\psi+V(x)\psi=E\psi$$

都是二阶线性偏微分方程, 其中 μ, E 是已知常数, $a_{ij}(x,t)$, $V(x)$ 是已知函数.

蒋硕民 (1913—1992, 北京师范大学二级教授) (图 1.63) 是中国偏微分方程学科的先行者, 近世代数的早期介绍者之一. 1928 年, 他赴德留学, 师从大数学家柯朗, 后改从雷利希 (Franz Rellich, 1906—1955, 奥地利). 1935 年, 蒋先生完成博士论文《双元 n 阶偏微分方程的混合边值问题 (Eine gemischte Randwertaufgabe für partielle Differentialgleichungen n-ter ordnung in Zwei unabhängigen

Veränderlichen)》, 获得德国马堡大学 (Philipps–Universität Marburg) 哲学博士学位. 这很可能是中国学者关于偏微分方程的第一篇学术论文, 其研究的对象

$$\sum_{i=0}^{2p} a_{iq}(x,t)\frac{\partial^{i+q}u}{\partial x^i\partial t^q}+\sum_{i=0}^{2p-1}\sum_{k=0}^{q-1} a_{ik}(x,t)\frac{\partial^{i+k}u}{\partial x^i\partial t^k}=f(x,t)$$

是一个 $2p+q$ 阶线性偏微分方程, 推广了雷利希关于三阶线性方程

$$\frac{\partial^3 u}{\partial x^2\partial t}+au=f(x,t)$$

的结果.

图 1.62 奥地利 1983 年的 1000 先令纸币上的薛定谔

图 1.63 蒋硕民

中国学者与微分方程有关的早期工作还有: 1920 年冯祖荀 (1880—1940) 在北京高师《数理杂志》上连载的长篇著述《微分方程式论》, 1925 年魏时珍 (1895—1992) 的博士学位论文《在平均负荷下四边固定的矩形平板所呈现的现象 (Über die eingespannte rechtechige Platte mit gleichma Big vertechige Belastung)》, 1927 年朱公谨 (1902—1961) 的博士学位论文《关于某些类型的单变量函数方程解的存在性证明 (Über den Existenzbeweis für die Lösungen gewisser Typen von gewöhnlichen Funktionalgleichungen)》, 1930 年张鸿基 (1904—1971) 的博士学位论文《线性偏微分方程的变换 (Transformation of linear partial differential equations)》.

定义 1.5.3 *若 F 关于 u 的最高阶偏导数 $\mathrm{D}^m u$ 是线性的, 且关于 $(u,\mathrm{D}u,\cdots,\mathrm{D}^{m-1}u)$ 是非线性的, 则称方程 (1.5.1) 是拟线性偏微分方程.*

m 阶拟线性方程可写成

$$\sum_{|\boldsymbol{\alpha}|=m} a_{\boldsymbol{\alpha}}\Big(\boldsymbol{x},u,\mathrm{D}u,\cdots,\mathrm{D}^{m-1}u\Big)\mathrm{D}^{\boldsymbol{\alpha}}u+f\Big(\boldsymbol{x},u,\mathrm{D}u,\cdots,\mathrm{D}^{m-1}u\Big)=0,\quad \boldsymbol{x}\in\Omega,$$

其中 $a_{\boldsymbol{\alpha}}$ 和 f 是 $\Omega\times\mathbf{R}^1\times\mathbf{R}^n\times\cdots\times\mathbf{R}^{n^{m-1}}$ 上的已知函数. 一阶和二阶拟线性偏微分方程的一般形式分别为

$$\sum_{i=1}^{n}b_i(\boldsymbol{x},u)\frac{\partial u}{\partial x_i}+f(\boldsymbol{x},u)=0,$$

$$\sum_{i,j=1}^{n}a_{ij}(\boldsymbol{x},u,\mathrm{D}u)\frac{\partial^2 u}{\partial x_i\partial x_j}+f(\boldsymbol{x},u,\mathrm{D}u)=0,$$

其中 a_{ij}, b_i, f 是已知函数.

例如, 微分几何中的刘维尔方程

$$\frac{\partial^2 u}{\partial x^2}+\frac{\partial^2 u}{\partial y^2}=-K\mathrm{e}^{2u},$$

最优投资问题中的

$$\frac{\partial V}{\partial s}\frac{\partial^2 V}{\partial y^2}+ry\frac{\partial V}{\partial y}\frac{\partial^2 V}{\partial y^2}=\theta\Big(\frac{\partial V}{\partial y}\Big)^2,$$

多孔介质方程

$$\frac{\partial u}{\partial t}-a^2\frac{\partial^2}{\partial x^2}\,(u^k)=0,$$

以及超导模型中的金兹伯格 (Vitaly Ginzburg, 1916—2009, 俄罗斯) – 兰道 (Lev Landau, 1908—1968, 苏联) (图 1.64) 方程

$$\mathrm{i}\frac{\partial u}{\partial t}+p\frac{\partial^2 u}{\partial x^2}+q|u|^2u=\mathrm{i}\gamma u$$

都是二阶拟线性偏微分方程, 其中 K, r, θ, a, k, p, q, γ 都是常数.

图 1.64 获诺贝尔物理学奖的金兹伯格 (左图, 2003 年) 和兰道 (右图左 1, 1963 年)

定义 1.5.4 若 F 关于 u 的最高阶偏导数 $\mathrm{D}^m u$ 是非线性的, 则称方程 (1.5.1) 是完全非线性偏微分方程.

一阶和二阶完全非线性偏微分方程的一般形式分别为

$$F(\boldsymbol{x},u,\mathrm{D}u)=0,\qquad F(\boldsymbol{x},u,\mathrm{D}u,\mathrm{D}^2u)=0.$$

例如, 几何光学中的程函 (eikonal) 方程

$$\left|\mathrm{D}u\right|^2=1,$$

最优控制理论中的哈密顿 – 雅可比 – 贝尔曼方程

$$\frac{\partial u}{\partial t}+\min_{j=1,2,\cdots,k}\left\{\sum_{i=1}^{n}b_{ij}(\boldsymbol{x},t)\frac{\partial u}{\partial x_i}+f_j(\boldsymbol{x},t)\right\}=0$$

都是一阶完全非线性偏微分方程, 其中 b_{ij} 和 f_j 是已知函数.

哈密顿 (William Rowan Hamilton, 1805—1865, 英国) (图 1.65) 研究几何光学和动力学. 1834 年他发表了历史性论文《一种动力学的普遍方法 (On a general method in dynamics)》, 被视为动力学发展过程中的新里程碑, 其中的观点主要是从光学研究中抽象出来的. 雅可比 (Carl Gustav Jacob Jacobi, 1804—1851, 德国) (图 1.66) 是历史上最伟大的数学家之一. 他在数学方面最主要的成就是和挪威数学家阿贝尔相互独立地奠定了椭圆函数论的基础. 数学中的许多定理、公式和函数恒等式、方程、积分、曲线、矩阵、根式、行列式及多种数学符号的名称都冠以雅可比的名字. 贝尔曼 (Richard Bellman, 1920—1984, 美国) (图 1.67) 是动态规划的创始人.

图 1.65 哈密顿

我们常用的谷歌 (Google)、百度 (Baidu) 等搜索引擎都是按照关键词来匹配的. 人们尝试通过图像的匹配进行搜索: 输入一个图像, 在网上寻找最相近的图像. 黑白照片由灰黑色点组成, 可以看成是一个概率分布: 该点的颜色越黑, 就认为该点的概率密度越大. 于是两张照片匹配问题就转化成为两个概率分布的

图 1.66 雅可比

图 1.67 贝尔曼

匹配问题. 1991 年, 白罗尼 (Yann Brenier, 1957—, 法国) 发现, 如果这两个分布都是连续分布, 那么这个匹配对应地可以写成一个梯度映射 $y = \mathrm{D}u(\boldsymbol{x})$, 其中 u 是一个凸函数, 且满足著名的蒙日 – 安培方程

$$\det \mathrm{D}^2 u = \frac{f(\boldsymbol{x})}{g(\mathrm{D}u)},$$

其中 $\det \mathrm{D}^2 u$ 表示矩阵 $\mathrm{D}^2 u$ 的行列式, f, g 是已知函数. 它是一个二阶完全非线性的偏微分方程.

蒙日 (Gaspard Monge, 1746—1818, 法国) (图 1.68) 是画法几何创始人和微分几何之父, 创立了偏微分方程的特征理论, 引导了纯粹几何学在 19 世纪的复兴. 安培 (André-Marie Ampère, 1775—1836, 法国) (图 1.69) 在电磁作用方面的研究成就卓著, 对物理学及数学都有重要贡献, 被称为 "电学中的牛顿". 电流的国际单位安培就是以其姓氏命名的.

图 1.68 法国博讷的蒙日纪念碑

图 1.69 美国纽约的安培大道

事实上, 蒙日 – 安培方程还有一个重要的背景. 早在 1781 年, 蒙日就提

图 1.70 康托罗维奇 (左) 获诺贝尔经济学奖

出了一个最优运输问题 (也称堆沙问题), 考虑把一定量的沙子从一个地方运到另一个地方, 使总的运输费用最小的最优途径. 1942 年, 康托罗维奇 (Leonid Kantorovich, 1912—1986, 苏联) (1975 年获诺贝尔经济学奖) (图 1.70) 对这个问题提出了概率测度的描述. 因此, 人们将这类问题称为蒙日 – 康托罗维奇 (Monge–Kantorovich) 最优运输问题. 2010 年的菲尔兹奖得主维拉尼 (Cédric Villani, 1973—, 法国) 将该理论应用到微分几何领域.

图 1.71 给出了从曲面到平面圆盘的保持面积元的映射情况, 其计算过程依赖于求解离散的蒙日 – 安培方程.

习题 1.5.1 判断下列偏微分方程的线性性, 并指出其阶数.

(1) 亥姆霍兹 (Helmholtz) 方程

$$-\Delta u = \lambda u,$$

其中 λ 是正常数;

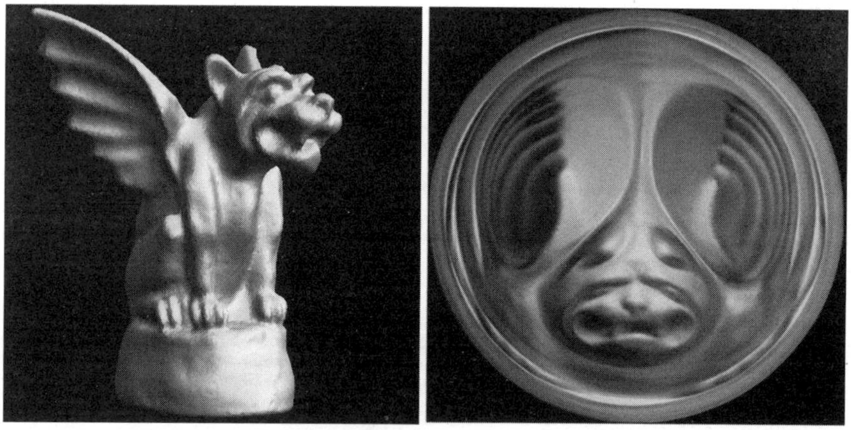

图 1.71 离散蒙日 – 安培方程

(2) 柯尔莫戈洛夫 (Kolmogolov) 方程

$$\frac{\partial u}{\partial t} - \sum_{i,j=1}^{n} a_{ij}(x)\frac{\partial^2 u}{\partial x_i \partial x_j} + \sum_{i=1}^{n} b_i(x)\frac{\partial u}{\partial x_i} = 0,$$

其中 $a_{ij}(x)$ 和 $b_i(x)$ 是已知函数;

(3) 传输方程

$$\frac{\partial u}{\partial t} + \sum_{i=1}^{n} b_i \frac{\partial u}{\partial x_i} = 0,$$

其中 $b_1, b_2, \cdots, b_n$ 是常数;

(4) 横梁方程

$$\frac{\partial u}{\partial t}+\frac{\partial^4 u}{\partial x^4}=0;$$

(5) p- 拉普拉斯方程

$$\operatorname{div}\left(|\mathrm{D}u|^{p-2}\mathrm{D}u\right)=0,$$

其中 $p>1$ 为常数;

(6) 极小曲面方程

$$\operatorname{div}\left(\frac{\mathrm{D}u}{\sqrt{1+|\mathrm{D}u|^2}}\right)=0;$$

(7) 抛物型蒙日 – 安培方程

$$-\frac{\partial u}{\partial t}\left(\frac{\partial^2 u}{\partial x^2}\cdot\frac{\partial^2 u}{\partial y^2}-\left(\frac{\partial^2 u}{\partial x\partial y}\right)^2\right)=f(x,y,t),$$

其中 $f(x,y,t)$ 是已知函数;

(8) 图像处理中的膨胀方程

$$\frac{\partial u}{\partial t}=\sup_{|\boldsymbol{y}|\leqslant 1}\left(\boldsymbol{y}^{\mathrm{T}}\cdot\mathrm{D}u\right).$$

3. 方程的解与定解条件

定义 1.5.5 函数 u 称为方程 (1.5.1) 在 Ω 中的解, 如果所有出现在方程 (1.5.1) 中的偏导数 $\mathrm{D}^{\alpha}u$ 都在 Ω 中连续, 且在 Ω 中的每一点 $\boldsymbol{x}$ 处满足

$$F\left(\boldsymbol{x},u(\boldsymbol{x}),\mathrm{D}u(\boldsymbol{x}),\cdots,\mathrm{D}^m u(\boldsymbol{x})\right)=0.$$

例题 1.5.1 验证

$$u(x,y,t)=\frac{1}{\sqrt{a^2t^2-x^2-y^2}}$$

在区域 $\Omega=\left\{(x,y,t)\in\mathbf{R}^3|x^2+y^2<a^2t^2\right\}$ 内满足膜振动方程

$$\frac{\partial^2 u}{\partial t^2}=a^2\left(\frac{\partial^2 u}{\partial x^2}+\frac{\partial^2 u}{\partial y^2}\right).$$

证明 设 $u=z^{-\frac{1}{2}}$, $z=a^2t^2-x^2-y^2$, 直接计算, 得

$$\begin{aligned}
\frac{\partial u}{\partial t}&=-\frac{1}{2}\cdot z^{-\frac{3}{2}}\cdot(2a^2t)=-a^2tz^{-\frac{3}{2}},\\
\frac{\partial u}{\partial x}&=-\frac{1}{2}\cdot z^{-\frac{3}{2}}\cdot(-2x)=xz^{-\frac{3}{2}},\\
\frac{\partial u}{\partial y}&=-\frac{1}{2}\cdot z^{-\frac{3}{2}}\cdot(-2y)=yz^{-\frac{3}{2}},
\end{aligned}$$

及

$$\begin{aligned}
\frac{\partial^2 u}{\partial t^2} &= -\left(a^2 z^{-\frac{3}{2}} + a^2 t \cdot \left(-\frac{3}{2}\right) \cdot z^{-\frac{5}{2}} \cdot (2a^2 t)\right) = -a^2 z^{-\frac{3}{2}} + 3a^4 t^2 z^{-\frac{5}{2}}, \\
\frac{\partial^2 u}{\partial x^2} &= z^{-\frac{3}{2}} + x \cdot \left(-\frac{3}{2}\right) \cdot z^{-\frac{5}{2}} \cdot (-2x) = z^{-\frac{3}{2}} + 3x^2 z^{-\frac{5}{2}}, \\
\frac{\partial^2 u}{\partial y^2} &= z^{-\frac{3}{2}} + y \cdot \left(-\frac{3}{2}\right) \cdot z^{-\frac{5}{2}} \cdot (-2y) = z^{-\frac{3}{2}} + 3y^2 z^{-\frac{5}{2}}.
\end{aligned}$$

所以

$$\begin{aligned}
a^2\left(\frac{\partial^2 u}{\partial x^2} + \frac{\partial^2 u}{\partial y^2}\right) &= a^2\left(2z^{-\frac{3}{2}} + 3(x^2+y^2)z^{-\frac{5}{2}}\right) \\
&= 2a^2 z^{-\frac{3}{2}} + 3a^2(a^2t^2 - z)z^{-\frac{5}{2}} \\
&= 2a^2 z^{-\frac{3}{2}} + 3a^4 t^2 z^{-\frac{5}{2}} - 3a^2 z^{-\frac{3}{2}} \\
&= 3a^4 t^2 z^{-\frac{5}{2}} - a^2 z^{-\frac{3}{2}} \\
&= \frac{\partial^2 u}{\partial t^2}.
\end{aligned}$$

从而命题得证. □

习题 1.5.2 验证

$$u(x,y) = \frac{1}{6}x^3y^2 + x^2 + \cos y - \frac{y^2}{6} - 1$$

在全平面上满足方程

$$\frac{\partial^2 u}{\partial x \partial y} = x^2 y$$

及条件

$$u(x,0) = x^2, \quad u(1,y) = \cos y.$$

例题 1.5.2 求解方程

$$\frac{\partial^2 u}{\partial x \partial y} + \frac{\partial u}{\partial x} = 0.$$

解 将方程两端同乘以 e^y, 写成

$$\frac{\partial}{\partial y}\left(\mathrm{e}^y \frac{\partial u}{\partial x}\right) = 0.$$

关于 y 积分, 得

$$\mathrm{e}^y \frac{\partial u}{\partial x} = f(x), \qquad \frac{\partial u}{\partial x} = \mathrm{e}^{-y} f(x),$$

再关于 x 积分, 得

$$u = \mathrm{e}^{-y}\int f(x)\mathrm{d}x + g(y),$$

其中 f, g 是任意函数. 所以 $u = \mathrm{e}^{-y}F(x) + G(y)$, 其中 F, $G \in C^1(\mathbf{R})$ 是任意函数. □

习题 1.5.3 求 $\mathbf{R}^2$ 中满足

$$\frac{\partial u}{\partial y}=3xy^2-x^3, \qquad \frac{\partial^2 u}{\partial x^2}+\frac{\partial^2 u}{\partial y^2}=0$$

的所有函数 $u(x,y)$.

附加在解上的某些条件称为定解条件, 常见的有初始条件和边界条件. 初始条件是指所讨论的系统的初始状态, 而边界条件是指所讨论的系统与外界的关系.

区域 Ω 的边界记为 $\partial\Omega$. 边界条件一般分为第一类边界条件 (解在边界上取预定值)

$$u=\varphi(\boldsymbol{x}), \quad \boldsymbol{x}\in\partial\Omega;$$

第二类边界条件 (指定了解在边界上的法向导数)

$$\frac{\partial u}{\partial \boldsymbol{\nu}}=\varphi(\boldsymbol{x}), \quad \boldsymbol{x}\in\partial\Omega,$$

其中 $\boldsymbol{\nu}$ 是 $\partial\Omega$ 的单位外法向; 第三类边界条件

$$\frac{\partial u}{\partial \boldsymbol{\nu}}+u=\varphi(\boldsymbol{x}), \quad \boldsymbol{x}\in\partial\Omega.$$

4. 定解问题及其适定性

偏微分方程与若干定解条件一起构成定解问题. 它研究由偏微分方程描述的某种物理过程或现象, 并根据一些特定条件 (包括初始条件, 边界条件等) 来确定整个系统的状态变量的变化规律.

常见的定解问题有初边值问题、初值问题和边值问题. 初边值问题是指定解条件中既含有初始条件又含有边界条件的问题; 初值问题 (或称 Cauchy 问题) 是指定解条件中只含有初始条件的问题; 边值问题是指定解条件中只含有边界条件的问题.

相对于三类边界条件, 边值问题分别称为狄利克雷 (Johann Peter Gustav Lejeune Dirichlet, 1805—1859, 德国) (图 1.72) 问题、诺伊曼 (Carl Gottfried Neumann, 1832—1925, 德国) (图 1.73) 问题、罗宾 (Victor Gustave Robin, 1855—1897, 法国) 问题.

习题 1.5.4 设 $u_i(x,t)$ 是初值问题

$$\begin{cases}\dfrac{\partial u}{\partial t}=a^2\dfrac{\partial^2 u}{\partial x^2}, & x\in\mathbf{R},\ t>0,\\ u(x,0)=\varphi_i(x), & x\in\mathbf{R}\end{cases}$$

的解, 其中 a 是正常数, φ_i 是已知函数, $i=1,2$. 证明

$$u(x,y,t)=u_1(x,t)u_2(y,t)$$

图 1.72 狄利克雷

图 1.73 诺伊曼

满足初值问题

$$\begin{cases} \dfrac{\partial u}{\partial t} = a^2\left(\dfrac{\partial^2 u}{\partial x^2} + \dfrac{\partial^2 u}{\partial y^2}\right), & (x,y) \in \mathbf{R}^2,\ t > 0, \\ u(x,y,0) = \varphi_1(x)\varphi_2(y), & (x,y) \in \mathbf{R}^2. \end{cases}$$

物理学、力学及工程技术上的许多问题都归结于各式各样的偏微分方程的定解问题. 研究这些问题的解法, 用尽可能方便的方法求出解的表达式, 再对表达式进行数学分析, 得出所讨论问题的定量结果, 或者提供解的近似计算方法, 通过计算机用比较精确的数值把解表示出来, 是偏微分方程研究的中心问题. 但是, 偏微分方程的任务是对各门学科可能遇到的定解问题做系统的研究, 并不限于研究具体方程的具体解法. 所提偏微分方程定解问题是否合理? 方程和定解条件是否足够? 这些都是必须重点考虑的问题.

图 1.74 阿达马

1902 年, 阿达马 (Jacques Solomon Hadamard, 1865—1963, 法国) (图 1.74) 给出了偏微分方程的适定性的概念. 他认为物理现象中的数学模型应该具备下述性质:

(1) 存在性: 在已知数据 (偏微分方程和定解条件中的已知函数) 具有适当光滑性的前提下, 定解问题的解是否存在? 只有证明了问题解的存在性, 才能说明所提的方程与定解条件相互没有矛盾.

(2) 唯一性: 在适当的函数类中, 定解问题的解是否只有一个? 即研究方程和定解条件是否足够?

(3) 稳定性: 从自然现象到偏微分方程的定解问题, 总要作一定的简化, 测量也总有误差. 这种简化描述的合理性需要验证: 定解问题中已知数据作微小变动时, 相应问题的解的变化是否也很微小?
简单地说, 定解问题的适定性是指解的存在性、唯一性和稳定性. 只有当定解问题是适定的, 所得到的解才可能是实际问题解的近似.

在经典的偏微分方程中, 一般只研究适定的定解问题. 在这三个要求中, 只要有一个不满足, 就称之为不适定问题. 特别是当稳定性不满足时, 已知数据测量中的微小的误差会导致最终结果面目全非.

例题 1.5.3 拉普拉斯方程

$$\frac{\partial^2 u}{\partial x^2}+\frac{\partial^2 u}{\partial y^2}=0,\quad y>0$$

在边界条件

$$u(x,0)=0,\quad \frac{\partial u}{\partial y}(x,0)=\frac{1}{m}\cos mx$$

之下的解为

$$u(x,y)=\frac{1}{m^2}\cos(mx)\sinh(my).$$

当 $m\to\infty$ 时, 给定的边界条件在 $y=0$ 处趋于 0, 而 $u(x,y)$ 的值在无穷大的范围内振荡, 所以这个定解问题不适定.

定解问题不适定的原因是多种多样的. 可能是问题的提法不合理, 也可能是已知数据含有假信息, 或收集到的信息不够. 对大多数问题来说, 真正的解只有一个, 这就需要从许多的解当中进行挑选, 去伪存真.

§1.6 习题解答

习题 1.1.1 阅读文章《"潜伏" 在日常生活中的 7 个方程式》.

《"潜伏" 在日常生活中的 7 个方程式》详见科技日报, 2012 年 03 月.

习题 1.2.1 搜集并整理偏微分方程在中国发展的史料.

魏时珍 (1895—1992, 图 1.75) 的研究领域是微分方程和数学物理, 是最早向国内介绍爱因斯坦的相对论的. 1922 年他考入当时的 "数学王国" 哥廷根大学 (图 1.76), 1925 年以论文《在平均负荷下四边固定的矩阵平板所呈现的现象 (Über die eingespannte rechtechige Platte mit gleichma Big vertechige Belastung)》获得应用数学博士学位, 导师是柯朗. 魏时珍是第一位在德国获得数学博士学位的中国人. 1925 年回国后他先后在同济大学、四川大学等高校工作, 积极教书育人. 1936 年他参考柯朗的《偏微分方程讲义》撰写了第一本中文的偏微分方程教材《偏微分方程式理论》. 参见:《魏嗣銮: 相对论在中国的早期传播者》, 人民政协报, 2014 年 11 月 06 日.

图 1.75 魏时珍

图 1.76 哥廷根大学数学研究所

吴新谋 (1910—1989) (图 1.77), 中国偏微分方程研究事业的主要开创者之一. 1937 年公费留学法国, 先师从维拉 (Henri Villat, 1879—1972, 法国), 后转随阿达马从事偏微分方程的研究. 1951 年回国后, 吴新谋在中国科学院数学研究所任研究员, 组建了微分方程研究室. 1954 年他主持了国内第一个以现代偏微分方程理论为主题的大型讲习班. 此时全国范围内的偏微分方程骨干队伍开始形成, 各校数学系纷纷开设偏微分方程课程. 1956 年他编写了新中国第一本偏微分方程教材《数学物理方程讲义》(图 1.78). 1958 年该书又扩充为三卷本《数

图 1.77 吴新谋

图 1.78《数学物理方程讲义》的封面 (1956)

学物理方程》. 1961 年他主持召开了全国微分方程会议. 参见: 李文林, 陆柱家《吴新谋 —— 中国偏微分方程研究的主要创始人之一》, 光明网, 2006-07-27.

蒋硕民, 北京师范大学二级教授, 研究方向是偏微分方程和近世代数. 蒋硕民是中国研究偏微分方程学科的先行者, 近世代数的早期介绍者之一. 他集中西学问于一身, 培养了众多的优秀人才, 把毕生的精力全部贡献给了教育事业. 他的博士生导师原为大数学家柯朗. 因希特勒迫害犹太人, 柯朗逃亡美国, 于 1936 年成为纽约大学教授, 并成立了一个数学研究所. 1964 年, 这座数学科学研究所改名为柯朗数学研究所 (图 1.79), 这是当今国际上最受人尊敬的应用数学研究中心之一. 柯朗离开德国之后, 蒋硕民改由雷利希指导. 1935 年他的博士论文《一个关于两个变量 n 阶偏微分方程的混合边值问题》获得通过, 并应数学家姜立夫 (1890—1978; 南开大学数学系创始人) 先生之邀回国在南开大学数学系任教授, 时年 22 岁. 1954 年蒋硕民调至北京师范大学. 参见: 蒋迅《"学为人师, 行为世范" 的典范蒋硕民教授》, 数学文化, 2014, 第 4 卷第 1 期.

图 1.79 纽约大学柯朗数学研究所

京师大学堂 (北京大学和北京师范大学的前身) 建立之初, 数学在教学中占有相当的分量. 1904 年 1 月 13 日, 中国以政府名义颁布了第一部完整的学制章程《钦定学堂章程》, 其中算学门 (相当于现代的 "数学系") 的课程就包含了部分微分方程式论 (即偏微分方程) 等. 法国数学家阿达马 1936 年来清华大学讲学 3 个多月, 1964 年在中国出版了他的著作《偏微分方程论》. 1954 年周毓麟 (1923—) 被选派到莫斯科大学, 师从国际著名的女数学家奥列尼克 (Olga Arsenievna Oleinik, 1925—2001, 苏联, 俄罗斯), 成为中华人民共和国成立之后第一个学习偏微分方程理论的留学生. 建国初期偏微分方程领域的国际学术交流活动主要是请苏联和东欧专家前来访问和讲学. 例如, 1958 年苏联科学院通讯院士比察捷 (A. B. Bitsadze, 1916—1994) 到北京大学讲授混合型偏微分方程. 在科学研究方面, 周毓麟进行了与空气动力学有关的混合型偏微分方程、与毛细管现象有关的非线性椭圆型、抛物型偏微分方程以及与薄壳理论有关的偏微分方程的研究. 1962 年, 全国讲师以上职称的偏微分方程工作者已达数百人. 参见: (1) 中国科学院编译出版委员会.《十年来的中国科学: 数学 1949—1959》. 北京: 科学出版社, 1959; (2) 华罗庚.《十年来中国数学研究工作的概况》. 科学通报, 1959; (3)《北京大学数学百年发展历程 (1913—2013)》, 2013; (4) 张友余.《二十世纪中国数学史料研究》(第一辑). 哈尔滨: 哈尔滨工业大学出版社, 2016.

习题 1.3.1 学习并介绍一个图像处理中的偏微分方程模型.

将偏微分方程应用于图像处理开始于 20 世纪 70 年代末. 1993 年, 阿尔瓦雷斯 (Luis Alvarez)、吉查德 (Frédéric Guichard)、利翁斯 (Pierre-Louis Lions, 1956—, 法国; 1994 年菲尔兹奖得主)、莫雷尔 (Jean-Michel Morel) 发表了论文《图像处理的公理和基本方程 (Axioms and fundamental equations of image processing)》, 建立了 AMSS (Affine morphological scale space 仿射形态尺度空间) 方程

$$\frac{\partial u}{\partial t}=|\mathrm{D}u|\Big(\mathrm{curv}(u)\Big)^{1/3},$$

被认为是将偏微分方程理论成功应用到图像处理的一个标志, 从此诞生了一个新的研究方向, 其中 u 表示图像的亮度值,

$$\mathrm{curv}(u)=\frac{\left(\frac{\partial u}{\partial y}\right)^2\frac{\partial^2 u}{\partial x^2}-2\frac{\partial u}{\partial x}\cdot\frac{\partial u}{\partial y}\cdot\frac{\partial^2 u}{\partial x\partial y}+\left(\frac{\partial u}{\partial x}\right)^2\frac{\partial^2 u}{\partial y^2}}{\left(\left(\frac{\partial u}{\partial x}\right)^2+\left(\frac{\partial u}{\partial y}\right)^2\right)^{\frac{3}{2}}}.$$

偏微分方程现已应用于图像处理和计算机视觉的许多方面, 包括图像分割、运动物体跟踪、物体检测、光流、图像恢复、图像锐化、对比度增强、图像量化等, 并取得了很好的结果. 用偏微分方程进行图像处理的基本思想是利用偏微分方程把图像变形, 然后求解该方程来获得图形处理的期望结果. 参见: (1) 张亶, 陈刚.《基于偏微分方程的图像处理》. 北京: 高等教育出版社, 2004. (2) Tony F. Chan, Jianhong (Jackie) Shen.《图像处理与分析: 变分、PDE、小波及随机方法》. 陈文斌, 陈晋, 译. 北京: 科学出版社, 2011.

习题 1.4.1 求二维蒙日 – 安培 (Monge–Ampère) 方程

$$\frac{\partial^2 u}{\partial x^2}\cdot\frac{\partial^2 u}{\partial y^2}-\left(\frac{\partial^2 u}{\partial x\partial y}\right)^2=1,\quad (x,y)\in\mathbf{R}^2\backslash\{\mathbf{0}\}$$

的径向对称解.

解 设 $u=u(r)$, 其中 $r=\sqrt{x^2+y^2}$, 则

$$\frac{\partial u}{\partial x}=\frac{x}{r}u'(r),\qquad \frac{\partial u}{\partial y}=\frac{y}{r}u'(r),$$

以及

$$\begin{aligned}
\frac{\partial^2 u}{\partial x^2}&=\frac{r-x\frac{x}{r}}{r^2}u'(r)+\frac{x}{r}\frac{x}{r}u''(r)=\frac{y^2}{r^3}u'(r)+\frac{x^2}{r^2}u''(r),\\
\frac{\partial^2 u}{\partial y^2}&=\frac{r-y\frac{y}{r}}{r^2}u'(r)+\frac{y}{r}\frac{y}{r}u''(r)=\frac{x^2}{r^3}u'(r)+\frac{y^2}{r^2}u''(r),\\
\frac{\partial^2 u}{\partial x\partial y}&=\frac{-x\frac{y}{r}}{r^2}u'(r)+\frac{x}{r}\frac{y}{r}u''(r)=-\frac{xy}{r^3}u'(r)+\frac{xy}{r^2}u''(r),
\end{aligned}$$

代入方程, 得

$$\Big(\frac{y^2}{r^3}u'(r)+\frac{x^2}{r^2}u''(r)\Big)\Big(\frac{x^2}{r^3}u'(r)+\frac{y^2}{r^2}u''(r)\Big)-\Big(-\frac{xy}{r^3}u'(r)+\frac{xy}{r^2}u''(r)\Big)^2=1.$$

化简, 有

$$u'(r)\ u''(r)=r.$$

积分一次, 得到

$$\big(u'(r)\big)^2=r^2+C_1,\quad r>0,$$

其中 C_1 为任意常数. 显然 $C_1\geqslant 0$, 否则 u 在 $r<\sqrt{-C_1}$ 时无定义. 下面分两种情况讨论.

1° 当 $C_1=0$ 时, $u(r)=\pm\frac{1}{2}r^2+C$, 其中 C 为任意常数.

2° 当 $C_1>0$ 时,

$$u'(r)=\pm\sqrt{r^2+C_1}.$$

积分, 得

$$u(r)=\int_0^r u'(s)\mathrm{d}s+u(0)=\pm\int_0^r\sqrt{s^2+C_1}\mathrm{d}s+u(0).$$

作变量替换, 令 $s=\sqrt{C_1}\tan\theta$, 有

$$\begin{aligned}
\int_0^r\sqrt{s^2+C_1}\mathrm{d}s&=C_1\int_0^{\arctan\frac{r}{\sqrt{C_1}}}\frac{\mathrm{d}\theta}{\cos^3\theta}\\
&=C_1\int_0^{\arctan\frac{r}{\sqrt{C_1}}}\frac{\mathrm{d}\sin\theta}{(1-\sin^2\theta)^2}\\
&=C_1\int_0^{\frac{r}{\sqrt{r^2+C_1}}}\frac{\mathrm{d}t}{(1-t^2)^2}\\
&=\frac{C_1}{4}\int_0^{\frac{r}{\sqrt{r^2+C_1}}}\Big(\frac{1}{t+1}-\frac{1}{t-1}+\frac{1}{(t+1)^2}+\frac{1}{(t-1)^2}\Big)\mathrm{d}t\\
&=\frac{C_1}{4}\ln\left|\frac{r+\sqrt{r^2+C_1}}{r-\sqrt{r^2+C_1}}\right|+\frac{1}{2}r\sqrt{r^2+C_1}
\end{aligned}$$

$$= \frac{C_1}{2}\ln\left|r+\sqrt{r^2+C_1}\right| + \frac{1}{2}r\sqrt{r^2+C_1} - \frac{1}{4}C_1\ln C_1.$$

综上所述, 二维蒙日–安培方程的径向对称解是

$$u(r) = \pm\frac{C_1}{2}\ln\left|r+\sqrt{r^2+C_1}\right| \pm \frac{1}{2}r\sqrt{r^2+C_1} + C_2,$$

其中 C_1 和 C_2 都是任意常数, 且 $C_1 \geqslant 0$. □

习题 1.4.2 求极小曲面方程 (1.3.1) 形如 $u = f(x) + g(y)$ 的解.

解 设 $u(x,y) = f(x) + g(y)$, 则

$$\frac{\partial u}{\partial x} = f'(x), \quad \frac{\partial^2 u}{\partial x^2} = f''(x), \quad \frac{\partial u}{\partial y} = g'(y), \quad \frac{\partial^2 u}{\partial y^2} = g''(y), \quad \frac{\partial^2 u}{\partial x\partial y} = 0.$$

代入方程 (1.3.1), 得

$$\left(1+g'(y)^2\right)f''(x) + \left(1+f'(x)^2\right)g''(y) = 0.$$

分离变量, 可得

$$\frac{f''(x)}{1+f'(x)^2} = -\frac{g''(y)}{1+g'(y)^2}.$$

令

$$\frac{f''(x)}{1+f'(x)^2} = -\frac{g''(y)}{1+g'(y)^2} = C_0,$$

其中 C_0 为任意常数, 我们将分别求解关于 x 和 y 的常微分方程.

1° 当 $C_0 = 0$ 时, 易得

$$f(x) = C_1 x + C_2, \qquad g(y) = C_3 y + C_4,$$

其中 C_1, C_2, C_3, C_4 为任意常数. 所以

$$u(x,y) = C_1 x + C_3 y + C,$$

其中 C 为任意常数.

2° 当 $C_0 \neq 0$ 时, 对 $\dfrac{f''(x)}{1+f'(x)^2} = C_0$ 两边关于 x 同时积分可得

$$\arctan f'(x) = C_0 x + C_1.$$

所以

$$f'(x) = \tan\Big(C_0 x + C_1\Big).$$

再对上式两边关于 x 积分, 得

$$f(x) = -\frac{1}{C_0}\ln\left|\cos\Big(C_0 x + C_1\Big)\right| + C_3.$$

同理可得

$$g(y)=\frac{1}{C_0}\ln\Big|\cos\Big(-C_0y+C_2\Big)\Big|+C_4,$$

其中 C_1,C_2,C_3,C_4 为任意常数. 所以

$$\begin{aligned}u(x,y)&=\frac{1}{C_0}\ln\left|\frac{\cos(-C_0y+C_2)}{\cos(C_0x+C_1)}\right|+C_3+C_4\\&=\frac{1}{C_0}\ln\left|\frac{\cos(C_0y-C_2)}{\cos(C_0x+C_1)}\right|+C,\end{aligned}$$

其中 $C_0\neq 0$, C,C_1,C_2 为任意常数. □

习题 1.5.1 判断下列偏微分方程的线性性, 并指出其阶数.

(1) 亥姆霍兹 (Helmholtz) 方程

$$-\Delta u=\lambda u,$$

其中 λ 是正常数;

(2) 柯尔莫戈洛夫 (Kolmogolov) 方程

$$\frac{\partial u}{\partial t}-\sum_{i,j=1}^{n}a_{ij}(x)\frac{\partial^2 u}{\partial x_i\partial x_j}+\sum_{i=1}^{n}b_i(x)\frac{\partial u}{\partial x_i}=0,$$

其中 $a_{ij}(x)$ 和 $b_i(x)$ 都是已知函数;

(3) 传输方程

$$\frac{\partial u}{\partial t}+\sum_{i=1}^{n}b_i\frac{\partial u}{\partial x_i}=0,$$

其中 $b_1,b_2,\cdots,b_n$ 是常数;

(4) 横梁方程

$$\frac{\partial u}{\partial t}+\frac{\partial^4 u}{\partial x^4}=0;$$

(5) p-拉普拉斯方程

$$\operatorname{div}\Big(|\mathrm{D}u\,|^{p-2}\mathrm{D}u\Big)=0,$$

其中 $p>1$ 为常数;

(6) 极小曲面方程

$$\operatorname{div}\left(\frac{\mathrm{D}u}{\sqrt{1+|\mathrm{D}u\,|^2}}\right)=0;$$

(7) 抛物型蒙日 – 安培方程

$$-\frac{\partial u}{\partial t}\left(\frac{\partial^2 u}{\partial x^2}\cdot\frac{\partial^2 u}{\partial y^2}-\left(\frac{\partial^2 u}{\partial x\partial y}\right)^2\right)=f(x,y,t),$$

其中 $f(x,y,t)$ 是已知函数;

(8) 图像处理中的膨胀方程

$$\frac{\partial u}{\partial t} = \sup_{|\boldsymbol{y}|\leqslant 1} (\boldsymbol{y}^{\mathrm{T}} \cdot \mathrm{D}u).$$

解 根据线性性和阶数的定义, 有

(1) 亥姆霍兹方程是二阶线性偏微分方程;

(2) 柯尔莫戈洛夫方程是二阶线性偏微分方程;

(3) 传输方程是一阶线性偏微分方程;

(4) 横梁方程是四阶线性偏微分方程;

(5) p-拉普拉斯方程是二阶拟线性偏微分方程;

(6) 极小曲面方程是二阶拟线性偏微分方程;

(7) 抛物型蒙日 – 安培方程是二阶完全非线性偏微分方程;

(8) 图像处理中的膨胀方程是一阶完全非线性偏微分方程. □

习题 1.5.2 验证

$$u(x,y) = \frac{1}{6}x^3y^2 + x^2 + \cos y - \frac{y^2}{6} - 1$$

在全平面上满足方程

$$\frac{\partial^2 u}{\partial x \partial y} = x^2 y$$

及条件

$$u(x,0) = x^2, \quad u(1,y) = \cos y.$$

解 直接计算, 得

$$\frac{\partial u}{\partial y} = \frac{1}{3}x^3 y - \sin y - \frac{y}{3}$$

及

$$\frac{\partial^2 u}{\partial x \partial y} = x^2 y.$$

此外

$$u(x,0) = \frac{1}{6} \cdot x^3 \cdot 0^2 + x^2 + \cos 0 - \frac{0^2}{6} - 1 = x^2,$$

并且

$$u(1,y) = \frac{1}{6} \cdot 1^3 \cdot y^2 + 1^2 + \cos y - \frac{y^2}{6} - 1 = \cos y.$$

从而得证. □

习题 1.5.3 求 $\mathbf{R}^2$ 中满足

$$\frac{\partial u}{\partial y}=3xy^2-x^3,\qquad \frac{\partial^2 u}{\partial x^2}+\frac{\partial^2 u}{\partial y^2}=0$$

的所有函数 $u(x,y)$.

解 对第一个方程的两边关于 y 积分, 得

$$u(x,y)=xy^3-x^3y+C(x),$$

其中 $C(x)$ 为一个关于 x 的函数. 代入第二个方程, 可得

$$-6xy+C''(x)+6xy=0.$$

所以 $C''(x)=0$, 从而 $C(x)=C_1x+C_2$, 故

$$u(x,y)=xy^3-x^3y+C_1x+C_2,$$

其中 C_1,C_2 为任意常数. □

习题 1.5.4 设 $u_i(x,t)$ 是初值问题

$$\begin{cases}\dfrac{\partial u}{\partial t}=a^2\dfrac{\partial^2 u}{\partial x^2}, & x\in\mathbf{R},\ t>0,\\ u(x,0)=\varphi_i(x), & x\in\mathbf{R}\end{cases}$$

的解, 其中 a 是正常数, φ_i 是已知函数, $i=1,2$. 证明

$$u(x,y,t)=u_1(x,t)u_2(y,t)$$

满足初值问题

$$\begin{cases}\dfrac{\partial u}{\partial t}=a^2\Big(\dfrac{\partial^2 u}{\partial x^2}+\dfrac{\partial^2 u}{\partial y^2}\Big), & (x,y)\in\mathbf{R}^2,\ t>0,\\ u(x,y,0)=\varphi_1(x)\varphi_2(y), & (x,y)\in\mathbf{R}^2.\end{cases}$$

证明 直接计算当 $(x,y)\in\mathbf{R}^2$, $t>0$ 时, 有

$$\begin{aligned}\frac{\partial u}{\partial t}&=\frac{\partial u_1}{\partial t}(x,t)\cdot u_2(y,t)+u_1(x,t)\cdot\frac{\partial u_2}{\partial t}(y,t)\\&=a^2\frac{\partial^2 u_1}{\partial x^2}(x,t)\cdot u_2(y,t)+u_1(x,t)\cdot a^2\frac{\partial^2 u_2}{\partial y^2}(y,t)\\&=a^2\Big(\frac{\partial^2 u_1}{\partial x^2}(x,t)\cdot u_2(y,t)+u_1(x,t)\cdot\frac{\partial^2 u_2}{\partial y^2}(y,t)\Big)\\&=a^2\Big(\frac{\partial^2 u}{\partial x^2}(x,y,t)+\frac{\partial^2 u}{\partial y^2}(x,y,t)\Big).\end{aligned}$$

并且, 当 $(x,y)\in\mathbf{R}^2$, $t=0$ 时,

$$u(x,y,0)=u_1(x,0)u_2(y,0)=\varphi_1(x)\varphi_2(y).$$

结论成立. □

§1.7 拓展习题与阅读

习题 1.7.1 指出下列方程的阶数和线性性.

(1) 伯格斯 (Burgers) 方程

$$\frac{\partial u}{\partial t}-a^2\frac{\partial^2 u}{\partial x^2}+u\frac{\partial u}{\partial x}=0,$$

其中 a 是一个常数;

(2) 电报方程

$$\frac{\partial^2 u}{\partial x^2}=CL\frac{\partial^2 u}{\partial t^2}+CR\frac{\partial u}{\partial t},$$

其中 C, L, R 均为常数;

(3) 鲁丁 – 奥谢尔 – 法特米 (Rudin–Osher–Fatemi) 图像恢复方程

$$\operatorname{div}\left(\frac{\mathrm{D}u}{|\mathrm{D}u|}\right)=2\lambda(u-f),$$

其中 λ, f 分别为已知常数与函数;

(4) 平均曲率流方程

$$\frac{\partial u}{\partial t}=\frac{\left(1+\left(\frac{\partial u}{\partial y}\right)^2\right)\frac{\partial^2 u}{\partial x^2}-2\frac{\partial u}{\partial x}\frac{\partial u}{\partial y}\frac{\partial^2 u}{\partial x\partial y}+\left(1+\left(\frac{\partial u}{\partial x}\right)^2\right)\frac{\partial^2 u}{\partial y^2}}{1+\left(\frac{\partial u}{\partial x}\right)^2+\left(\frac{\partial u}{\partial y}\right)^2};$$

(5) 哈密顿 – 雅可比 (Hamilton–Jacobi) 方程

$$\frac{\partial V}{\partial t}+\inf_{\xi}\left\{\sum_{i=1}^n b_\xi^i(x,t)\frac{\partial V}{\partial x_i}+c_\xi(x,t)\right\}=0,$$

其中 b_ξ^i, c_ξ 为已知函数;

(6) 守恒律方程

$$\frac{\partial u}{\partial t}+\operatorname{div}\boldsymbol{F}(u)=0,$$

其中 $\boldsymbol{F}$ 是一个已知的向量值函数;

(7) 布西内斯克 (Boussinesq) 方程

$$\frac{\partial^2 u}{\partial t^2}-\frac{\partial^2 u}{\partial x^2}-\frac{\partial^2 (u^2)}{\partial y^2}+\frac{\partial^4 u}{\partial x^4}=0;$$

(8) 克莱因 – 戈丹 (Klein–Gordon) 方程

$$\frac{\partial^2 \psi}{\partial t^2}-\Delta\psi+\psi=0.$$

习题 1.7.2 若 $u(x,t)$ 满足热传导方程 $\dfrac{\partial u}{\partial t}=\dfrac{\partial^2 u}{\partial x^2}$, 则

$$v(x,t)=\frac{1}{\sqrt{t}}\mathrm{e}^{-\frac{x^2}{4t}}u\Big(\frac{x}{t},-\frac{1}{t}\Big)$$

也满足同一个方程.

习题 1.7.3 求热传导方程 $\dfrac{\partial u}{\partial t}=a^2\dfrac{\partial^2 u}{\partial x^2}$ 所有形如

$$u(x,t)=\frac{1}{\sqrt{t}}f\Big(\frac{x}{2a\sqrt{t}}\Big)$$

的解, 其中 a 是一个正常数.

习题 1.7.4 设 $u\in C^2(B_r(\mathbf{0}))$ 满足山边 (Yamabe) 问题

$$-\Delta u=u^{\frac{n+2}{n-2}},\ n\geqslant 3.$$

若

$$w(y):=\frac{1}{R}u\left(\boldsymbol{x}_0+R^{-\frac{2}{n-2}}y\right),\qquad R>0,\ \boldsymbol{x}_0\in\mathbf{R}^n,$$

则

$$-\Delta w=w^{\frac{n+2}{n-2}},\qquad \boldsymbol{x}\in B_{rR^{\frac{2}{n-2}}}(\boldsymbol{x}_0).$$

习题 1.7.5 设 $n\geqslant 3$. 求正常数 α,β, 使得 $u=\alpha(1-|\boldsymbol{x}|^2)^{-\beta}$ 是 $\Delta u=u^{\frac{n+2}{n-2}}$ 在 $B_1(\mathbf{0})$ 中的解.

习题 1.7.6 设 $\boldsymbol{u}=(u^1,u^2,u^3)$ 是线性弹性发展方程

$$\frac{\partial^2 \boldsymbol{u}}{\partial t^2}-\mu\Delta\boldsymbol{u}-(\lambda+\mu)\,\mathrm{D}\left(\operatorname{div}\boldsymbol{u}\right)=0,\quad (\boldsymbol{x},t)\in\mathbf{R}^3\times(0,+\infty)$$

的解, 其中 λ,μ 是常数. 则对某个常数 C, $w:=\operatorname{div}\boldsymbol{u}$ 满足波动方程

$$\frac{\partial^2 w}{\partial t^2}=C\Delta w.$$

习题 1.7.7 求双调和方程

$$\Delta^2 u:=\sum_{i,j=1}^{n}\frac{\partial^4 u}{\partial x_i^2\partial x_j^2}=0$$

的径向对称解.

习题 1.7.8 阅读谷超豪院士的《偏微分方程概貌》. 北京: 科学技术文献出版社, 1989.

习题 1.7.9 阅读北京师范大学 2014 届本科毕业生林馨怡的学士学位论文《美丽肥皂泡背后的数学》. 数学文化. 2015, 6(1): 63–71.

习题 1.7.10 阅读北京师范大学 2011 届本科毕业生王宠的学士学位论文《Necessary and sufficient conditions on existence and convexity of solutions for Dirichlet problems of Hessian equations on exterior domains》. Proc. Amer. Math. Soc.. 2013, 141(4): 1289–1296.

§1.8 附注及参考文献

第一章的写作思路起源于 [1]. 这一章的特色是 [1] 获得北京高等教育精品教材, 并入选 "十二五" 普通高等教育本科国家级规划教材的原因之一.

在此基础上, 我们大大地扩展了 [1] 中第一章的内容, 更加宽泛地介绍了方程的概念和相关的记号, 以及偏微分方程的发展历史、研究方法和模型导出. 同时, 我们插入了几十幅图片使得教材更加生动活泼, 有意识地向读者展示了重要的数学论文网站, 主要的国际数学大奖 (阿贝尔奖、菲尔兹奖), 以及中国数学家在偏微分方程领域的贡献. 另外, 我们也注意谈及著名的数学问题 (23 个希尔伯特问题和 7 个千禧年问题), 以及应用偏微分方程获得诺贝尔物理学奖和经济学奖的例子.

有关偏微分方程的史料多数取自参考文献 [2] 和 [5], 相关前沿问题的材料参见 [3] 和 [4].

[1] 保继光, 朱汝金. 偏微分方程 (第二次印刷). 北京: 北京师范大学出版社, 2011.

[2] 李文林. 数学史概论. 3 版. 北京: 高等教育出版社, 2011.

[3] 谷超豪. 偏微分方程概貌. 北京: 科学技术文献出版社, 1989.

[4] 国家自然科学基金委员会, 中国科学院. 未来 10 年中国学科发展战略 · 数学. 北京: 科学出版社, 2011.

[5] 莫里斯 · 克莱因 (Morris Kline).《古今数学思想 (Mathematical thought: from ancient to modern times)》. 张理京, 张锦炎, 江泽涵, 译. 上海: 上海科学技术出版社, 2002.

第二章

位势方程

本章在 $\mathbf{R}^n$ 的一个区域 Ω 中讨论方程

$$\Delta u = f(\boldsymbol{x}), \tag{2.0.1}$$

$$\Delta := \frac{\partial^2}{\partial x_1^2} + \frac{\partial^2}{\partial x_2^2} + \cdots + \frac{\partial^2}{\partial x_n^2},$$

称其为 **Laplace 算子**,* 其中 n 是一个正整数, $f(x)$ 是一个已知函数. 当 $f \equiv 0$ 时, (2.0.1) 式称为 **Laplace 方程**或**调和方程**; 当 $f \not\equiv 0$ 时, (2.0.1) 式称为 **Poisson 方程** (图 2.1) 或**位势方程**. 它是一个线性方程, 也是二阶椭圆型偏微分方程的典型代表.

图 2.1 Laplace 和他的学生 Poisson

位势方程及其推广形式, 出现在众多不同领域中: 如 Newton 的万有引力理论, 流体力学中的位势流, Riemann 几何中的 Laplace–Beltrami 算子, 复分析中的解析函数等. 由于位势方程与时间变量 t 无关, 所以它刻画的是物理中的平衡或稳定状态, 如薄膜的平衡状态, 热传导的稳定状态.

本章将着重研究具有 Dirichlet 边界条件的定解问题

$$\begin{cases} \Delta u = f(\boldsymbol{x}), & \boldsymbol{x} \in \Omega, \\ u = \varphi(\boldsymbol{x}), & \boldsymbol{x} \in \partial\Omega \end{cases} \tag{2.0.2}$$

解 (图 2.2) 的存在性、唯一性和稳定性, 其中 Ω 是 $\mathbf{R}^n$ 中的有界区域, $\partial\Omega$ 是 Ω 的边界, $f(\boldsymbol{x})$ 和 $\varphi(\boldsymbol{x})$ 分别是 Ω 和 $\partial\Omega$ 上的已知函数. 形如问题 (2.0.2) 的定解问题称为位势方程的 Dirichlet 问题.

当 $n = 1$ 时, 问题 (2.0.2) 解的存在性、唯一性和稳定性是显然的. 此时问题 (2.0.2) 中的方程成为

$$u'' = f(x), \quad x \in (a, b),$$

* 此处和以后出现的外国人名统一采用英文拼写, 不再另作中文翻译.

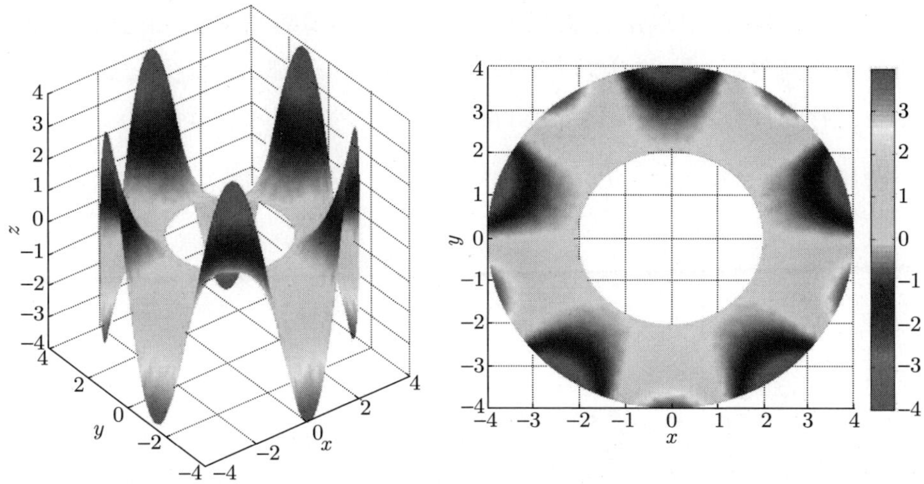

图 2.2 二维环形 (内外半径分别为 2 和 4), 满足 Dirichlet 边界条件 (0 和 $4\sin(5\arctan(y/x))$) 的 Laplace 方程的解

其中 a, b 是两个常数且 $a<b$. 这是一个非齐次的二阶常系数线性常微分方程. 若 $f(x)$ 是 $[a,b]$ 上的一个连续函数, 则其通解为

$$u(x)=\int_a^x \mathrm{d}y\int_a^y f(z)\,\mathrm{d}z+C_1x+C_2\in C^2\Big([a,b]\Big),$$

其中 C_1, C_2 是两个任意常数. 若进一步要求 u 满足边界条件

$$u(a)=A,\qquad u(b)=B,$$

其中 A, B 是两个给定的常数, 则

$$\begin{cases} a\,C_1+C_2=A,\\ \displaystyle\int_a^b \mathrm{d}y\int_a^y f(z)\,\mathrm{d}z+b\,C_1+C_2=B. \end{cases}$$

由此可解出

$$\begin{cases} C_1=\dfrac{1}{b-a}\Big(-\displaystyle\int_a^b \mathrm{d}y\int_a^y f(z)\,\mathrm{d}z+B-A\Big),\\ C_2=\dfrac{1}{b-a}\Big(a\displaystyle\int_a^b \mathrm{d}y\int_a^y f(z)\,\mathrm{d}z+bA-aB\Big). \end{cases}$$

从而

$$u(x)=\int_a^x \mathrm{d}y\int_a^y f(z)\,\mathrm{d}z-\frac{x-a}{b-a}\int_a^b \mathrm{d}y\int_a^y f(z)\,\mathrm{d}z+\frac{(B-A)x+bA-aB}{b-a}.$$

因此, 相应于问题 (2.0.2) 的常微分方程 Dirichlet 问题的解是完全清楚的. 它的解存在、唯一且关于 A, B 和 $f(x)$ 是稳定的.

当 $n \geqslant 2$ 时, 由于多元函数, 特别是定义域的复杂性, 问题 (2.0.2) 的可解性就不是那么简单了 (图 2.2)! 若非齐次项 f 仅仅连续, 那么位势方程 $\Delta u = f(x)$ 就不一定存在具有二阶连续偏导数的解.

例题 2.0.1 设 $B_{1/2} = \left\{(x,y) \in \mathbf{R}^2 \middle| x^2+y^2 < \dfrac{1}{4}\right\}$,

$$u(x,y) = \begin{cases} (x^2-y^2)\Big(-\ln(x^2+y^2)\Big)^{\frac{1}{2}}, & (x,y) \in B_{1/2} \setminus \{\mathbf{0}\}, \\ 0, & (x,y) = (0,0), \end{cases}$$

和

$$f(x,y) = \begin{cases} -\dfrac{x^2-y^2}{x^2+y^2}\Big[4\Big(-\ln(x^2+y^2)\Big)^{-\frac{1}{2}} + \\ \qquad \Big(-\ln(x^2+y^2)\Big)^{-\frac{3}{2}}\Big], & (x,y) \in B_{1/2} \setminus \{\mathbf{0}\}, \\ 0, & (x,y) = (0,0). \end{cases}$$

我们有 $u \in C^1(B_{1/2}) \cap C^2(B_{1/2} \setminus \{\mathbf{0}\})$ (图 2.3), $f \in C^0(B_{1/2})$ (图 2.4), 并且在 $B_{1/2} \setminus \{\mathbf{0}\}$ 中 $\Delta u = f(x,y)$, 但是 $u \notin C^2(B_{1/2})$.

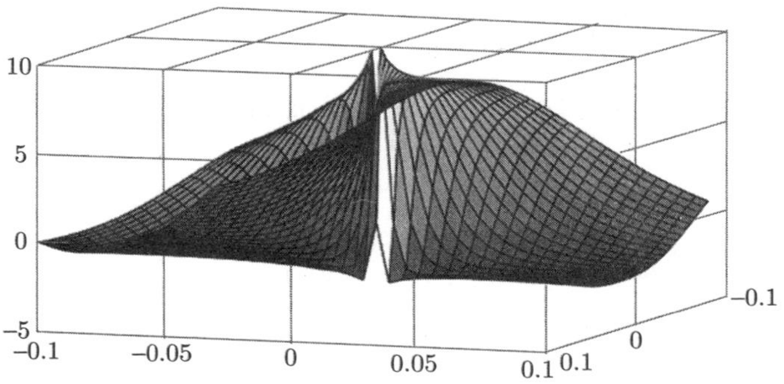

图 2.3 u_{xx} 的图形

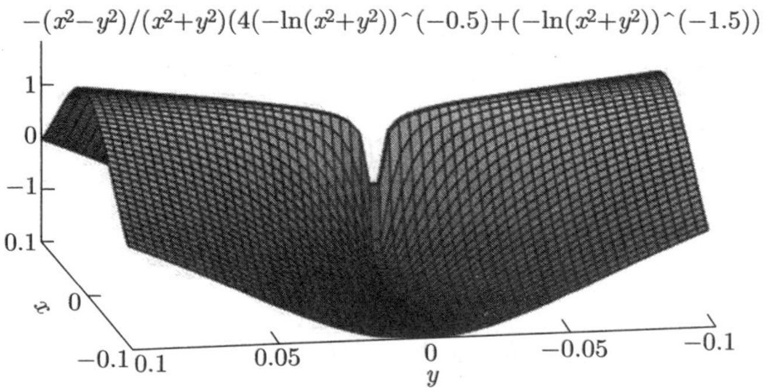

图 2.4 f 的图形

证明 由初等函数的可导性, 有 $u\in C^\infty\Big(B_{1/2}\setminus\{\mathbf{0}\}\Big)$. 下面只需依次讨论 $u(x,y)$ 及其一阶、二阶偏导数在原点的连续性来验证 $u\in C^1(B_{1/2})$ 但 $u\notin C^2(B_{1/2})$. 这其中将使用极坐标变换

$$x=r\cos\theta,\qquad y=r\sin\theta,\qquad r>0,\quad 0\leqslant\theta\leqslant 2\pi.$$

首先, 对 $u(x,y)$ 直接求极限, 有

$$\begin{aligned}\lim_{(x,y)\to(0,0)}u(x,y)&=\lim_{(x,y)\to(0,0)}(x^2-y^2)\Big(-\ln(x^2+y^2)\Big)^{\frac12}\\&=\lim_{r\to0}\Big(r^2\cos^2\theta-r^2\sin^2\theta\Big)\Big(-\ln r^2\Big)^{\frac12}\\&=\lim_{r\to0}\Big(-r^4\ln r^2\Big)^{\frac12}\cos2\theta\\&=0=u(0,0).\end{aligned}$$

这说明 u 在原点连续, 所以 $u\in C^0(B_{1/2})$.

其次, 由偏导数的定义, $u(x,y)$ 在 $(0,0)$ 点关于 x 的一阶偏导数

$$u_x(0,0)=\lim_{x\to0}\frac{u(x,0)-u(0,0)}{x-0}=\lim_{x\to0}x\Big(-\ln x^2\Big)^{\frac12}=\lim_{x\to0}\Big(-x^2\ln x^2\Big)^{\frac12}\operatorname{sgn}x=0.$$

当 $(x,y)\neq(0,0)$ 时, u 关于 x 的一阶偏导数为

$$\begin{aligned}u_x(x,y)&=2x\Big(-\ln(x^2+y^2)\Big)^{\frac12}+\frac12(x^2-y^2)\Big(-\ln(x^2+y^2)\Big)^{-\frac12}\Big(-\frac{2x}{x^2+y^2}\Big)\\&=2x\Big(-\ln(x^2+y^2)\Big)^{\frac12}-\frac{x(x^2-y^2)}{x^2+y^2}\Big(-\ln(x^2+y^2)\Big)^{-\frac12}\\&=2r\cos\theta\cdot\Big(-\ln r^2\Big)^{\frac12}-\frac{r\cos\theta(r^2\cos^2\theta-r^2\sin^2\theta)}{r^2}\Big(-\ln r^2\Big)^{-\frac12}\\&=2\Big(-r^2\ln r^2\Big)^{\frac12}\cos\theta-\Big(-\frac{r^2}{\ln r^2}\Big)^{\frac12}\cos\theta\cos2\theta.\end{aligned}\tag{2.0.3}$$

因为

$$\lim_{(x,y)\to(0,0)}u_x(x,y)=0=u_x(0,0),$$

所以 $u_x\in C^0(B_{1/2})$. 同理

$$u_y(0,0)=0,\qquad u_y(x,y)=-2y\Big(-\ln(x^2+y^2)\Big)^{\frac12}-\frac{y(x^2-y^2)}{x^2+y^2}\Big(-\ln(x^2+y^2)\Big)^{-\frac12},$$

且

$$\lim_{(x,y)\to(0,0)}u_y(x,y)=0=u_y(0,0),$$

所以 $u_y\in C^0(B_{1/2})$. 从而 $u\in C^1(B_{1/2})$.

最后, 我们考虑 u 的二阶偏导数. 当 $(x,y)\neq(0,0)$ 时, u 的二阶偏导数

$$
\begin{aligned}
u_{xx}(x,y)=&\,2\Big(-\ln(x^2+y^2)\Big)^{\frac{1}{2}}+2x\cdot\frac{1}{2}\Big(-\ln(x^2+y^2)\Big)^{-\frac{1}{2}}\Big(-\frac{2x}{x^2+y^2}\Big)-\\
&\left(\frac{x^2-y^2}{x^2+y^2}+x\frac{2x(x^2+y^2)-2x(x^2-y^2)}{(x^2+y^2)^2}\right)\Big(-\ln(x^2+y^2)\Big)^{-\frac{1}{2}}-\\
&\frac{x(x^2-y^2)}{x^2+y^2}\Big(-\frac{1}{2}\Big)\Big(-\ln(x^2+y^2)\Big)^{-\frac{3}{2}}\Big(-\frac{2x}{x^2+y^2}\Big)\\
=&\,2\Big(-\ln(x^2+y^2)\Big)^{\frac{1}{2}}-\frac{3x^4+6x^2y^2-y^4}{(x^2+y^2)^2}\Big(-\ln(x^2+y^2)\Big)^{-\frac{1}{2}}-\\
&\frac{x^2(x^2-y^2)}{(x^2+y^2)^2}\Big(-\ln(x^2+y^2)\Big)^{-\frac{3}{2}},
\end{aligned}
$$

类似地

$$
\begin{aligned}
u_{yy}(x,y)=&-2\Big(-\ln(x^2+y^2)\Big)^{\frac{1}{2}}-\frac{x^4-6x^2y^2-3y^4}{(x^2+y^2)^2}\Big(-\ln(x^2+y^2)\Big)^{-\frac{1}{2}}-\\
&\frac{y^2(x^2-y^2)}{(x^2+y^2)^2}\Big(-\ln(x^2+y^2)\Big)^{-\frac{3}{2}}.
\end{aligned}
$$

所以

$$
\Delta u(x,y)=-\frac{x^2-y^2}{x^2+y^2}\left[4\Big(-\ln(x^2+y^2)\Big)^{-\frac{1}{2}}+\Big(-\ln(x^2+y^2)\Big)^{-\frac{3}{2}}\right].
$$

由 $f(x,y)$ 的定义可知, 在 $B_{1/2}\setminus\{\mathbf{0}\}$ 上 u 满足 $\Delta u=f(x,y)$.

从初等函数的连续性, 有 $f\in C^0\Big(B_{1/2}\setminus\{\mathbf{0}\}\Big)$. 由于

$$
\begin{aligned}
\lim_{(x,y)\to(0,0)}f(x,y)=&\lim_{(x,y)\to(0,0)}-\Big(\cos^2\theta-\sin^2\theta\Big)\Big(4(-2\ln r)^{-\frac{1}{2}}+(-2\ln r)^{-\frac{3}{2}}\Big)\\
=&\,0=f(0,0),
\end{aligned}
$$

因此 $f\in C^0(B_{1/2})$. 可是, 由 (2.0.3) 式得

$$
\begin{aligned}
u_{xx}(0,0)&=\lim_{x\to0}\frac{u_x(x,0)-u_x(0,0)}{x-0}\\
&=\lim_{x\to0}\Big(2(-\ln x^2)^{\frac{1}{2}}-(-\ln x^2)^{-\frac{1}{2}}\Big)\\
&=+\infty,
\end{aligned}
$$

即 u 在原点关于 x 的二阶偏导数不存在, 从而 $u\notin C^2(B_{1/2})$. 证毕. □

本章具体内容安排如下. §2.1 利用极值原理和最大模估计证明问题 (2.0.2) 解的唯一性和稳定性; §2.2 利用 Newton 位势构造出位势方程 (2.0.1) 的一个特解; §2.3 通过 Green 函数分别得到上半空间上的 Poisson 公式和球上的 Poisson 公式; §2.4 借助球上的 Poisson 公式, 并运用 Perron 方法, 证明一般区域上问题 (2.0.2) 解的存在性.

习题 2.0.1 设 $u \in C^2(\mathbf{R}^n)$ 是径向对称函数, $n \geqslant 3$. 作 Emden-Fowler 变换

$$v(t) = r^{\frac{2}{p-1}} u(|\boldsymbol{x}|), \quad t = -\ln|\boldsymbol{x}|, \qquad p > 1,$$

证明

$$\Delta u = \mathrm{e}^{\frac{2pt}{p-1}}(v'' + av' - bv),$$

其中

$$a = \frac{n-2}{p-1}\Big(\frac{n+2}{n-2} - p\Big), \qquad b = \frac{4p}{(p-1)^2} - \frac{2n}{p-1}.$$

习题 2.0.2 证明: 在极坐标

$$x = r\cos\theta, \ \ y = r\sin\theta, \ \ r \geqslant 0, \ 0 \leqslant \theta < 2\pi$$

下, 二维 Laplace 算子可以写成

$$\Delta u = U_{rr} + \frac{1}{r^2}U_{\theta\theta} + \frac{1}{r}U_r,$$

其中 $U(r,\theta) = u\Big(r\cos\theta, r\sin\theta\Big)$.

§2.1 解的唯一性与稳定性

本节首先给出研究偏微分方程最基本的工具 —— 弱极值原理. 然后, 在此基础上建立解的最大模估计, 进而证明位势方程 Dirichlet 问题 (2.0.2) 解的唯一性和稳定性.

2.1.1 弱极值原理

众所周知, 有界闭区域上的连续函数一定能达到最大值, 即在某一个点或某几个点上取得最大的函数值, 这些最大值点可能在区域内部, 也可能在区域的边界上. 但是, 如果函数在区域内部满足一个适当的微分不等式, 那么函数的最大值就在区域边界上达到. 需要注意的是, 此时并没有排除函数在区域内部达到最大值的可能性. 这就是所谓的 "弱极大值原理". 弱极大值原理也可以看成凸函数性质的一个推广. 在一维情形, 弱极大值原理就是要排除曲线 L_2 的可能性, 见图 2.5.

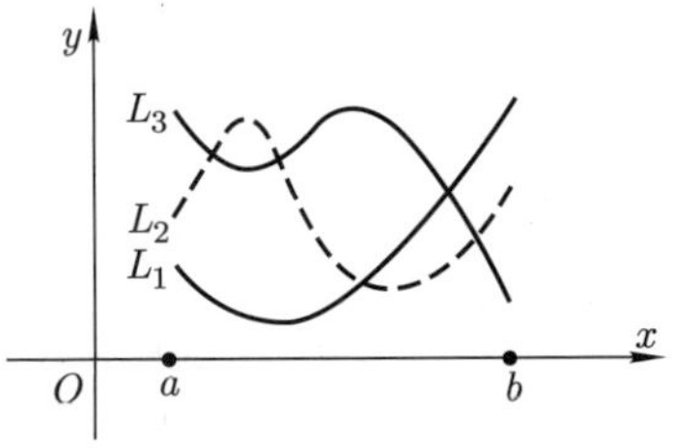

图 2.5 弱极大值原理的一维示意图

定理 2.1.1 (弱极大值原理)　若 $u \in C^2(\Omega) \cap C^0\left(\overline{\Omega}\right)$ 在 Ω 中满足 $\Delta u \geqslant 0$, 则 u 在 $\overline{\Omega}$ 上的最大值在 $\partial\Omega$ 上达到, 即

$$\max_{\overline{\Omega}} u = \max_{\partial\Omega} u.$$

证明　由于 $\partial\Omega \subset \overline{\Omega}$, $\max\limits_{\overline{\Omega}} u \geqslant \max\limits_{\partial\Omega} u$ 是显然的, 所以只需证明 $\max\limits_{\overline{\Omega}} u \leqslant \max\limits_{\partial\Omega} u$.

若 u 在 $x_0 \in \Omega$ 处达到最大值, 则由多元函数极大值存在的必要条件可知

$$u_{x_i}(\boldsymbol{x}_0) = 0, \qquad u_{x_i x_i}(\boldsymbol{x}_0) \leqslant 0, \quad i = 1, 2, \cdots, n.$$

于是, $\Delta u(\boldsymbol{x}_0) \leqslant 0$.

情形一. 如果在 Ω 中 $\Delta u > 0$, 那么 u 在 $\overline{\Omega}$ 上的最大值就不可能在 Ω 内部达到, 从而只能在边界 $\partial\Omega$ 上达到, 即 $\max\limits_{\overline{\Omega}} u = \max\limits_{\partial\Omega} u$.

情形二. 如果在 Ω 中 $\Delta u \geqslant 0$, 那么我们构造辅助函数

$$u_\varepsilon(\boldsymbol{x}) = u(\boldsymbol{x}) + \varepsilon|\boldsymbol{x}|^2,$$

其中 $\varepsilon > 0$, 这样在 Ω 中

$$\Delta u_\varepsilon = \Delta u + 2n\varepsilon \geqslant 2n\varepsilon > 0.$$

由情形一的论证, 可知

$$\max_{\overline{\Omega}} u_\varepsilon = \max_{\partial\Omega} u_\varepsilon.$$

注意到

$$\begin{aligned}\max_{\overline{\Omega}} u \leqslant \max_{\overline{\Omega}} \left(u + \varepsilon|\boldsymbol{x}|^2\right) &= \max_{\overline{\Omega}} u_\varepsilon = \max_{\partial\Omega} u_\varepsilon \\ &= \max_{\partial\Omega} \left(u + \varepsilon|\boldsymbol{x}|^2\right) \leqslant \max_{\partial\Omega} u + \varepsilon \max_{\partial\Omega} |\boldsymbol{x}|^2.\end{aligned}$$

令 $\varepsilon \to 0^+$, 即得 $\max\limits_{\overline{\Omega}} u \leqslant \max\limits_{\partial\Omega} u$. 这里用到了 Ω 的有界性.

综合以上两个情形, 定理得证. □

相应于弱极大值原理, 也有弱极小值原理.

定理 2.1.2 (弱极小值原理)　若 $u \in C^2(\Omega) \cap C^0\left(\overline{\Omega}\right)$ 在 Ω 中满足 $\Delta u \leqslant 0$, 则 u 在 $\overline{\Omega}$ 上的最小值在 $\partial\Omega$ 上达到, 即

$$\min_{\overline{\Omega}} u = \min_{\partial\Omega} u.$$

弱极大值原理和弱极小值原理简称为**弱极值原理**. 定理 2.1.1 和定理 2.1.2 的结论表明: 如果 $u \in C^2(\Omega) \cap C^0\left(\overline{\Omega}\right)$ 在 Ω 中满足 $\Delta u = 0$, 则

$$\min_{\partial\Omega} u \leqslant u(\boldsymbol{x}) \leqslant \max_{\partial\Omega} u, \qquad \boldsymbol{x} \in \Omega.$$

从物理上讲, 一个“无源”且“无汇”的有界区域内部的温度不会比其边界上的最高温度高, 也不会比其边界上的最低温度低.

习题 2.1.1 设 $u\in C^3(\Omega)\cap C^1(\overline{\Omega})$ 在 Ω 内满足 $\Delta u=0$, 则

(1) 在 Ω 中 $\Delta\left(|\mathrm{D}u|^2\right)\geqslant 0$;

(2) $|\mathrm{D}u|$ 在 Ω 的边界上取到它在 $\overline{\Omega}$ 上的最大值.

2.1.2 最大模估计

有了弱极值原理, 就可以建立所谓的“最大模估计”, 即: 解的上下界能且只能被方程、边界条件和区域的已知量控制. 类似这样的估计也称为解的先验估计. 它区别于闭区域上连续函数的最大值和最小值, 这样的最值往往与函数本身有关! 偏微分方程研究的核心就是建立“解的先验估计”, 进而得到解的唯一性、稳定性、存在性和正则性等主要定理. 解的最大模估计是“先验估计”的第一步. 由此可以看出极值原理在偏微分方程理论中的重要性.

定理 2.1.3 (最大模估计) 设 $f\in C^0\left(\overline{\Omega}\right)$, $\varphi\in C^0\left(\partial\Omega\right)$. 若 $u\in C^2\left(\Omega\right)\cap C^0\left(\overline{\Omega}\right)$ 是问题 (2.0.2) 的解, 则

$$\max_{\overline{\Omega}}|u|\leqslant\max_{\partial\Omega}|\varphi|+\frac{d^2}{2n}\max_{\overline{\Omega}}|f|,$$

其中 $d=\mathrm{diam}\ (\Omega)$ 是 Ω 的直径.

证明 记 $\varPhi=\max\limits_{\partial\Omega}|\varphi|$, $F=\max\limits_{\overline{\Omega}}|f|$. 取 $\hat{\boldsymbol{x}}\in\Omega$, 考虑辅助函数

$$w(\boldsymbol{x})=\varPhi+\frac{F}{2n}\left(d^2-|\boldsymbol{x}-\hat{\boldsymbol{x}}|^2\right)-u(\boldsymbol{x}).\tag{2.1.1}$$

直接计算, 并结合问题 (2.0.2), 有

$$\begin{cases}\Delta w=-F-\Delta u=-F-f\leqslant 0, & \boldsymbol{x}\in\Omega,\\ w\ \ =\varPhi+\dfrac{F}{2n}\left(d^2-|\boldsymbol{x}-\hat{\boldsymbol{x}}|^2\right)-\varphi\geqslant 0, & \boldsymbol{x}\in\partial\Omega.\end{cases}$$

由弱极小值原理 (定理 2.1.2),

$$\min_{\overline{\Omega}}w=\min_{\partial\Omega}w\geqslant 0.$$

于是, 在 $\overline{\Omega}$ 上 $w\geqslant 0$, 即

$$u\leqslant\varPhi+\frac{F}{2n}\left(d^2-|\boldsymbol{x}-\hat{\boldsymbol{x}}|^2\right)\leqslant\varPhi+\frac{d^2}{2n}F.$$

在上述论证中, 以 $-u$ 代替 u, 就可以证明

$$-u\leqslant\varPhi+\frac{d^2}{2n}F.$$

从而定理得证. □

在选取辅助函数 $w(\boldsymbol{x})$ 时, 要注意体会 (2.1.1) 式中第一项 Φ 是边界条件中的 "好项", 在方程中未起 "坏作用"; 第二项 $\dfrac{F}{2n}\left(d^2-|\boldsymbol{x}-\hat{\boldsymbol{x}}|^2\right)$ 是方程中的 "好项", 在边界条件中未起 " 坏作用". 这两项各司其职, 帮忙不添乱, 避免了 "按下葫芦起了瓢" 的现象. 通过辅助函数建立先验估计是偏微分方程研究中的重要方法, 需要技巧, 更需要经验. 一般来说, 不同的问题有不同的辅助函数, 但其构造的基本原则是一样的.

习题 2.1.2 设 Ω 是 $\mathbf{R}^n$ 中的有界区域, $\varphi\in C^0(\partial\Omega)$, $u\in C^2(\Omega)\cap C^0(\overline{\Omega})$ 是问题

$$\begin{cases}\Delta u(\boldsymbol{x})=u^3(\boldsymbol{x})-u(\boldsymbol{x}), & \boldsymbol{x}\in\Omega,\\ u(\boldsymbol{x})=\varphi(\boldsymbol{x}), & \boldsymbol{x}\in\partial\Omega\end{cases}$$

的解. 证明: 若 $\max\limits_{\partial\Omega}|\varphi|\leqslant 1$, 则 $\max\limits_{\overline{\Omega}}|u|\leqslant 1$.

2.1.3 唯一性与稳定性

现在可以通过最大模估计来证明解的唯一性和稳定性.

定理 2.1.4 (唯一性) 问题 (2.0.2) 的解在 $C^2(\Omega)\cap C^0\left(\overline{\Omega}\right)$ 中是唯一的.

证明 设 $u_1, u_2\in C^2(\Omega)\cap C^0\left(\overline{\Omega}\right)$ 都是问题 (2.0.2) 的解, 则 u_1-u_2 满足

$$\begin{cases}\Delta\left(u_1-u_2\right)=f(\boldsymbol{x})-f(\boldsymbol{x})=0, & \boldsymbol{x}\in\Omega,\\ u_1-u_2=\varphi(\boldsymbol{x})-\varphi(\boldsymbol{x})=0, & \boldsymbol{x}\in\partial\Omega.\end{cases}$$

对 u_1-u_2 应用最大模估计 (定理 2.1.3), $\max\limits_{\overline{\Omega}}|u_1-u_2|\leqslant 0+0=0$, 所以在 $\overline{\Omega}$ 中, $u_1-u_2\equiv 0$, 即 $u_1\equiv u_2$. 唯一性得证. □

注: 其实定理 2.1.4 也可以直接利用弱极值原理证明. 最大模估计主要用来证明下面的稳定性.

定理 2.1.5 (稳定性) 问题 (2.0.2) 的 $C^2(\Omega)\cap C^0\left(\overline{\Omega}\right)$ 解 u 在最大模意义下关于 $C^0(\overline{\Omega})$ 中的 f 和 $C^0(\partial\Omega)$ 中的 φ 是稳定的. 具体含义如下: 若 u_1, $u_2\in C^2(\Omega)\cap C^0\left(\overline{\Omega}\right)$ 分别是

$$\begin{cases}\Delta u=f_1(\boldsymbol{x}), & \boldsymbol{x}\in\Omega,\\ u=\varphi_1(\boldsymbol{x}), & \boldsymbol{x}\in\partial\Omega\end{cases}$$

与

$$\begin{cases}\Delta u=f_2(\boldsymbol{x}), & \boldsymbol{x}\in\Omega,\\ u=\varphi_2(\boldsymbol{x}), & \boldsymbol{x}\in\partial\Omega\end{cases}$$

的解, 其中 $f_1, f_2 \in C^0\left(\overline{\Omega}\right)$, $\varphi_1, \varphi_2 \in C^0(\partial\Omega)$, 则对于任意的 $\varepsilon > 0$, 存在仅依赖于 ε, n, Ω 的直径 d 的常数 $\delta > 0$, 使得当

$$\max_{\overline{\Omega}}\left|f_1 - f_2\right| < \delta \quad \text{且} \quad \max_{\partial\Omega}\left|\varphi_1 - \varphi_2\right| < \delta \tag{2.1.2}$$

时, 有

$$\max_{\overline{\Omega}}\left|u_1 - u_2\right| < \varepsilon.$$

证明 由假设知 $u_1 - u_2 \in C^2(\Omega) \cap C^0\left(\overline{\Omega}\right)$, 且满足

$$\begin{cases} \Delta(u_1 - u_2) = f_1 - f_2, & \boldsymbol{x} \in \Omega, \\ u_1 - u_2 = \varphi_1 - \varphi_2, & \boldsymbol{x} \in \partial\Omega. \end{cases}$$

应用最大模估计 (定理 2.1.3), 有

$$\max_{\overline{\Omega}}|u_1 - u_2| \leqslant \max_{\partial\Omega}|\varphi_1 - \varphi_2| + \frac{d^2}{2n}\max_{\overline{\Omega}}|f_1 - f_2|.$$

所以, 对于任意的 $\varepsilon > 0$, 取 $\delta = \dfrac{\varepsilon}{1 + \dfrac{d^2}{2n}} > 0$, 则当 (2.1.2) 式成立时,

$$\max_{\overline{\Omega}}|u_1 - u_2| < \delta + \frac{d^2}{2n}\delta = \varepsilon.$$

稳定性得证. □

习题 2.1.3 设 Ω 是 $\mathbf{R}^n$ 中的有界区域, $f \in C^0(\overline{\Omega})$, $\varphi \in C^0(\partial\Omega)$. 试证 Laplace 方程 **Dirichlet** 外问题

$$\begin{cases} \Delta u(\boldsymbol{x}) = f(\boldsymbol{x}), & \boldsymbol{x} \in \mathbf{R}^n \setminus \overline{\Omega}, \\ u(\boldsymbol{x}) = \varphi(\boldsymbol{x}), & \boldsymbol{x} \in \partial\Omega, \\ \lim\limits_{|\boldsymbol{x}| \to \infty} u(\boldsymbol{x}) = 0 & \end{cases}$$

的解在 $C^2(\mathbf{R}^n \setminus \overline{\Omega}) \cap C^0(\mathbf{R}^n \setminus \Omega)$ 中的唯一性和稳定性.

§2.2 Poisson 方程的特解

从现在开始, 本章集中讨论问题 (2.0.2) 解的存在性. 本节的目的是具体构造出位势方程 $\Delta u = f(\boldsymbol{x})$ 的一个特解 u_0, 即 $\Delta u_0 = f(\boldsymbol{x})$. 有了特解 u_0 之后, 令 $\tilde{u} = u - u_0$, 则

$$\begin{cases} \Delta\tilde{u}(\boldsymbol{x}) = \Delta u(\boldsymbol{x}) - \Delta u_0(\boldsymbol{x}) = f(\boldsymbol{x}) - f(\boldsymbol{x}) = 0, & \boldsymbol{x} \in \Omega, \\ \tilde{u}(\boldsymbol{x}) = u(\boldsymbol{x}) - u_0(\boldsymbol{x}) = \varphi(\boldsymbol{x}) - u_0(\boldsymbol{x}) =: \tilde{\varphi}(\boldsymbol{x}), & \boldsymbol{x} \in \partial\Omega. \end{cases}$$

从而问题 (2.0.2) 解的存在性就归结为 Laplace 方程 Dirichlet 问题

$$\begin{cases}\Delta u=0, & \boldsymbol{x}\in\Omega,\\ u=\varphi(\boldsymbol{x}), & \boldsymbol{x}\in\partial\Omega\end{cases} \tag{2.2.1}$$

解的存在性.

2.2.1　基本解

回忆第一章 §1.4, Laplace 方程 $\Delta u=0$ 有径向对称的通解

$$u(\boldsymbol{x})=\begin{cases}C_1\ln\dfrac{1}{|\boldsymbol{x}|}+C_2, & n=2,\\ \dfrac{C_1}{|\boldsymbol{x}|^{n-2}}+C_2, & n\geqslant 3,\end{cases}$$

其中 C_1, C_2 是两个任意常数. 它在位势方程特解的构造中起着重要的作用. 为使用简便, 取 C_1, C_2 等于特别的值, 有

定义 2.2.1 (基本解)　径向对称函数

$$K(\boldsymbol{x}):=\begin{cases}\dfrac{1}{2\pi}\ln\dfrac{1}{|\boldsymbol{x}|}, & n=2,\\ \dfrac{1}{(n-2)\omega_n|\boldsymbol{x}|^{n-2}}, & n\geqslant 3\end{cases} \tag{2.2.2}$$

称为 Laplace 方程的基本解 (图 2.6), 其中 ω_n 为 $\mathbf{R}^n$ 中单位球面的面积, 即

$$\omega_{2m}=\frac{2\pi^m}{(m-1)!},\qquad \omega_{2m+1}=\frac{2^{m+1}\pi^m}{(2m-1)!!}.$$

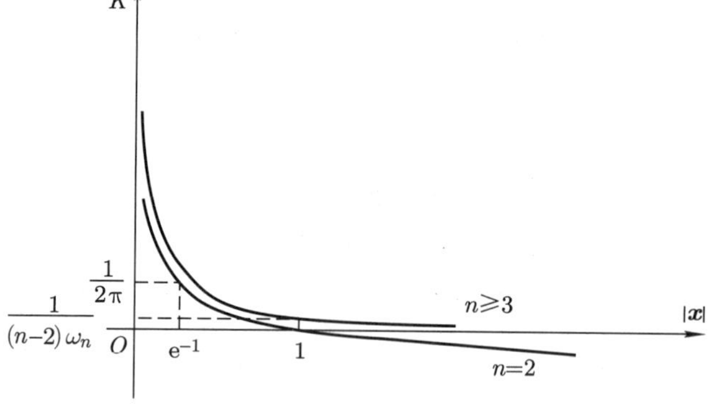

图 2.6 基本解的图形

容易计算, $\mathbf{R}^n$ 中以 R 为半径的球面面积是 $\omega_n R^{n-1}$, 球体体积是 $\frac{\omega_n}{n}R^n$.

基本解 $K(\boldsymbol{x})$ 在 $\mathbf{R}^n\setminus\{\mathbf{0}\}$ 上满足 $\Delta K=0$. 当 $\boldsymbol{x}\neq\mathbf{0}$ 时,

$$\frac{\partial K}{\partial x_i}(\boldsymbol{x})=-\frac{x_i}{\omega_n|\boldsymbol{x}|^n},\quad i=1,2,\cdots,n, \tag{2.2.3}$$

$$\frac{\partial^2 K}{\partial x_i^2}(\boldsymbol{x})=\frac{n}{\omega_n}\frac{x_i^2}{|\boldsymbol{x}|^{n+2}}-\frac{1}{\omega_n|\boldsymbol{x}|^n},\quad i=1,2,\cdots,n.$$

尽管当 $|\boldsymbol{x}|\to 0$ 时, $K(\boldsymbol{x})\to\infty$, 但是 K 和 $\mathrm{D}K$ 都是局部可积的, 而 D^2K 并不局部可积, 因为当 $|\boldsymbol{x}|\to 0$ 时, 它是 $|\boldsymbol{x}|^{-n}$ 阶的. 正是这种奇异性使得基本解在位势方程的研究中充当了非常重要的角色.

由 (2.2.3) 式可知, 当 $\boldsymbol{x}\neq\mathbf{0}$ 时,

$$\mathrm{D}K\cdot\frac{\boldsymbol{x}}{|\boldsymbol{x}|}=-\frac{1}{\omega_n|\boldsymbol{x}|^{n-1}},$$

这样, 我们得到

$$-\int_{\partial B_r(\mathbf{0})}\mathrm{D}K\cdot\frac{\boldsymbol{x}}{|\boldsymbol{x}|}\,\mathrm{d}S=1. \tag{2.2.4}$$

基本解 (2.2.2) 中常数的选取也正是为了使得 (2.2.4) 式的积分标准化为 1.

2.2.2 Newton 位势

为构造位势方程的特解, 我们引入

定义 2.2.2 (Newton 位势) 对定义在 $\mathbf{R}^n$ 上的函数 $f(\boldsymbol{x})$, 称

$$N[f](\boldsymbol{x}):=\int_{\mathbf{R}^n}K(\boldsymbol{x}-\boldsymbol{y})f(\boldsymbol{y})\mathrm{d}\boldsymbol{y},\quad \boldsymbol{x}\in\mathbf{R}^n$$

为 $f(\boldsymbol{x})$ 的 Newton 位势.

对区域 Ω 上的函数 $f(\boldsymbol{x})$, 记

$$u_0(\boldsymbol{x}):=-\int_{\Omega}K(\boldsymbol{x}-\boldsymbol{y})f(\boldsymbol{y})\mathrm{d}y,\quad \boldsymbol{x}\in\mathbf{R}^n. \tag{2.2.5}$$

它可以看成函数

$$F(\boldsymbol{x})=\begin{cases}-f(\boldsymbol{x}), & \boldsymbol{x}\in\Omega,\\ 0, & \boldsymbol{x}\notin\Omega\end{cases}$$

的 Newton 位势. 本节将证明: 在 $f(\boldsymbol{x})$ 一定的条件下, u_0 就是 $\Delta u=f(\boldsymbol{x})$ 的一个解.

首先给出 u_0 的可微性及其偏导数公式.

引理 2.2.1 设 $f\in C^0(\overline{\Omega})$, 则 $u_0\in C^1(\mathbf{R}^n)$, 且

$$\frac{\partial u_0}{\partial x_i}(\boldsymbol{x})=-\int_{\Omega}\frac{\partial K}{\partial x_i}(\boldsymbol{x}-\boldsymbol{y})f(\boldsymbol{y})\mathrm{d}\boldsymbol{y}=\frac{1}{\omega_n}\int_{\Omega}\frac{x_i-y_i}{|\boldsymbol{x}-\boldsymbol{y}|^n}f(\boldsymbol{y})\mathrm{d}\boldsymbol{y}, i=1,2,\cdots,n.$$

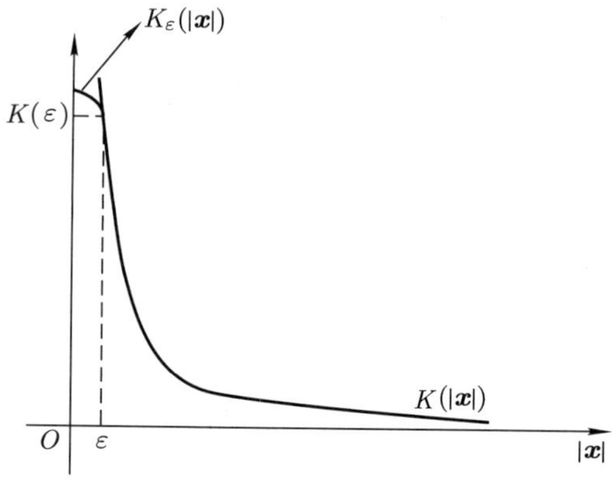

图 2.7 K 和 K_ε 的图形 ($n \geqslant 3$)

证明 我们只考虑 $n \geqslant 3$ 的情形 ($n = 2$ 的情形留作习题). 为了克服 K 的奇异性, 对于任意的 $\varepsilon > 0$, 分别取 $K(\boldsymbol{x})$ 和 $u_0(\boldsymbol{x})$ 的近似函数 (图 2.7)

$$K_\varepsilon(\boldsymbol{x}) := \begin{cases} \dfrac{\varepsilon^2 - |\boldsymbol{x}|^2}{2\omega_n \varepsilon^n} + K(\varepsilon), & |\boldsymbol{x}| \leqslant \varepsilon, \\ K(\boldsymbol{x}), & |\boldsymbol{x}| > \varepsilon, \end{cases}$$

$$u_\varepsilon(\boldsymbol{x}) := -\int_\Omega K_\varepsilon(\boldsymbol{x}-\boldsymbol{y}) f(\boldsymbol{y}) \mathrm{d}\boldsymbol{y}.$$

在 $K_\varepsilon(\boldsymbol{x})$ 的定义中, 我们使用 $K(\varepsilon)$ 表示 K 在 $|\boldsymbol{x}| = \varepsilon$ 上的值. 显然, $K_\varepsilon \in C^0(\mathbf{R}^n)$, 且

$$\frac{\partial K_\varepsilon}{\partial x_i}(\boldsymbol{x}) = \begin{cases} -\dfrac{x_i}{\omega_n \varepsilon^n}, & |\boldsymbol{x}| \leqslant \varepsilon, \\ -\dfrac{x_i}{\omega_n |\boldsymbol{x}|^n}, & |\boldsymbol{x}| > \varepsilon, \end{cases} \qquad i = 1, 2, \cdots, n. \tag{2.2.6}$$

进而 $K_\varepsilon \in C^1(\mathbf{R}^n)$. 对 $F(\boldsymbol{x}, \boldsymbol{y}) := -K_\varepsilon(\boldsymbol{x}-\boldsymbol{y}) f(\boldsymbol{y})$ 应用含参量积分的可微性 (见命题 2.5.3(2)), $u_\varepsilon \in C^1(\mathbf{R}^n)$, 且

$$\frac{\partial u_\varepsilon}{\partial x_i}(\boldsymbol{x}) = -\int_\Omega \frac{\partial K_\varepsilon}{\partial x_i}(\boldsymbol{x}-\boldsymbol{y}) f(\boldsymbol{y}) \mathrm{d}\boldsymbol{y}, \qquad i = 1, 2, \cdots, n.$$

由一致收敛函数列的可微性 (见命题 2.5.4(2)) 可知, 为了证明引理 2.2.1, 只需证明: 当 $\varepsilon \to 0$ 时,

1° $\{u_\varepsilon\}$ 在 $\mathbf{R}^n$ 上一致收敛到 u_0;

2° $\left\{\dfrac{\partial u_\varepsilon}{\partial x_i}\right\}$ 在 $\mathbf{R}^n$ 上一致收敛到 $-\displaystyle\int_\Omega \frac{\partial K}{\partial x_i}(\boldsymbol{x}-\boldsymbol{y}) f(\boldsymbol{y}) \mathrm{d}\boldsymbol{y}$.

下面依次证明 1° 和 2°.

1° 对于任意的 $\boldsymbol{x} \in \mathbf{R}^n$, 由 K_ε 与 K 的定义得

$$\begin{aligned} \big|u_\varepsilon(\boldsymbol{x}) - u_0(\boldsymbol{x})\big| &= \Big|\int_\Omega \Big(K_\varepsilon(\boldsymbol{x}-\boldsymbol{y}) - K(\boldsymbol{x}-\boldsymbol{y})\Big) f(\boldsymbol{y}) \mathrm{d}\boldsymbol{y}\Big| \\ &\leqslant \int_{\Omega \cap \{\boldsymbol{y} \mid |\boldsymbol{y}-\boldsymbol{x}| \leqslant \varepsilon\}} \Big|K_\varepsilon(\boldsymbol{x}-\boldsymbol{y}) - K(\boldsymbol{x}-\boldsymbol{y})\Big| \cdot |f(\boldsymbol{y})| \, \mathrm{d}\boldsymbol{y} \\ &\leqslant \sup_\Omega |f| \int_{|\boldsymbol{y}-\boldsymbol{x}| \leqslant \varepsilon} \Big|K_\varepsilon(\boldsymbol{x}-\boldsymbol{y}) - K(\boldsymbol{x}-\boldsymbol{y})\Big| \mathrm{d}\boldsymbol{y}. \end{aligned}$$

使用球坐标, 并注意到 $K \geqslant K_\varepsilon$, 得

$$\begin{aligned} \big|u_\varepsilon(\boldsymbol{x}) - u_0(\boldsymbol{x})\big| &\leqslant \sup_\Omega |f| \int_0^\varepsilon \mathrm{d}r \int_{|\boldsymbol{y}-\boldsymbol{x}|=r} \Big(K(r) - K(\varepsilon) - \frac{\varepsilon^2 - r^2}{2\omega_n \varepsilon^n}\Big) \mathrm{d}S \\ &\leqslant \sup_\Omega |f| \int_0^\varepsilon \omega_n r^{n-1} \Big(\frac{1}{(n-2)\omega_n r^{n-2}} - \frac{1}{(n-2)\omega_n \varepsilon^{n-2}}\Big) \mathrm{d}r. \end{aligned}$$

直接计算定积分, 有

$$\begin{aligned}\left|u_\varepsilon(\boldsymbol{x})-u_0(\boldsymbol{x})\right| &\leqslant \sup_\Omega|f|\int_0^\varepsilon\Big(\frac{r}{n-2}-\frac{r^{n-1}}{(n-2)\varepsilon^{n-2}}\Big)\mathrm{d}r\\ &=\sup_\Omega|f|\Big(\frac{\varepsilon^2}{2(n-2)}-\frac{\varepsilon^2}{n(n-2)}\Big)\\ &=\sup_\Omega|f|\frac{\varepsilon^2}{2n}.\end{aligned}$$

所以当 $\varepsilon\to 0$ 时, $\{u_\varepsilon\}$ 在 $\mathbf{R}^n$ 上一致收敛到 u_0.

2° 对于任意的 $x\in\mathbf{R}^n$, 由 (2.2.3) 式和 (2.2.6) 式, 得

$$\begin{aligned}\Big|\frac{\partial u_\varepsilon}{\partial x_i}(\boldsymbol{x})+\int_\Omega\frac{\partial K}{\partial x_i}(\boldsymbol{x}-\boldsymbol{y})f(\boldsymbol{y})\mathrm{d}\boldsymbol{y}\Big| &=\Big|\int_\Omega\Big(-\frac{\partial K_\varepsilon(\boldsymbol{x}-\boldsymbol{y})}{\partial x_i}+\frac{\partial K(\boldsymbol{x}-\boldsymbol{y})}{\partial x_i}\Big)f(\boldsymbol{y})\mathrm{d}\boldsymbol{y}\Big|\\ &\leqslant\sup_\Omega|f|\int_{|\boldsymbol{y}-\boldsymbol{x}|\leqslant\varepsilon}\Big|\frac{x_i-y_i}{\omega_n\varepsilon^n}-\frac{x_i-y_i}{\omega_n|\boldsymbol{x}-\boldsymbol{y}|^n}\Big|\mathrm{d}\boldsymbol{y}\\ &\leqslant\sup_\Omega|f|\frac{1}{\omega_n}\int_{|\boldsymbol{y}-\boldsymbol{x}|\leqslant\varepsilon}\Big(\frac{|\boldsymbol{x}-\boldsymbol{y}|}{\varepsilon^n}+\frac{1}{|\boldsymbol{x}-\boldsymbol{y}|^{n-1}}\Big)\mathrm{d}\boldsymbol{y}.\end{aligned}$$

使用球坐标, 直接计算, 有

$$\begin{aligned}\Big|\frac{\partial u_\varepsilon}{\partial x_i}(\boldsymbol{x})+\int_\Omega\frac{\partial K}{\partial x_i}(\boldsymbol{x}-\boldsymbol{y})f(\boldsymbol{y})\mathrm{d}\boldsymbol{y}\Big| &\leqslant\sup_\Omega|f|\ \frac{1}{\omega_n}\int_0^\varepsilon\mathrm{d}r\int_{|\boldsymbol{y}-\boldsymbol{x}|=r}\Big(\frac{|\boldsymbol{x}-\boldsymbol{y}|}{\varepsilon^n}+\\ &\qquad\frac{1}{|\boldsymbol{x}-\boldsymbol{y}|^{n-1}}\Big)\mathrm{d}S\\ &=\sup_\Omega|f|\frac{1}{\omega_n}\int_0^\varepsilon\omega_n r^{n-1}\Big(\frac{r}{\varepsilon^n}+\frac{1}{r^{n-1}}\Big)\mathrm{d}r\\ &=\sup_\Omega|f|\int_0^\varepsilon\Big(\frac{r^n}{\varepsilon^n}+1\Big)\mathrm{d}r\\ &\leqslant\sup_\Omega|f|2\varepsilon.\end{aligned}$$

所以, 当 $\varepsilon\to 0$ 时 $\left\{\dfrac{\partial u_\varepsilon}{\partial x_i}\right\}$ 在 $\mathbf{R}^n$ 上一致收敛到 $-\displaystyle\int_\Omega\frac{\partial K}{\partial x_i}(\boldsymbol{x}-\boldsymbol{y})f(\boldsymbol{y})\mathrm{d}\boldsymbol{y}$.

至此, 引理 2.2.1 得证. □

从证明可以看出, 引理 2.2.1 对有界的 f 也是成立的.

习题 2.2.1 证明引理 2.2.1 的 $n=2$ 情形.

现在证明由 (2.2.5) 式定义的 u_0 就是位势方程的一个特解.

定理 2.2.1 设 $f\in C^1(\overline{\Omega})$, 则 $u_0\in C^2(\Omega)$, 且在 Ω 中满足 $\Delta u_0=f(\boldsymbol{x})$.

证明 我们只考虑 $n\geqslant 3$ 的情形. 任取 $\hat{\boldsymbol{x}}\in\Omega$, $B_R(\hat{\boldsymbol{x}})\subset\subset\Omega$. 首先证明一个

恒等式

$$\begin{aligned}&\int_{B_R(\hat{\boldsymbol{x}})}\frac{\partial K}{\partial y_i}(\boldsymbol{x}-\boldsymbol{y})f(\boldsymbol{y})\mathrm{d}\boldsymbol{y}\\=&-\int_{B_R(\hat{\boldsymbol{x}})}K(\boldsymbol{x}-\boldsymbol{y})\frac{\partial f}{\partial y_i}(\boldsymbol{y})\mathrm{d}\boldsymbol{y}+\int_{\partial B_R(\hat{\boldsymbol{x}})}K(\boldsymbol{x}-\boldsymbol{y})f(\boldsymbol{y})\frac{y_i-\hat{x}_i}{R}\,\mathrm{d}S,\quad(2.2.7)\end{aligned}$$

其中 $\boldsymbol{x}\in B_R(\hat{\boldsymbol{x}})$.

由于 K 在 0 点有奇性, 所以不能直接应用散度定理 (见命题 2.5.1). 我们先在 $B_R(\hat{\boldsymbol{x}})\setminus\overline{B_\delta(\boldsymbol{x})}$ (见图 2.8 的阴影部分) 上应用散度定理, 得

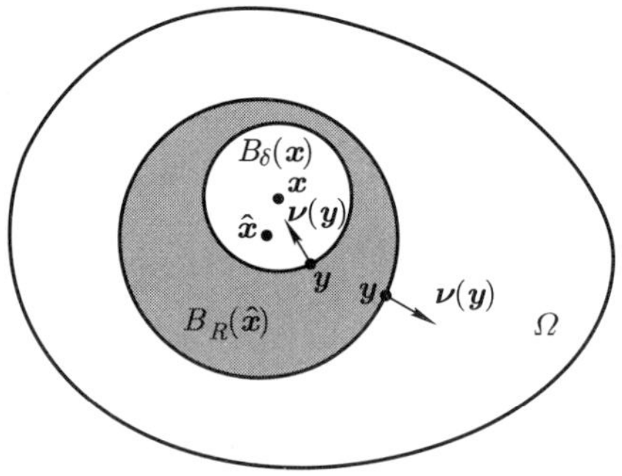

图 2.8

$$\begin{aligned}&\int_{B_R(\hat{\boldsymbol{x}})\setminus\overline{B_\delta(\boldsymbol{x})}}\frac{\partial}{\partial y_i}\Big(K(\boldsymbol{x}-\boldsymbol{y})f(\boldsymbol{y})\Big)\mathrm{d}\boldsymbol{y}\\=&\int_{\partial\left(B_R(\hat{\boldsymbol{x}})\setminus\overline{B_\delta(\boldsymbol{x})}\right)}K(\boldsymbol{x}-\boldsymbol{y})f(\boldsymbol{y})\nu_i(\boldsymbol{y})\mathrm{d}S\\=&\int_{\partial B_R(\hat{\boldsymbol{x}})}K(\boldsymbol{x}-\boldsymbol{y})f(\boldsymbol{y})\frac{y_i-\hat{x}_i}{R}\,\mathrm{d}S-\\&\int_{\partial B_\delta(\boldsymbol{x})}K(\boldsymbol{x}-\boldsymbol{y})f(\boldsymbol{y})\frac{y_i-\hat{x}_i}{\delta}\,\mathrm{d}S,\end{aligned}$$

其中 $\boldsymbol{\nu}$ 为区域 $B_R(\hat{\boldsymbol{x}})\setminus\overline{B_\delta(\boldsymbol{x})}$ 的单位外法向. 由 (2.2.3) 式,

$$\left|\frac{\partial K}{\partial y_i}(\boldsymbol{x}-\boldsymbol{y})\right|=\frac{|x_i-y_i|}{\omega_n|\boldsymbol{x}-\boldsymbol{y}|^n}\leqslant\frac{1}{\omega_n|\boldsymbol{x}-\boldsymbol{y}|^{n-1}}.$$

再结合 (2.2.2) 式, 则

$$\begin{aligned}&\left|\int_{B_\delta(\boldsymbol{x})}\frac{\partial}{\partial y_i}\left(K(\boldsymbol{x}-\boldsymbol{y})f(\boldsymbol{y})\right)\mathrm{d}\boldsymbol{y}\right|\\\leqslant&\int_{B_\delta(\boldsymbol{x})}\left(\frac{\sup\limits_\Omega|f|}{\omega_n|\boldsymbol{x}-\boldsymbol{y}|^{n-1}}+\frac{\sup\limits_\Omega|\mathrm{D}f|}{(n-2)\omega_n|\boldsymbol{x}-\boldsymbol{y}|^{n-2}}\right)\mathrm{d}\boldsymbol{y}\\=&\sup_\Omega|f|\cdot\int_0^\delta\mathrm{d}r\int_{|\boldsymbol{y}-\boldsymbol{x}|=r}\frac{\mathrm{d}S}{\omega_n r^{n-1}}+\sup_\Omega|\mathrm{D}f|\cdot\int_0^\delta\mathrm{d}r\int_{|\boldsymbol{y}-\boldsymbol{x}|=r}\frac{\mathrm{d}S}{(n-2)\omega_n r^{n-2}}\\=&\sup_\Omega|f|\cdot\delta+\sup_\Omega|\mathrm{D}f|\cdot\frac{\delta^2}{2(n-2)}\to0,\quad\delta\to0;\end{aligned}$$

而

$$\begin{aligned}\left|\int_{\partial B_\delta(\boldsymbol{x})}K(\boldsymbol{x}-\boldsymbol{y})f(\boldsymbol{y})\frac{y_i-\hat{x}_i}{\delta}\,\mathrm{d}S\right|&\leqslant\int_{\partial B_\delta(\boldsymbol{x})}\frac{|f(\boldsymbol{y})|}{(n-2)\omega_n\delta^{n-2}}\,\mathrm{d}S\\&\leqslant\sup_{B_\delta(\boldsymbol{x})}|f|\cdot\frac{\omega_n\delta^{n-1}}{(n-2)\omega_n\delta^{n-2}}\\&\leqslant\sup_\Omega|f|\cdot\frac{\delta}{n-2}\to0,\quad\delta\to0.\end{aligned}$$

因此 (2.2.7) 式成立.

为证 $u_0 \in C^2(\Omega)$, 只需证 $u_0 \in C^2(B_R(\hat{\boldsymbol{x}}))$, 即 $\dfrac{\partial u_0}{\partial x_i} \in C^1(B_R(\hat{\boldsymbol{x}}))$, $i=1$, $2, \cdots, n$. 下面我们将多次用到事实

$$\frac{\partial K}{\partial x_i}(\boldsymbol{x}-\boldsymbol{y}) = -\frac{\partial K}{\partial y_i}(\boldsymbol{x}-\boldsymbol{y}), \quad i=1,2,\cdots,n. \tag{2.2.8}$$

当 $\boldsymbol{x} \in B_R(\hat{\boldsymbol{x}})$ 时, 对于 $i=1, 2, \cdots, n$, 由引理 2.2.1, 并利用 (2.2.8) 式和 (2.2.7) 式, 得

$$\begin{aligned}\frac{\partial u_0}{\partial x_i}(\boldsymbol{x}) &= -\int_\Omega \frac{\partial K}{\partial x_i}(\boldsymbol{x}-\boldsymbol{y}) f(\boldsymbol{y})\mathrm{d}\boldsymbol{y} \\ &= -\int_{\Omega \setminus B_R(\hat{\boldsymbol{x}})} \frac{\partial K}{\partial x_i}(\boldsymbol{x}-\boldsymbol{y}) f(\boldsymbol{y})\mathrm{d}\boldsymbol{y} + \int_{B_R(\hat{\boldsymbol{x}})} \frac{\partial K}{\partial y_i}(\boldsymbol{x}-\boldsymbol{y}) f(\boldsymbol{y})\mathrm{d}\boldsymbol{y} \\ &= -\int_{\Omega \setminus B_R(\hat{\boldsymbol{x}})} \frac{\partial K}{\partial x_i}(\boldsymbol{x}-\boldsymbol{y}) f(\boldsymbol{y})\mathrm{d}\boldsymbol{y} - \int_{B_R(\hat{\boldsymbol{x}})} K(\boldsymbol{x}-\boldsymbol{y}) \frac{\partial f}{\partial y_i}(\boldsymbol{y})\mathrm{d}\boldsymbol{y} + \\ &\quad \int_{\partial B_R(\hat{\boldsymbol{x}})} K(\boldsymbol{x}-\boldsymbol{y}) f(\boldsymbol{y}) \frac{y_i - \hat{x}_i}{R}\,\mathrm{d}S,\end{aligned}$$

对上式中的第二项应用引理 2.2.1 (注意到 $\dfrac{\partial f}{\partial y_i} \in C^0(\overline{B_R(\hat{\boldsymbol{x}})})$), 它是 $C^1(B_R(\hat{\boldsymbol{x}}))$ 的, 而第一和第三项是常义积分, 应用含参变量积分的可微性 (见命题 2.5.3 (2) 和命题 2.5.4 (2)), 它们也是 $C^1(B_R(\hat{\boldsymbol{x}}))$ 的, 所以 $\dfrac{\partial u_0}{\partial x_i} \in C^1(B_R(\hat{\boldsymbol{x}}))$.

为了证明在 Ω 中 $\Delta u_0 = f(\boldsymbol{x})$, 由 $\hat{\boldsymbol{x}}$ 的任意性, 只需证明它在 $\hat{\boldsymbol{x}}$ 处成立. 我们将积分区域 Ω 一分为二, 记

$$\begin{aligned}u_0(\boldsymbol{x}) = &-\int_{\Omega \setminus \overline{B_R(\hat{\boldsymbol{x}})}} K(\boldsymbol{x}-\boldsymbol{y}) f(\boldsymbol{y})\mathrm{d}\boldsymbol{y} - \int_{B_R(\hat{\boldsymbol{x}})} K(\boldsymbol{x}-\boldsymbol{y}) f(\boldsymbol{y})\mathrm{d}\boldsymbol{y}, \quad \boldsymbol{x} \in B_R(\hat{\boldsymbol{x}}) \\ =&: u_1 + u_2.\end{aligned}$$

显然, 由命题 2.5.3 (2), $u_1 \in C^2(B_R(\hat{\boldsymbol{x}}))$, 且

$$\Delta u_1 = \int_{\Omega \setminus \overline{B_R(\hat{\boldsymbol{x}})}} \Delta_{\boldsymbol{x}} K(\boldsymbol{x}-\boldsymbol{y}) f(\boldsymbol{y})\mathrm{d}\boldsymbol{y} = 0, \quad \boldsymbol{x} \in B_R(\hat{\boldsymbol{x}}).$$

下面只需证 $\Delta u_2(\hat{\boldsymbol{x}}) = f(\hat{\boldsymbol{x}})$. 对

$$u_2(\boldsymbol{x}) = -\int_{B_R(\hat{\boldsymbol{x}})} K(\boldsymbol{x}-\boldsymbol{y}) f(\boldsymbol{y})\mathrm{d}\boldsymbol{y}, \quad \boldsymbol{x} \in B_R(\hat{\boldsymbol{x}})$$

应用引理 2.2.1, (2.2.8) 式和 (2.2.7) 式, 知

$$\begin{aligned}\frac{\partial u_2}{\partial x_i}(\boldsymbol{x}) &= -\int_{B_R(\hat{\boldsymbol{x}})} \frac{\partial K}{\partial x_i}(\boldsymbol{x}-\boldsymbol{y}) f(\boldsymbol{y})\mathrm{d}\boldsymbol{y} \\ &= -\int_{B_R(\hat{\boldsymbol{x}})} K(\boldsymbol{x}-\boldsymbol{y}) \frac{\partial f}{\partial y_i}(\boldsymbol{y})\mathrm{d}\boldsymbol{y} + \int_{\partial B_R(\hat{\boldsymbol{x}})} K(\boldsymbol{x}-\boldsymbol{y}) f(\boldsymbol{y}) \frac{y_i - \hat{x}_i}{R}\,\mathrm{d}S.\end{aligned}$$

由于 $f \in C^1(\overline{\Omega})$, 再次应用引理 2.2.1, 并由命题 2.5.4 (2) 和 (2.2.3) 式, 得

$$\begin{aligned}\frac{\partial^2 u_2}{\partial x_i^2}(\boldsymbol{x}) &= -\int_{B_R(\hat{\boldsymbol{x}})} \frac{\partial K}{\partial x_i}(\boldsymbol{x}-\boldsymbol{y})\frac{\partial f}{\partial y_i}(\boldsymbol{y})\mathrm{d}\boldsymbol{y} + \int_{\partial B_R(\hat{\boldsymbol{x}})} \frac{\partial K}{\partial x_i}(\boldsymbol{x}-\boldsymbol{y})f(\boldsymbol{y})\frac{y_i-\hat{x}_i}{R}\,\mathrm{d}S \\ &= \int_{B_R(\hat{\boldsymbol{x}})} \frac{x_i-y_i}{\omega_n|\boldsymbol{x}-\boldsymbol{y}|^n}\frac{\partial f}{\partial y_i}(\boldsymbol{y})\mathrm{d}\boldsymbol{y} - \int_{\partial B_R(\hat{\boldsymbol{x}})} \frac{x_i-y_i}{\omega_n|\boldsymbol{x}-\boldsymbol{y}|^n}f(\boldsymbol{y})\frac{y_i-\hat{x}_i}{R}\,\mathrm{d}S.\end{aligned}$$

所以

$$\Delta u_2(\hat{\boldsymbol{x}}) = \sum_{i=1}^n \frac{\partial^2 u_2(\hat{\boldsymbol{x}})}{\partial x_i^2} = \int_{B_R(\hat{\boldsymbol{x}})} \frac{(\hat{\boldsymbol{x}}-\boldsymbol{y})\cdot \mathrm{D}f(\boldsymbol{y})}{\omega_n|\hat{\boldsymbol{x}}-\boldsymbol{y}|^n}\mathrm{d}\boldsymbol{y} + \int_{\partial B_R(\hat{\boldsymbol{x}})} \frac{f(\boldsymbol{y})}{\omega_n R^{n-1}}\,\mathrm{d}S.$$

对于上式右端第一项,

$$\begin{aligned}\left|\int_{B_R(\hat{\boldsymbol{x}})} \frac{(\hat{\boldsymbol{x}}-\boldsymbol{y})\cdot \mathrm{D}f(\boldsymbol{y})}{\omega_n|\hat{\boldsymbol{x}}-\boldsymbol{y}|^n}\mathrm{d}\boldsymbol{y}\right| &\leqslant \int_{B_R(\hat{\boldsymbol{x}})} \frac{|\mathrm{D}f(\boldsymbol{y})|}{\omega_n|\hat{\boldsymbol{x}}-\boldsymbol{y}|^{n-1}}\mathrm{d}\boldsymbol{y} \\ &\leqslant \sup_{B_R(\hat{\boldsymbol{x}})}|\mathrm{D}f|\cdot\int_0^R \mathrm{d}r\int_{|\boldsymbol{y}-\hat{\boldsymbol{x}}|=r}\frac{\mathrm{d}S}{\omega_n r^{n-1}} \\ &\leqslant R\cdot\sup_{\Omega}|\mathrm{D}f| \\ &\to 0, \quad R\to 0.\end{aligned}$$

对于右端第二项, 由积分中值定理 (见命题 2.5.2), 存在 $\boldsymbol{y}_R \in \partial B_R(\hat{\boldsymbol{x}})$ 使得

$$\int_{\partial B_R(\hat{\boldsymbol{x}})} \frac{f(\boldsymbol{y})}{\omega_n R^{n-1}}\,\mathrm{d}S = f(\boldsymbol{y}_R) \to f(\hat{\boldsymbol{x}}), \quad R\to 0.$$

所以 $\Delta u_2(\hat{\boldsymbol{x}}) = f(\hat{\boldsymbol{x}})$. 定理得证. □

注: 当 $n=3$ 时, 若 f 是 $\mathbf{R}^3$ 中具有紧支撑的可积函数, 由 Lebesgue 控制收敛定理, 有

$$\lim_{|\boldsymbol{x}|\to\infty}\int_{\mathbf{R}^3}\frac{|\boldsymbol{x}|}{|\boldsymbol{x}-\boldsymbol{y}|}f(\boldsymbol{y})\mathrm{d}\boldsymbol{y} = \int_{\mathbf{R}^3} f(\boldsymbol{y})\mathrm{d}\boldsymbol{y}.$$

所以当 $|\boldsymbol{x}|\to\infty$ 时,

$$u_0(\boldsymbol{x}) = -\int_{\mathbf{R}^3} K(\boldsymbol{x}-\boldsymbol{y})f(\boldsymbol{y})\mathrm{d}\boldsymbol{y} = \frac{1}{\omega_3|\boldsymbol{x}|}\int_{\mathbf{R}^3}\frac{|\boldsymbol{x}|}{|\boldsymbol{x}-\boldsymbol{y}|}f(\boldsymbol{y})\mathrm{d}\boldsymbol{y} = O(|\boldsymbol{x}|^{-1}).$$

二维情况是类似的.

§2.3　特殊区域上 Laplace 方程解的存在性

本节将借助 Green 函数, 推导 Laplace 方程 Dirichlet 问题

$$\begin{cases}\Delta u = 0, & \boldsymbol{x}\in\Omega, \\ u = \varphi(\boldsymbol{x}), & \boldsymbol{x}\in\partial\Omega\end{cases} \tag{2.3.1}$$

的求解公式. 特别地, 当 Ω 为一些特殊区域 (如上半空间、球) 时, 可具体求出 Green 函数, 从而得到解的表达式 ——Poisson 公式. 这是一种构造性方法.

2.3.1 Green 函数

首先给出如下恒等式.

定理 2.3.1 设 $u\in C^2\left(\overline{\Omega}\right)$, 则对任意的 $\boldsymbol{x}\in\Omega$,

$$u(\boldsymbol{x})=\int_{\partial\Omega}\left(K(\boldsymbol{x}-\boldsymbol{y})\frac{\partial u}{\partial\boldsymbol{\nu}}(\boldsymbol{y})-u(\boldsymbol{y})\frac{\partial K}{\partial\boldsymbol{\nu}}(\boldsymbol{x}-\boldsymbol{y})\right)\mathrm{d}S-\int_{\Omega}K(\boldsymbol{x}-\boldsymbol{y})\Delta u(\boldsymbol{y})\mathrm{d}\boldsymbol{y},$$

其中 $\boldsymbol{\nu}$ 表示 $\partial\Omega$ 的单位外法向.

证明 取定 $\boldsymbol{x}\in\Omega$, 对于任意的 $\varepsilon>0$, 记 $B_\varepsilon=B_\varepsilon(\boldsymbol{x})=\{\boldsymbol{y}\in\mathbf{R}^n\,|\,|\boldsymbol{y}-\boldsymbol{x}|<\varepsilon\}$. 当 ε 充分小时, $\overline{B}_\varepsilon\subset\Omega$ (图 2.9). 对区域 $\Omega\setminus\overline{B}_\varepsilon$ 应用 Green 公式 (见推论 2.5.2), 得

$$\int_{\partial(\Omega\setminus\overline{B}_\varepsilon)}\left(K(\boldsymbol{x}-\boldsymbol{y})\frac{\partial u}{\partial\boldsymbol{\nu}}(\boldsymbol{y})-u(\boldsymbol{y})\frac{\partial K}{\partial\boldsymbol{\nu}}(\boldsymbol{x}-\boldsymbol{y})\right)\mathrm{d}S$$
$$=\int_{\Omega\setminus\overline{B}_\varepsilon}\Big(K(\boldsymbol{x}-\boldsymbol{y})\Delta u(\boldsymbol{y})-u(\boldsymbol{y})\Delta K(\boldsymbol{x}-\boldsymbol{y})\Big)\mathrm{d}\boldsymbol{y}.$$

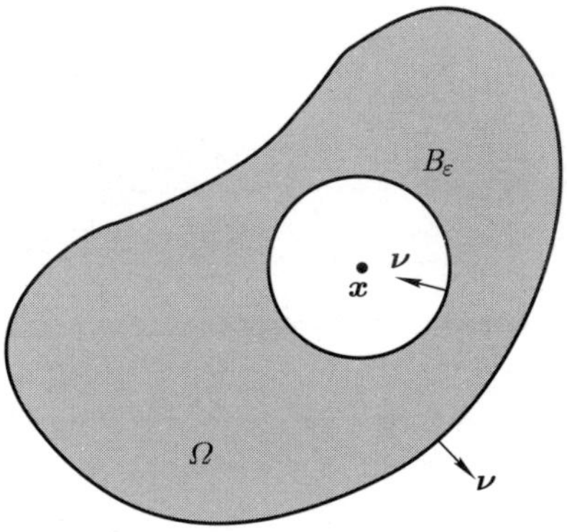

图 2.9

注意到当 $\boldsymbol{y}\neq\boldsymbol{x}$ 时 $\Delta K(\boldsymbol{x}-\boldsymbol{y})=0$, 有

$$\int_{\partial\Omega}\left[K(\boldsymbol{x}-\boldsymbol{y})\frac{\partial u}{\partial\boldsymbol{\nu}}(\boldsymbol{y})-u(\boldsymbol{y})\frac{\partial K}{\partial\boldsymbol{\nu}}(\boldsymbol{x}-\boldsymbol{y})\right]\mathrm{d}S-\int_{\Omega}K(\boldsymbol{x}-\boldsymbol{y})\Delta u(\boldsymbol{y})\mathrm{d}\boldsymbol{y}$$
$$=\int_{\partial B_\varepsilon}\left[K(\boldsymbol{x}-\boldsymbol{y})\frac{\partial u}{\partial\boldsymbol{\nu}}(\boldsymbol{y})-u(\boldsymbol{y})\frac{\partial K}{\partial\boldsymbol{\nu}}(\boldsymbol{x}-\boldsymbol{y})\right]\mathrm{d}S-\int_{B_\varepsilon}K(\boldsymbol{x}-\boldsymbol{y})\Delta u(\boldsymbol{y})\mathrm{d}\boldsymbol{y}.\quad(2.3.2)$$

这里等式的右端中 $\boldsymbol{\nu}$ 已经自然地变成了 ∂B_ε 的单位外法向.

下面以 $n\geqslant 3$ 为例 ($n=2$ 时类似) 证明当 $\varepsilon\to 0$ 时, (2.3.2) 式右端的极限为 $u(\boldsymbol{x})$. 在 ∂B_ε 上,

$$K(\boldsymbol{x}-\boldsymbol{y})=\frac{1}{(n-2)\,\omega_n|\boldsymbol{x}-\boldsymbol{y}|^{n-2}}=\frac{1}{(n-2)\,\omega_n\varepsilon^{n-2}},$$
$$\frac{\partial K}{\partial\boldsymbol{\nu}}(\boldsymbol{x}-\boldsymbol{y})=\boldsymbol{\nu}\cdot\Big(-\mathrm{D}K(\boldsymbol{x}-\boldsymbol{y})\Big)=\frac{\boldsymbol{y}-\boldsymbol{x}}{|\boldsymbol{x}-\boldsymbol{y}|}\cdot\left(\frac{\boldsymbol{x}-\boldsymbol{y}}{\omega_n|\boldsymbol{x}-\boldsymbol{y}|^n}\right)=-\frac{1}{\omega_n\varepsilon^{n-1}}.$$

对于 (2.3.2) 式右端的第一个积分式, 利用积分中值定理得, 存在 $\boldsymbol{y}_\varepsilon,\boldsymbol{y}^\varepsilon\in\partial B_\varepsilon$ 使得

$$\int_{\partial B_\varepsilon}K(\boldsymbol{x}-\boldsymbol{y})\frac{\partial u}{\partial\boldsymbol{\nu}}(\boldsymbol{y})\,\mathrm{d}S=\int_{\partial B_\varepsilon}\frac{\frac{\partial u}{\partial\boldsymbol{\nu}}(\boldsymbol{y})}{(n-2)\omega_n\varepsilon^{n-2}}\,\mathrm{d}S=\frac{\varepsilon}{n-2}\frac{\partial u}{\partial\boldsymbol{\nu}}(\boldsymbol{y}^\varepsilon)\to 0,\quad\varepsilon\to 0,$$
$$-\int_{\partial B_\varepsilon}u(\boldsymbol{y})\frac{\partial K}{\partial\boldsymbol{\nu}}(\boldsymbol{x}-\boldsymbol{y})\,\mathrm{d}S=\int_{\partial B_\varepsilon}\frac{u(\boldsymbol{y})}{\omega_n\varepsilon^{n-1}}\,\mathrm{d}S=u(\boldsymbol{y}_\varepsilon)\to u(\boldsymbol{x}),\quad\varepsilon\to 0.$$

对于 (2.3.2) 式右端的第二个积分式

$$\begin{aligned}\left|\int_{B_\varepsilon} K(\boldsymbol{x}-\boldsymbol{y})\Delta u(\boldsymbol{y})\mathrm{d}\boldsymbol{y}\right| &\leqslant \int_{B_\varepsilon} \frac{|\Delta u(\boldsymbol{y})|}{(n-2)\omega_n|\boldsymbol{x}-\boldsymbol{y}|^{n-2}}\mathrm{d}\boldsymbol{y}\\ &\leqslant \frac{\max\limits_{\overline{\Omega}}|\Delta u|}{(n-2)\omega_n}\int_{B_\varepsilon}\frac{\mathrm{d}\boldsymbol{y}}{|\boldsymbol{x}-\boldsymbol{y}|^{n-2}}\\ &= \frac{\max\limits_{\overline{\Omega}}|\Delta u|}{(n-2)\omega_n}\int_0^\varepsilon \mathrm{d}r\int_{\partial B_r(\boldsymbol{x})}\frac{\mathrm{d}S}{r^{n-2}}\\ &= \frac{\max\limits_{\overline{\Omega}}|\Delta u|}{(n-2)\omega_n}\,\frac{\omega_n\varepsilon^2}{2}\to 0,\quad \varepsilon\to 0.\end{aligned}$$

至此, 定理 2.3.1 得证. □

习题 2.3.1 设 $B_r \equiv \left\{\boldsymbol{x}\in\mathbf{R}^n \middle| |\boldsymbol{x}|<r\right\}$, $f\in C^0(\overline{B}_r)$, $\varphi\in C^0(\partial B_r)$, $u\in C^2(B_r)\cap C^0(\overline{B}_r)$ 是 Dirichlet 问题

$$\begin{cases}\Delta u = f(\boldsymbol{x}), & \boldsymbol{x}\in B_r,\\ u=\varphi(\boldsymbol{x}), & \boldsymbol{x}\in\partial B_r\end{cases}$$

的解, 证明: 当 $n\geqslant 3$ 时,

$$u(\mathbf{0})=\frac{1}{\omega_n r^{n-1}}\int_{\partial B_r}\varphi(\boldsymbol{x})\,\mathrm{d}S+\frac{1}{(n-2)\omega_n}\int_{B_r}\left(\frac{1}{r^{n-2}}-\frac{1}{|\boldsymbol{x}|^{n-2}}\right)f(\boldsymbol{x})\,\mathrm{d}\boldsymbol{x};$$

当 $n=2$ 时,

$$u(\mathbf{0})=\frac{1}{2\pi r}\int_{\partial B_r}\varphi(\boldsymbol{x})\,\mathrm{d}S+\frac{1}{2\pi}\int_{B_r}\Big(\ln|\boldsymbol{x}|-\ln r\Big)f(\boldsymbol{x})\,\mathrm{d}\boldsymbol{x}.$$

由定理 2.3.1, Dirichlet 问题 (2.3.1) 的解可写成

$$u(\boldsymbol{x})=\int_{\partial\Omega}\left(K(\boldsymbol{x}-\boldsymbol{y})\frac{\partial u}{\partial\boldsymbol{\nu}}(\boldsymbol{y})-\varphi(\boldsymbol{y})\frac{\partial K}{\partial\boldsymbol{\nu}}(\boldsymbol{x}-\boldsymbol{y})\right)\mathrm{d}S. \tag{2.3.3}$$

但是 $\dfrac{\partial u}{\partial\boldsymbol{\nu}}(\boldsymbol{y})$ 并不能事先在 $\partial\Omega$ 上给定, 否则, 由解的唯一性, 两个边界条件可能会导致矛盾! 为了消去上式中 $\dfrac{\partial u}{\partial\boldsymbol{\nu}}(\boldsymbol{y})$ 这一项, 我们引入一个校正函数 $h(x,y)$.

对 $\boldsymbol{x}\in\Omega$, 设 $h(\boldsymbol{x},\boldsymbol{y})$ 是

$$\begin{cases}\Delta_{\boldsymbol{y}}h=0, & \boldsymbol{y}\in\Omega,\\ h=-K(\boldsymbol{x}-\boldsymbol{y}), & \boldsymbol{y}\in\partial\Omega\end{cases} \tag{2.3.4}$$

的解. 对 u, h 应用 Green 公式, 得

$$\int_\Omega\Big(h(\boldsymbol{x},\boldsymbol{y})\Delta u(\boldsymbol{y})-u(\boldsymbol{y})\Delta h(\boldsymbol{x},\boldsymbol{y})\Big)\mathrm{d}\boldsymbol{y}=\int_{\partial\Omega}\left(h(\boldsymbol{x},\boldsymbol{y})\frac{\partial u}{\partial\boldsymbol{\nu}}(\boldsymbol{y})-u(\boldsymbol{y})\frac{\partial h}{\partial\boldsymbol{\nu}}(\boldsymbol{x},\boldsymbol{y})\right)\mathrm{d}S,$$

即

$$0=\int_{\partial\Omega}\Big(-K(\boldsymbol{x}-\boldsymbol{y})\frac{\partial u}{\partial\boldsymbol{\nu}}(\boldsymbol{y})-\varphi(\boldsymbol{y})\frac{\partial h}{\partial\boldsymbol{\nu}}(\boldsymbol{x},\boldsymbol{y})\Big)\,\mathrm{d}S.$$

由 (2.3.3) 式, 得

$$u(\boldsymbol{x})=-\int_{\partial\Omega}\varphi(\boldsymbol{y})\frac{\partial}{\partial\boldsymbol{\nu}}\Big[K(\boldsymbol{x}-\boldsymbol{y})+h(\boldsymbol{x},\boldsymbol{y})\Big]\,\mathrm{d}S=-\int_{\partial\Omega}\varphi(\boldsymbol{y})\frac{\partial G}{\partial\boldsymbol{\nu}}(\boldsymbol{x},\boldsymbol{y})\,\mathrm{d}S,\quad(2.3.5)$$

其中

$$G(\boldsymbol{x},\boldsymbol{y}):=K(\boldsymbol{x}-\boldsymbol{y})+h(\boldsymbol{x},\boldsymbol{y})$$

称为 Ω 上 Laplace 方程的 Green 函数.

习题 2.3.2 设 $G(\boldsymbol{x},\boldsymbol{y})$ 是区域 $\Omega\subset\mathbf{R}^n$ 上的 Green 函数, 则 $0<G(\boldsymbol{x},\boldsymbol{y})<K(\boldsymbol{x}-\boldsymbol{y})$, $\boldsymbol{x}$, $\boldsymbol{y}\in\Omega$, $\boldsymbol{x}\neq\boldsymbol{y}$.

至此, 求解问题 (2.3.1) 归结为求解问题 (2.3.4), 而问题 (2.3.4) 只依赖于区域 Ω, 边界条件是固定的. 这样, 如果对于给定区域 Ω, 能够构造出 Green 函数 G, 则我们就得到了边界问题解的一个表达公式 (2.3.5). 但通常来讲, 这是一件非常困难的事情, 只有当 Ω 具有**对称性等几何性质**时, 其 Green 函数才可以构造出来. 在问题 (2.3.4) 中为什么不能取 $h(\boldsymbol{x},\boldsymbol{y})=-K(\boldsymbol{x}-\boldsymbol{y})$? 原因是 $K(\boldsymbol{x}-\boldsymbol{y})$ 在 $\boldsymbol{y}=\boldsymbol{x}$ 处不连续, 更不可能满足方程!

当 $\overline{\boldsymbol{x}}\notin\overline{\Omega}$ 时, $\Delta_{\boldsymbol{y}}K(\overline{\boldsymbol{x}}-\boldsymbol{y})=0$, $\boldsymbol{y}\in\Omega$. 而校正函数的作用就是将在 $\boldsymbol{x}\in\Omega$ 的奇性转移到 $\overline{\Omega}$ 的外部. 若取 $h(\boldsymbol{x},\boldsymbol{y})=-K(\overline{\boldsymbol{x}}-\boldsymbol{y})$, 则 h 满足问题 (2.3.4) 中的方程. 因此求解问题 (2.3.4) 最朴素的想法为: 对任意的 $\boldsymbol{x}\in\Omega$, 能否取一适当的点 $\overline{\boldsymbol{x}}\notin\overline{\Omega}$, 使得对于任意的 $\boldsymbol{y}\in\partial\Omega$, $K(\overline{\boldsymbol{x}}-\boldsymbol{y})=K(\boldsymbol{x}-\boldsymbol{y})$, 由 K 的定义这就是 $|\overline{\boldsymbol{x}}-\boldsymbol{y}|=|\boldsymbol{x}-\boldsymbol{y}|$. 下面介绍两种能够具体解出 $h(\boldsymbol{x},\boldsymbol{y})$ 的区域.

2.3.2 上半空间的 Poisson 公式

当 Ω 是上半空间 $\mathbf{R}^n_+=\big\{\boldsymbol{x}=(\boldsymbol{x}',x_n)\in\mathbf{R}^n\big|\boldsymbol{x}'\in\mathbf{R}^{n-1},x_n>0\big\}$ 时, 取 $\boldsymbol{x}\in\mathbf{R}^n_+$ 关于超平面 $x_n=0$ 的对称点 $\overline{\boldsymbol{x}}=(\boldsymbol{x}',-x_n)$, 则 $h(\boldsymbol{x},\boldsymbol{y})=-K(\overline{\boldsymbol{x}}-\boldsymbol{y})$ 是问题 (2.3.4) 的解 (图 2.10). 定义半空间 $\mathbf{R}^n_+$ 上的 Green 函数

$$G(\boldsymbol{x},\boldsymbol{y})=K(\boldsymbol{x}-\boldsymbol{y})-K(\overline{\boldsymbol{x}}-\boldsymbol{y}),\quad\overline{\boldsymbol{x}}=(\boldsymbol{x}',-x_n).$$

当 $n\geqslant3$ 时,

$$G(\boldsymbol{x},\boldsymbol{y})=\frac{1}{(n-2)\,\omega_n}\left(\frac{1}{|\boldsymbol{x}-\boldsymbol{y}|^{n-2}}-\frac{1}{|\overline{\boldsymbol{x}}-\boldsymbol{y}|^{n-2}}\right).$$

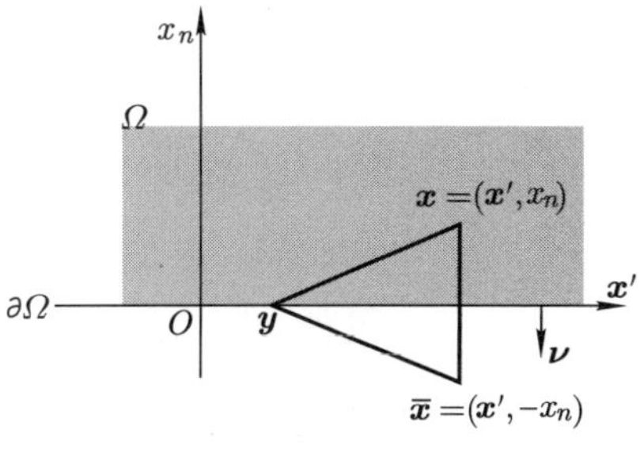

图 2.10 x 的对称点

直接计算, 得

$$\begin{aligned}\frac{\partial G}{\partial y_n}(\boldsymbol{x},\boldsymbol{y})&=\frac{1}{\omega_n}\left(\frac{1}{|\boldsymbol{x}-\boldsymbol{y}|^{n-1}}\cdot\frac{x_n-y_n}{|\boldsymbol{x}-\boldsymbol{y}|}-\frac{1}{|\overline{\boldsymbol{x}}-\boldsymbol{y}|^{n-1}}\cdot\frac{\overline{x}_n-y_n}{|\overline{\boldsymbol{x}}-\boldsymbol{y}|}\right)\\&=\frac{1}{\omega_n}\left(\frac{x_n-y_n}{|\boldsymbol{x}-\boldsymbol{y}|^n}-\frac{\overline{x}_n-y_n}{|\overline{\boldsymbol{x}}-\boldsymbol{y}|^n}\right).\end{aligned}$$

当 $\boldsymbol{y}\in\partial\Omega$ 时, $y_n=0$, 则

$$\begin{aligned}\frac{\partial G}{\partial\boldsymbol{\nu}}(\boldsymbol{x},\boldsymbol{y})&=-\frac{\partial G}{\partial y_n}(\boldsymbol{x},\boldsymbol{y})=-\frac{1}{\omega_n}\left(\frac{x_n}{|\boldsymbol{x}-\boldsymbol{y}|^n}-\frac{\overline{x}_n}{|\overline{\boldsymbol{x}}-\boldsymbol{y}|^n}\right)\\&=-\frac{2x_n}{\omega_n}\cdot\frac{1}{\left(|\boldsymbol{x}'-\boldsymbol{y}'|^2+x_n^2\right)^{\frac{n}{2}}}.\end{aligned}$$

代入 (2.3.5) 式, 得

$$u(\boldsymbol{x})=\frac{2x_n}{\omega_n}\int_{\mathbf{R}^{n-1}}\frac{\varphi(\boldsymbol{y}')}{\left(|\boldsymbol{x}'-\boldsymbol{y}'|^2+x_n^2\right)^{\frac{n}{2}}}\mathrm{d}\boldsymbol{y}'.\tag{2.3.6}$$

类似地, 当 $n=2$ 时, (2.3.6) 式也成立.

当 $\varphi\in C^0(\mathbf{R}^{n-1})\cap L^\infty(\mathbf{R}^{n-1})$ 时, 由 (2.3.6) 式给出的 $u\in C^\infty(\mathbf{R}_+^n)\cap L^\infty(\mathbf{R}_+^n)$ 确实是问题 (2.3.1) 的解, 见习题 2.3.6.

函数

$$P(\boldsymbol{x},\boldsymbol{y})=\frac{2x_n}{\omega_n}\frac{1}{|\boldsymbol{x}-\boldsymbol{y}|^n},\quad \boldsymbol{x}\in\mathbf{R}_+^n,\quad \boldsymbol{y}\in\partial\mathbf{R}_+^n$$

称为 $\mathbf{R}_+^n$ 上的 **Poisson 核**, (2.3.6) 式称为 $\mathbf{R}_+^n$ 上的 **Poisson 公式**.

习题 2.3.3 设 $\mathbf{R}_+^2=\left\{(x_1,x_2)\big|x_1\in\mathbf{R},x_2>0\right\}$, 求 Dirichlet 问题

$$\begin{cases}\Delta u=0, & \boldsymbol{x}\in\mathbf{R}_+^2,\\ u|_{x_2=0}=\dfrac{1}{1+x_1^2}, & x_1\in\mathbf{R}\end{cases}$$

的解.

2.3.3 球上的 Poisson 公式

当 Ω 是球 $B_R=\left\{\boldsymbol{x}\in\mathbf{R}^n\big||\boldsymbol{x}|<R\right\}$ 时, 可以引入一个与 $\boldsymbol{y}$ 无关的正常数 C, 用 $K\Big(C\left(\boldsymbol{x}^*-\boldsymbol{y}\right)\Big)$ 代替上一小节中的 $K\left(\overline{\boldsymbol{x}}-\boldsymbol{y}\right)$ 考虑求解问题, 因为

$$\Delta_y K\Big(C\left(\boldsymbol{x}^*-\boldsymbol{y}\right)\Big)=0,\quad \boldsymbol{y}\neq\boldsymbol{x}^*.$$

这时问题归结为 $h(\boldsymbol{x},\boldsymbol{y})=-K(C(\boldsymbol{x}^*-\boldsymbol{y}))$ 是否能满足问题 (2.3.4) 中的边界条件, 即: 对于给定的 $\boldsymbol{x}\in B_R$, 能否取一适当的点 $\boldsymbol{x}^*\notin\overline{B_R}$, 使得对任意的 $\boldsymbol{y}\in\partial B_R$, 有 $K\Big(C\left(\boldsymbol{x}^*-\boldsymbol{y}\right)\Big)=K(\boldsymbol{x}-\boldsymbol{y})$, 即 $C\left|\boldsymbol{x}^*-\boldsymbol{y}\right|=|\boldsymbol{x}-\boldsymbol{y}|$.

对 $\boldsymbol{x} \in B_R \setminus \{\boldsymbol{0}\}$, 取 $\boldsymbol{x}$ 关于 ∂B_R 的反演点 $\boldsymbol{x}^* = \left(\dfrac{R}{|\boldsymbol{x}|}\right)^2 \boldsymbol{x}$. 它是 $\boldsymbol{x}$ 关于超平面对称点的自然推广. 对 $\boldsymbol{y} \in \partial B_R$, 在 $\boldsymbol{x}, \boldsymbol{x}^*, \boldsymbol{y}$ 三个点所确定的平面上作图 (见图 2.11).

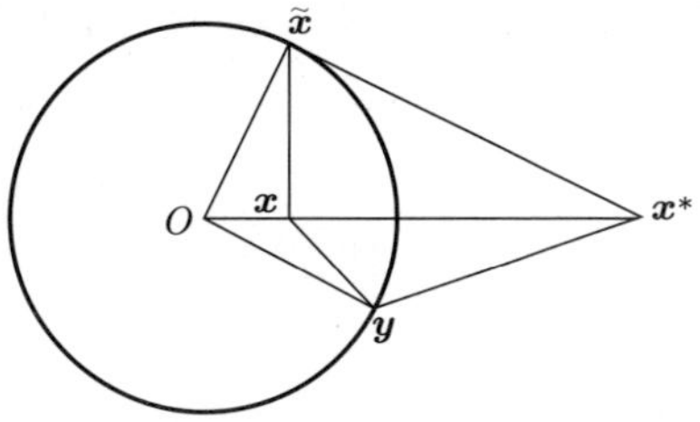

图 2.11 $\boldsymbol{x}$ 的反演点

由三角形 $O\boldsymbol{x}\widetilde{\boldsymbol{x}}$ 与三角形 $O\boldsymbol{x}^*\widetilde{\boldsymbol{x}}$ 相似, 可知

$$\frac{|\boldsymbol{x}|}{|\widetilde{\boldsymbol{x}}|} = \frac{|\widetilde{\boldsymbol{x}}|}{|\boldsymbol{x}^*|}, \qquad \frac{|\boldsymbol{x}|}{|\boldsymbol{y}|} = \frac{|\boldsymbol{y}|}{|\boldsymbol{x}^*|}.$$

所以三角形 $O\boldsymbol{x}\boldsymbol{y}$ 与三角形 $O\boldsymbol{x}^*\boldsymbol{y}$ 相似, 从而

$$\frac{|\boldsymbol{x}|}{|\boldsymbol{y}|} = \frac{|\boldsymbol{x}-\boldsymbol{y}|}{|\boldsymbol{x}^*-\boldsymbol{y}|}.$$

因此

$$\frac{|\boldsymbol{x}|}{R}|\boldsymbol{x}^*-\boldsymbol{y}| = |\boldsymbol{x}-\boldsymbol{y}|, \quad \boldsymbol{y} \in \partial B_R.$$

于是, 取 $C = \dfrac{|\boldsymbol{x}|}{R}$, 则得到球 B_R 上的 Green 函数

$$G(\boldsymbol{x},\boldsymbol{y}) = K(\boldsymbol{x}-\boldsymbol{y}) - K\Big(\frac{|\boldsymbol{x}|}{R}(\boldsymbol{x}^*-\boldsymbol{y})\Big).$$

直接计算, 有

$$\begin{aligned}
\mathrm{D}_{\boldsymbol{y}}K(\boldsymbol{x}-\boldsymbol{y}) &= \frac{1}{\omega_n}\frac{\boldsymbol{x}-\boldsymbol{y}}{|\boldsymbol{x}-\boldsymbol{y}|^n},\\
\mathrm{D}_{\boldsymbol{y}}K\left(\frac{|\boldsymbol{x}|}{R}(\boldsymbol{x}^*-\boldsymbol{y})\right) &= \left(\frac{R}{|\boldsymbol{x}|}\right)^{n-2}\cdot \mathrm{D}_{\boldsymbol{y}}K(\boldsymbol{x}^*-\boldsymbol{y}) = \frac{1}{\omega_n}\left(\frac{R}{|\boldsymbol{x}|}\right)^{n-2}\frac{\boldsymbol{x}^*-\boldsymbol{y}}{|\boldsymbol{x}^*-\boldsymbol{y}|^n}.
\end{aligned}$$

当 $\boldsymbol{y} \in \partial B_R$ 时,

$$\begin{aligned}
\frac{\partial G}{\partial \boldsymbol{\nu}} = \frac{\boldsymbol{y}}{R}\cdot \mathrm{D}_{\boldsymbol{y}}G &= \frac{\boldsymbol{y}}{\omega_n R}\cdot\left[\frac{\boldsymbol{x}-\boldsymbol{y}}{|\boldsymbol{x}-\boldsymbol{y}|^n} - \left(\frac{R}{|\boldsymbol{x}|}\right)^{n-2}\cdot\frac{\left(\frac{R}{|\boldsymbol{x}|}\right)^2\boldsymbol{x}-\boldsymbol{y}}{\left(\frac{R}{|\boldsymbol{x}|}|\boldsymbol{x}-\boldsymbol{y}|\right)^n}\right]\\
&= \frac{\boldsymbol{y}}{\omega_n R}\cdot\left[\frac{\boldsymbol{x}-\boldsymbol{y}}{|\boldsymbol{x}-\boldsymbol{y}|^n} - \frac{\left(\frac{|\boldsymbol{x}|}{R}\right)^2\left(\left(\frac{R}{|\boldsymbol{x}|}\right)^2\boldsymbol{x}-\boldsymbol{y}\right)}{|\boldsymbol{x}-\boldsymbol{y}|^n}\right]\\
&= \frac{\boldsymbol{y}}{\omega_n R|\boldsymbol{x}-\boldsymbol{y}|^n}\cdot\left[\boldsymbol{x}-\boldsymbol{y}-\boldsymbol{x}+\left(\frac{|\boldsymbol{x}|}{R}\right)^2\boldsymbol{y}\right]\\
&= \frac{|\boldsymbol{x}|^2-R^2}{\omega_n R}\cdot\frac{1}{|\boldsymbol{x}-\boldsymbol{y}|^n}.
\end{aligned}$$

代入 (2.3.5) 式得

$$u(\boldsymbol{x}) = \frac{R^2-|\boldsymbol{x}|^2}{\omega_n R}\int_{\partial B_R}\frac{\varphi(\boldsymbol{y})}{|\boldsymbol{x}-\boldsymbol{y}|^n}\,\mathrm{d}S. \tag{2.3.7}$$

公式 (2.3.7) 式称为球 B_R 上的 Poisson 公式, 其中

$$P(\boldsymbol{x},\boldsymbol{y}):=\frac{R^2-|\boldsymbol{x}|^2}{\omega_n R}\cdot\frac{1}{|\boldsymbol{x}-\boldsymbol{y}|^n}=-\frac{\partial G}{\partial \boldsymbol{\nu}}(\boldsymbol{x},\boldsymbol{y}),\qquad \boldsymbol{x}\in B_R,\ \ \boldsymbol{y}\in\partial B_R$$

称为球 B_R 上的 Poisson 核. 它有性质 (读者自证之)

$$\Delta_{\boldsymbol{x}}P(\boldsymbol{x},\boldsymbol{y})=0,\qquad \boldsymbol{x}\in B_R,\ \ \boldsymbol{y}\in\partial B_R \tag{2.3.8}$$

和

$$\int_{\partial B_R}P(\boldsymbol{x},\boldsymbol{y})\,\mathrm{d}S=1,\qquad \boldsymbol{x}\in B_R. \tag{2.3.9}$$

习题 2.3.4 求 Laplace 方程在单位圆外部区域 $\Omega=\mathbf{R}^2\backslash\overline{B}_1$ 上的 Green 函数.

最后给出球上的 Laplace 方程 Dirichlet 问题解的存在性, 即验证由 Poisson 公式 (2.3.7) 定义的 u 是问题 (2.3.1) 的解.

定理 2.3.2 若 $\varphi\in C^0(\partial B_R)$, 则 (2.3.7) 式给出的 $u\in C^\infty(B_R)\cap C^0\left(\overline{B_R}\right)$ 是问题 (2.3.1) 的解.

证明 首先证明 $u\in C^\infty(B_R)$, 且在 B_R 中 $\Delta u=0$. 由 $P\in C^\infty(B_R\times\partial B_R)$ 和含参量积分的可微性, 有 $u(\boldsymbol{x})=\displaystyle\int_{\partial B_R}P(\boldsymbol{x},\boldsymbol{y})\varphi(\boldsymbol{y})\,\mathrm{d}S\in C^\infty(B_R)$, 并且

$$\Delta u(\boldsymbol{x})=\int_{\partial B_R}\Delta_{\boldsymbol{x}}P(\boldsymbol{x},\boldsymbol{y})\varphi(\boldsymbol{y})\,\mathrm{d}S=0.$$

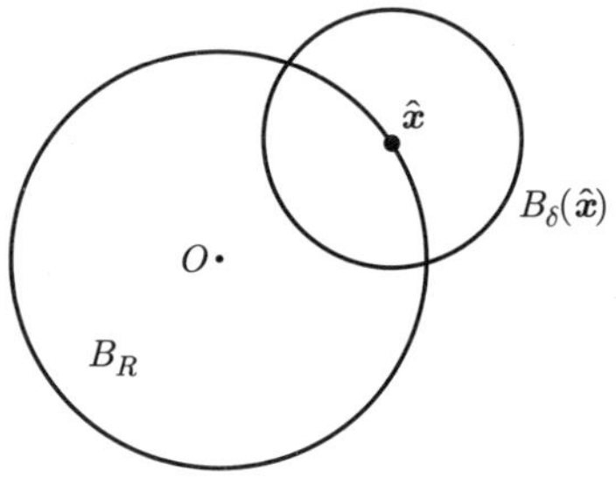

图 2.12

下证 $u\in C^0(\overline{B_R})$, 且 $u(\boldsymbol{x})=\varphi(\boldsymbol{x})$, $\boldsymbol{x}\in\partial B_R$, 即对于任意的 $\hat{\boldsymbol{x}}\in\partial B_R$,

$$\lim_{\substack{\boldsymbol{x}\to\hat{\boldsymbol{x}},\\ \boldsymbol{x}\in B_R}}u(\boldsymbol{x})=\varphi(\hat{\boldsymbol{x}}).$$

取定 $\hat{\boldsymbol{x}}\in\partial B_R$ (图 2.12), 由 $\varphi\in C^0(\partial B_R)$, 对于任意的 $\varepsilon>0$, 存在 $\delta>0$, 使得对 ∂B_R 上满足 $|\boldsymbol{y}-\hat{\boldsymbol{x}}|<\delta$ 的点 $\boldsymbol{y}$, 有 $|\varphi(\boldsymbol{y})-\varphi(\hat{\boldsymbol{x}})|<\varepsilon$. 由 (2.3.9) 式有

$$\begin{aligned}\big|u(\boldsymbol{x})-\varphi(\hat{\boldsymbol{x}})\big|&=\Big|\int_{\partial B_R}P(\boldsymbol{x},\boldsymbol{y})(\varphi(\boldsymbol{y})-\varphi(\hat{\boldsymbol{x}}))\,\mathrm{d}S\Big|\\&\leqslant\int_{|\boldsymbol{y}-\hat{\boldsymbol{x}}|\geqslant\delta}P(\boldsymbol{x},\boldsymbol{y})\big|\varphi(\boldsymbol{y})-\varphi(\hat{\boldsymbol{x}})\big|\,\mathrm{d}S+\\&\quad\int_{|\boldsymbol{y}-\hat{\boldsymbol{x}}|<\delta}P(\boldsymbol{x},\boldsymbol{y})\big|\varphi(\boldsymbol{y})-\varphi(\hat{\boldsymbol{x}})\big|\,\mathrm{d}S\\&\leqslant 2\max_{\partial B_R}|\varphi|\frac{R^2-|\boldsymbol{x}|^2}{\omega_n R}\int_{|\boldsymbol{y}-\hat{\boldsymbol{x}}|\geqslant\delta}\frac{\mathrm{d}S}{|\boldsymbol{x}-\boldsymbol{y}|^n}+\varepsilon.\end{aligned}$$

又由于当 $|\boldsymbol{x}-\hat{\boldsymbol{x}}|<\dfrac{\delta}{2}$ 时, $|\boldsymbol{x}-\boldsymbol{y}|\geqslant|\boldsymbol{y}-\hat{\boldsymbol{x}}|-|\boldsymbol{x}-\hat{\boldsymbol{x}}|\geqslant\delta-\dfrac{\delta}{2}=\dfrac{\delta}{2}$, 所以

$$\Big|u(\boldsymbol{x})-\varphi(\hat{\boldsymbol{x}})\Big|\leqslant 2\max_{\partial B_R}|\varphi|\frac{R^2-|\boldsymbol{x}|^2}{\omega_n R}\frac{\omega_n R^{n-1}}{(\frac{\delta}{2})^n}+\varepsilon\leqslant\frac{4}{R}\Big(\frac{2R}{\delta}\Big)^n\max_{\partial B_R}|\varphi|(R-|\boldsymbol{x}|)+\varepsilon.$$

令 $\boldsymbol{x}\to\hat{\boldsymbol{x}}$, 则 $|\boldsymbol{x}|\to|\hat{\boldsymbol{x}}|=R$,

$$\limsup_{\boldsymbol{x}\to\hat{\boldsymbol{x}}}|u(\boldsymbol{x})-\varphi(\hat{\boldsymbol{x}})|\leqslant\varepsilon.$$

由 ε 的任意性, 有

$$\lim_{\boldsymbol{x}\to\hat{\boldsymbol{x}}}u(\boldsymbol{x})=\varphi(\hat{\boldsymbol{x}}).$$

证毕. □

虽然 Poisson 公式 (2.3.7) 只是一个球上 Laplace 方程 Dirichlet 问题的求解公式, 但是对进一步研究 Laplace 方程却是非常有用的.

一般来讲, 有了 Green 函数就不难建立相应的 Poisson 公式. 只要边值连续 (当区域的边界无界时, 还要要求边值函数有界或具有紧支撑), Poisson 公式表示的函数就是相应区域上问题的解.

习题 2.3.5 设 $u\in C^1(\overline{B}_R)$, 且在 B_R 中调和, 试证

$$|u_{x_i}(\mathbf{0})|\leqslant\frac{n}{R}\max_{\overline{B}_R}|u|,\ i=1,2,\cdots,n.$$

习题 2.3.6 若 $\varphi\in C^0(\mathbf{R}^{n-1})\cap L^\infty(\mathbf{R}^{n-1})$, 则由 (2.3.6) 式给出的 $u\in C^\infty(\mathbf{R}^n_+)\cap L^\infty(\mathbf{R}^n_+)$, 且满足

$$\begin{cases}\Delta u=0, & \boldsymbol{x}\in\mathbf{R}^n_+,\\ \lim\limits_{\boldsymbol{x}\to\boldsymbol{x}_0}u(\boldsymbol{x})=\varphi(\boldsymbol{x}_0), & \boldsymbol{x}_0\in\partial\mathbf{R}^n_+.\end{cases}$$

§2.4 一般区域上解的存在性

本节主要证明一般区域上 Laplace 方程 Dirichlet 问题

$$\begin{cases}\Delta u=0, & \boldsymbol{x}\in\Omega,\\ u=\varphi(\boldsymbol{x}), & \boldsymbol{x}\in\partial\Omega\end{cases}\tag{2.4.1}$$

解的存在性, 其方法称为 Perron (图 2.13) 方法. 它是基于极值原理和球上问题可解性的一种非构造性方法. 先求出问题形式解的具体表达式, 再验证形式解就是古典解的办法称为构造性的方法.

图 2.13 Perron

设 $u \in C^2(\Omega) \cap C^0(\overline{\Omega})$ 是问题 (2.4.1) 的解, 则对任意满足

$$\Delta v \geqslant 0, \quad \boldsymbol{x} \in \Omega; \quad v \leqslant \varphi(\boldsymbol{x}), \quad \boldsymbol{x} \in \partial\Omega$$

的 $v \in C^2(\Omega) \cap C^0(\overline{\Omega})$ 有

$$\Delta(u-v) \leqslant 0, \quad \boldsymbol{x} \in \Omega; \quad u-v \geqslant 0, \quad \boldsymbol{x} \in \partial\Omega.$$

由弱极小值原理, 在 $\overline{\Omega}$ 上 $u-v \geqslant 0$, 即

$$u(\boldsymbol{x}) \geqslant \sup\left\{v(\boldsymbol{x}) \middle| v \in C^2(\Omega) \cap C^0(\overline{\Omega}),\ 在\ \Omega\ 中\ \Delta v \geqslant 0;\ 在\ \partial\Omega\ 上\ v \leqslant \varphi\right\}.$$

而 u 本身也在右边的集合中. 所以

$$u(\boldsymbol{x}) = \sup\left\{v(\boldsymbol{x}) \middle| v \in C^2(\Omega) \cap C^0(\overline{\Omega}),\ 在\ \Omega\ 中\ \Delta v \geqslant 0;\ 在\ \partial\Omega\ 上\ v \leqslant \varphi\right\}.$$

本节的任务就是来证明: 问题 (2.4.1) 的解有类似的表达式. 在这个过程中需要引入一些概念和证明一些结果, 它们本身也是非常重要的.

2.4.1 调和函数

定理 2.4.1 (均值不等式) 若 $u \in C^2(\Omega)$ 在 Ω 内满足 $\Delta u \geqslant (\leqslant) 0$, 则对于 $\overline{B_R(\boldsymbol{x})} \subset \Omega$, 有球面均值不等式

$$u(\boldsymbol{x}) \leqslant (\geqslant) \frac{1}{\omega_n R^{n-1}} \int_{\partial B_R(\boldsymbol{x})} u(\boldsymbol{y})\, \mathrm{d}S,$$

和球体均值不等式

$$u(\boldsymbol{x}) \leqslant (\geqslant) \frac{n}{\omega_n R^n} \int_{B_R(\boldsymbol{x})} u(\boldsymbol{y}) \mathrm{d}\boldsymbol{y}.$$

证明 在 $B_R(\boldsymbol{x})$ 上应用定理 2.3.1, 有

$$\begin{aligned} u(\boldsymbol{x}) &= \int_{\partial B_R(\boldsymbol{x})} \Big(K(\boldsymbol{x}-\boldsymbol{y}) \frac{\partial u}{\partial \boldsymbol{\nu}}(\boldsymbol{y}) - u(\boldsymbol{y}) \frac{\partial}{\partial \boldsymbol{\nu}} K(\boldsymbol{x}-\boldsymbol{y}) \Big) \mathrm{d}S - \int_{B_R(\boldsymbol{x})} K(\boldsymbol{x}-\boldsymbol{y}) \Delta u(\boldsymbol{y}) \mathrm{d}\boldsymbol{y} \\ &= K(R) \int_{\partial B_R(\boldsymbol{x})} \frac{\partial u}{\partial \boldsymbol{\nu}}(\boldsymbol{y}) \,\mathrm{d}S + \frac{1}{\omega_n R^{n-1}} \int_{\partial B_R(\boldsymbol{x})} u(\boldsymbol{y}) \,\mathrm{d}S - \int_{B_R(\boldsymbol{x})} K(\boldsymbol{x}-\boldsymbol{y}) \Delta u(\boldsymbol{y}) \mathrm{d}\boldsymbol{y} \\ &= \frac{1}{\omega_n R^{n-1}} \int_{\partial B_R(\boldsymbol{x})} u(\boldsymbol{y}) \,\mathrm{d}S + \int_{B_R(\boldsymbol{x})} \Big(K(R) - K(\boldsymbol{x}-\boldsymbol{y}) \Big) \Delta u(\boldsymbol{y}) \mathrm{d}\boldsymbol{y}, \end{aligned}$$

其中最后一步用到了散度定理. 由 K 的单调性和 $\Delta u \geqslant 0$, 可得

$$u(\boldsymbol{x}) \leqslant \frac{1}{\omega_n R^{n-1}} \int_{\partial B_R(\boldsymbol{x})} u(\boldsymbol{y}) \,\mathrm{d}S. \tag{2.4.2}$$

另外, 对于任意的 $\rho \in (0, R]$, 在 $\partial B_\rho(\boldsymbol{x})$ 上应用不等式 (2.4.2), 有

$$\omega_n \rho^{n-1} u(\boldsymbol{x}) \leqslant \int_{\partial B_\rho(\boldsymbol{x})} u(\boldsymbol{y}) \,\mathrm{d}S.$$

两边关于 ρ 从 0 到 R 积分, 得

$$\frac{1}{n} \omega_n R^n u(\boldsymbol{x}) \leqslant \int_0^R \mathrm{d}\rho \int_{\partial B_\rho(\boldsymbol{x})} u(\boldsymbol{y}) \,\mathrm{d}S.$$

所以

$$u(\boldsymbol{x}) \leqslant \frac{n}{\omega_n R^n} \int_{B_R(\boldsymbol{x})} u(\boldsymbol{y}) \mathrm{d}\boldsymbol{y}.$$

对于 $\Delta u \leqslant 0$ 的情形, 同样可证. □

定义 2.4.1 (下调和) 若 $u \in C^2(\Omega)$ 在 Ω 内满足 $\Delta u \geqslant (\leqslant, =) 0$, 则称 u 在 Ω 中下调和 (上调和, 调和).

由定理 2.4.1 可直接得到如下重要定理

定理 2.4.2 调和函数 $u \in C^2(\Omega)$ 处处满足平均值公式

$$u(\boldsymbol{x}) = \frac{1}{\omega_n R^{n-1}} \int_{\partial B_R(\boldsymbol{x})} u(\boldsymbol{y}) \,\mathrm{d}S = \frac{n}{\omega_n R^n} \int_{B_R(\boldsymbol{x})} u(\boldsymbol{y}) \mathrm{d}\boldsymbol{y}.$$

事实上, 这种平均值性质对于调和函数来说是本质的, 可以证明: 满足平均值性质的连续函数是光滑的、调和的. 详见拓展习题 2.7.15. 下面我们给出定理 2.4.2 的另一个证明.

证明 设 $u\in C^2(\Omega)$, 则对于任意的 $B_r(\boldsymbol{x})\subset\overline{B_R(\boldsymbol{x})}\subset\Omega$, 利用散度定理, 知

$$\begin{aligned}\int_{B_r(\boldsymbol{x})}\Delta u\,\mathrm{d}\boldsymbol{x}&=\int_{\partial B_r(\boldsymbol{x})}\frac{\partial u}{\partial\boldsymbol{\nu}}\,\mathrm{d}S\\&=r^{n-1}\int_{\partial B_1(\boldsymbol{0})}\frac{\partial u}{\partial r}(\boldsymbol{x}+r\boldsymbol{y})\,\mathrm{d}S\\&=r^{n-1}\frac{\partial}{\partial r}\Big(\int_{\partial B_1(\boldsymbol{0})}u(\boldsymbol{x}+r\boldsymbol{y})\,\mathrm{d}S\Big).\end{aligned}$$

若 u 调和, 则

$$\int_{\partial B_1(\boldsymbol{0})}u(\boldsymbol{x}+r\boldsymbol{y})\mathrm{d}S=\frac{1}{r^{n-1}}\int_{\partial B_r(\boldsymbol{x})}u(\boldsymbol{y})\mathrm{d}S$$

与 r 无关, 从而

$$\frac{1}{\omega_nR^{n-1}}\int_{\partial B_R(\boldsymbol{x})}u(\boldsymbol{y})\mathrm{d}S=\frac{1}{\omega_nr^{n-1}}\int_{\partial B_r(\boldsymbol{x})}u(\boldsymbol{y})\mathrm{d}S\to u(\boldsymbol{x}),\quad r\to0.$$

即球面均值性质成立. 类似地, 可得球体均值性质. □

习题 2.4.1 假设 u 是球 $B_R(\boldsymbol{x}_0)\subset\mathbf{R}^n$ 内的非负调和函数, 则对于任意的 $\boldsymbol{x}\in B_R(\boldsymbol{x}_0)$ 有

$$\frac{(R-r)R^{n-2}}{(R+r)^{n-1}}u(\boldsymbol{x}_0)\leqslant u(\boldsymbol{x})\leqslant\frac{(R+r)R^{n-2}}{(R-r)^{n-1}}u(\boldsymbol{x}_0),$$

其中 $r=|\boldsymbol{x}-\boldsymbol{x}_0|$ (图 2.14).

图 2.14 习题 2.4.1 的示意图

图 2.15 Harnack

习题 2.4.2 (Liouville 定理) $\mathbf{R}^n$ 上有下界或有上界的调和函数是常数.

定理 2.4.3 (Harnack (图 2.15) 不等式) 设 u 是 Ω 中的非负调和函数, 则对于任一有界闭集 $F\subset\Omega$, 存在仅与 n, F 和 Ω 有关的常数 C, 使得

$$\max_F u\leqslant C\min_F u.$$

证明 不妨设 F 是连通的. 取 $R=\dfrac{1}{6}\operatorname{dist}(F,\partial\Omega)$. 对任意的 $\boldsymbol{x}$, $\boldsymbol{y}\in F$, $|\boldsymbol{x}-\boldsymbol{y}|\leqslant R$, 有 $B_{2R}(\boldsymbol{y})\subset\overline{B_{4R}(\boldsymbol{x})}\subset\Omega$ (图 2.16). 由均值等式和 u 的非负性,

$$u(\boldsymbol{y})=\frac{n}{\omega_n(2R)^n}\int_{B_{2R}(\boldsymbol{y})}u(\boldsymbol{z})\,\mathrm{d}\boldsymbol{z}\leqslant\frac{2^n n}{\omega_n(4R)^n}\int_{B_{4R}(\boldsymbol{x})}u(\boldsymbol{z})\,\mathrm{d}\boldsymbol{z}=2^n u(\boldsymbol{x}).\quad(2.4.3)$$

取 $\hat{\boldsymbol{x}}$, $\hat{\boldsymbol{y}}\in F$, 使得

$$u(\hat{\boldsymbol{x}})=\max_F u,\quad u(\hat{\boldsymbol{y}})=\min_F u.$$

由有限覆盖定理, 存在有限多个覆盖 F 的球 $B_R(\boldsymbol{x}^{(0)})$, $B_R(\boldsymbol{x}^{(1)})$, $\cdots$, $B_R(\boldsymbol{x}^{(N)})$, 且 $|\boldsymbol{x}^{(i-1)}-\boldsymbol{x}^{(i)}|<R$, $i=1,2,\cdots,N$. 不妨认为 $\hat{\boldsymbol{x}}\in B_R(\boldsymbol{x}^{(0)})$, $\hat{\boldsymbol{y}}\in B_R(\boldsymbol{x}^{(N)})$. 由 (2.4.3) 式有

$$\begin{aligned}\max_F u&=u(\hat{\boldsymbol{x}})\leqslant 2^n u(\boldsymbol{x}^{(0)})\leqslant 2^n\cdot 2^n u(\boldsymbol{x}^{(1)})\leqslant\cdots\\&\leqslant(2^n)^{N+1}u(\boldsymbol{x}^{(N)})\leqslant(2^n)^{N+2}u(\hat{\boldsymbol{y}})=2^{n(N+2)}\min_F u.\end{aligned}$$

Harnack 不等式得证. □

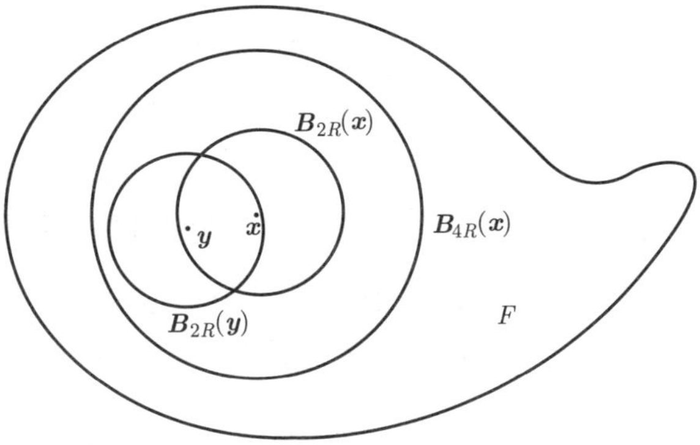

图 2.16

定理 2.4.4 (内闭一致收敛性) 设 $\{u_k\}$ 是 Ω 中的单调调和函数列, $\boldsymbol{x}_0\in\Omega$. 若数列 $\{u_k(\boldsymbol{x}_0)\}$ 的极限存在, 则存在 Ω 中的调和函数 u, 使得 $\{u_k\}$ 在 Ω 中内闭一致收敛于 u.

证明 任取 Ω 的有界闭集 F, 不妨设 $x_0\in F$, 且 $\{u_k\}$ 单调增加. 由 Harnack 不等式, 存在仅与 n, F 和 Ω 有关的常数 C, 对 $k\geqslant l$ 有

$$\max_F|u_k-u_l|=\max_F\Big(u_k-u_l\Big)\leqslant C\min_F\Big(u_k-u_l\Big)\leqslant C\Big(u_k-u_l\Big)(x_0)\to 0,\quad k,\ l\to\infty.$$

所以 $\{u_k\}$ 是 $C^0(F)$ 中的 Cauchy 列, 从而在 F 中一致收敛于某个函数 $u\in C^0(F)$, 即 $\{u_k\}$ 在 Ω 中内闭一致收敛于 u.

下证 u 在 Ω 中调和. 任取 $\tilde{\boldsymbol{x}} \in \Omega$, $\overline{B_R(\tilde{\boldsymbol{x}})} \subset \Omega$. 由 Poisson 公式, 有

$$u_k(\boldsymbol{x}) = \frac{R^2 - |\boldsymbol{x} - \widetilde{\boldsymbol{x}}|^2}{\omega_n R} \int_{\partial B_R(\tilde{\boldsymbol{x}})} \frac{u_k(\boldsymbol{y})}{|\boldsymbol{x} - \boldsymbol{y}|^n} \, \mathrm{d}S, \quad \boldsymbol{x} \in B_R(\tilde{\boldsymbol{x}}),\ k = 1, 2, \cdots.$$

令 $k \to \infty$, 得到

$$u(\boldsymbol{x}) = \frac{R^2 - |\boldsymbol{x} - \widetilde{\boldsymbol{x}}|^2}{\omega_n R} \int_{\partial B_R(\tilde{\boldsymbol{x}})} \frac{u(\boldsymbol{y})}{|\boldsymbol{x} - \boldsymbol{y}|^n} \, \mathrm{d}S.$$

由定理 2.3.2, u 在 $B_R(\tilde{\boldsymbol{x}})$ 中调和, 特别地, 在点 $\tilde{\boldsymbol{x}}$ 处调和. 由 $\tilde{\boldsymbol{x}}$ 的任意性, u 在 Ω 中调和.

定理得证. □

习题 2.4.3 (一致收敛定理) 设 $\{u_k\} \subset C^2(\Omega) \cap C^0(\overline{\Omega})$ 是调和函数列, 且在 $\partial\Omega$ 上一致收敛, 则 $\{u_k\}$ 在 $\overline{\Omega}$ 上也一致收敛, 且其极限函数在 Ω 内调和.

2.4.2 C^0 下调和与调和提升

定义 2.4.2 (C^0 下调和) 设 $u \in C^0(\Omega)$. 若对于任何球 $\overline{B_R(\boldsymbol{x})} \subset \Omega$ 都有

$$u(\boldsymbol{x}) \leqslant \frac{1}{\omega_n R^{n-1}} \int_{\partial B_R(\boldsymbol{x})} u(\boldsymbol{y}) \, \mathrm{d}S,$$

则称 u 在 Ω 上是 C^0 下调和的. 用 $H_-(\Omega)$ 表示全体 C^0 下调和函数的集合.

由定理 2.4.1, $\{u \in C^2(\Omega) | \Delta u \geqslant 0\} \subset H_-(\Omega)$. 换句话说, C^0 下调和是经典下调和的一个自然推广. C^0 下调和函数有许多与经典下调和函数类似的性质, 并且具有较好的封闭性.

性质 2.4.1 若 $u \in H_-(\Omega)$, $w \in C^2(\Omega)$ 在 Ω 中上调和, 则 $u - w \in H_-(\Omega)$.

证明 对 $\overline{B_R(\boldsymbol{x})} \subset \Omega$, 由 C^0 下调和定义, 知

$$u(\boldsymbol{x}) \leqslant \frac{1}{\omega_n R^{n-1}} \int_{\partial B_R(\boldsymbol{x})} u(\boldsymbol{y}) \, \mathrm{d}S,$$

而 w 满足均值不等式

$$w(\boldsymbol{x}) \geqslant \frac{1}{\omega_n R^{n-1}} \int_{\partial B_R(\boldsymbol{x})} w(\boldsymbol{y}) \, \mathrm{d}S.$$

所以

$$\big(u - w\big)(\boldsymbol{x}) \leqslant \frac{1}{\omega_n R^{n-1}} \int_{\partial B_R(\boldsymbol{x})} \big(u - w\big)(\boldsymbol{y}) \, \mathrm{d}S,$$

即 $u - w \in H_-(\Omega)$. □

性质 2.4.2 设 $u_1, u_2, \cdots, u_k \in H_-(\Omega)$, 则

$$u := \max\left\{u_1, u_2, \cdots, u_k\right\} \in H_-(\Omega).$$

证明 对 $\overline{B_R(\boldsymbol{x})} \subset \Omega$, 由 $u_i \in H_-(\Omega)$ 有

$$u_i(\boldsymbol{x}) \leqslant \frac{1}{\omega_n R^{n-1}} \int_{\partial B_R(\boldsymbol{x})} u_i(\boldsymbol{y})\,\mathrm{d}S \leqslant \frac{1}{\omega_n R^{n-1}} \int_{\partial B_R(\boldsymbol{x})} u(\boldsymbol{y})\,\mathrm{d}S, \quad i = 1, 2, \cdots, k.$$

对 $i = 1, 2, \cdots, k$ 取最大, 得

$$u(\boldsymbol{x}) \leqslant \frac{1}{\omega_n R^{n-1}} \int_{\partial B_R(\boldsymbol{x})} u(\boldsymbol{y})\,\mathrm{d}S.$$

由定义, $u \in H_-(\Omega)$. □

定理 2.4.5 (强极大值原理) 设 $u \in H_-(\Omega)$. 若存在 $\boldsymbol{x}_0 \in \Omega$, 使得对任意的 $\boldsymbol{x} \in \Omega$, 都有 $u(\boldsymbol{x}_0) \geqslant u(\boldsymbol{x})$, 则在 Ω 上 $u \equiv u(\boldsymbol{x}_0)$.

证明 取 $\overline{B_{R_0}(\boldsymbol{x}_0)} \subset \Omega$. 由 C^0 下调和定义, 当 $R \in (0, R_0]$ 时,

$$u(\boldsymbol{x}_0) \leqslant \frac{1}{\omega_n R^{n-1}} \int_{\partial B_R(\boldsymbol{x}_0)} u(\boldsymbol{y})\mathrm{d}S,$$

则

$$u(\boldsymbol{x}_0) \leqslant \frac{n}{\omega_n R_0^n} \int_{B_{R_0}(\boldsymbol{x}_0)} u(\boldsymbol{y})\mathrm{d}\boldsymbol{y} \leqslant u(\boldsymbol{x}_0),$$

进而

$$\int_{B_{R_0}(\boldsymbol{x}_0)} \Big(u(\boldsymbol{y}) - u(\boldsymbol{x}_0)\Big)\mathrm{d}\boldsymbol{y} = 0.$$

所以在 $B_{R_0}(\boldsymbol{x}_0)$ 上, $u \equiv u(\boldsymbol{x}_0)$.

对 Ω 中的任意一点 $\tilde{\boldsymbol{x}}$, 用闭曲线 $\Gamma \subset \Omega$ 连接 $\boldsymbol{x}_0$ 与 $\tilde{\boldsymbol{x}}$ (图 2.17). 取正数 $R < \min\left\{R_0, \mathrm{dist}\ (\Gamma, \partial\Omega)\right\}$, 以及点 $\boldsymbol{x}_0 = \boldsymbol{x}^{(0)}, \boldsymbol{x}^{(1)}, \cdots, \boldsymbol{x}^{(m)} = \tilde{\boldsymbol{x}} \in \Gamma$, 使得 $\Gamma \subset \bigcup\limits_{i=0}^{m} B_R(\boldsymbol{x}^{(i)})$, 且 $|\boldsymbol{x}^{(i-1)} - \boldsymbol{x}^{(i)}| < R$, $i = 1, 2, \cdots, m$. 由 $\boldsymbol{x}^{(1)} \in B_R(\boldsymbol{x}^{(0)}) \subset B_{R_0}(\boldsymbol{x}_0)$, 有 $u(\boldsymbol{x}^{(1)}) = u(\boldsymbol{x}_0)$. 从而对任意的 $\boldsymbol{x} \in \Omega$, $u(\boldsymbol{x}^{(1)}) \geqslant u(\boldsymbol{x})$, 且 $\overline{B_R(\boldsymbol{x}^{(1)})} \subset \Omega$. 应用上一段的结果, 在 $B_R(\boldsymbol{x}^{(1)})$ 上, $u \equiv u(\boldsymbol{x}^{(1)})$. 又由 $\boldsymbol{x}^{(2)} \in B_R(\boldsymbol{x}^{(1)})$, 得 $u(\boldsymbol{x}^{(2)}) = u(\boldsymbol{x}^{(1)}) = u(\boldsymbol{x}_0)$. 依此进行下去, 有 $u(\tilde{\boldsymbol{x}}) = u(\boldsymbol{x}^{(m)}) = u(\boldsymbol{x}_0)$. 所以在 Ω 上 $u \equiv u(\boldsymbol{x}_0)$. □

强极大值原理可推出下面的弱极大值原理.

推论 2.4.1 (弱极大值原理) 若 $u \in H_-(\Omega) \cap C^0(\overline{\Omega})$, 则

$$\max_{\overline{\Omega}} u = \max_{\partial\Omega} u.$$

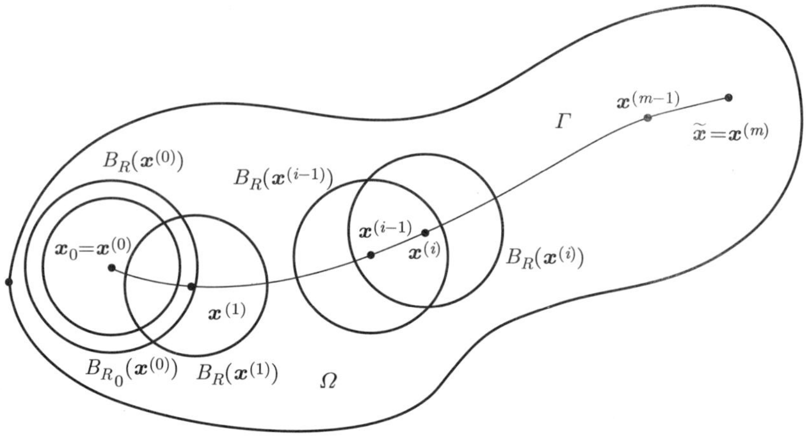

图 2.17

证明 设 $u(\boldsymbol{x}_0)=\max\limits_{\overline{\Omega}} u$, $\boldsymbol{x}_0\in\overline{\Omega}$. 若 $\boldsymbol{x}_0\in\partial\Omega$, 则结论显然成立. 若 $\boldsymbol{x}_0\in\Omega$, 由强极大值原理, $u\equiv u(\boldsymbol{x}_0)\equiv\max\limits_{\overline{\Omega}} u$. □

推论 2.4.1 是定理 2.1.1 的推广.

定义 2.4.3 (调和提升) 对 $\overline{B_R(\boldsymbol{x}_0)}\subset\Omega$ 和 $u\in H_-(\Omega)$, 定义

$$w(\boldsymbol{x})=u^{B_R(\boldsymbol{x}_0)}(\boldsymbol{x})=\begin{cases}\dfrac{R^2-|\boldsymbol{x}-\boldsymbol{x}_0|^2}{\omega_n R}\displaystyle\int_{\partial B_R(\boldsymbol{x}_0)}\frac{u(\boldsymbol{y})}{|\boldsymbol{x}-\boldsymbol{y}|^n}\,\mathrm{d}S, & \boldsymbol{x}\in B_R(\boldsymbol{x}_0),\\ u(\boldsymbol{x}), & \boldsymbol{x}\in\Omega\setminus B_R(\boldsymbol{x}_0),\end{cases}$$

则称 w 为 u 在球 $B_R(\boldsymbol{x}_0)$ 上的调和提升.

性质 2.4.3 设 $u\in H_-(\Omega)$, w 是 u 在球 $B_R(\boldsymbol{x}_0)$ 上的调和提升, 则在 Ω 中 $w\geqslant u$ 且 $w\in H_-(\Omega)$.

证明 首先证明在 Ω 中 $w\geqslant u$. 在 $\Omega\setminus B_R(\boldsymbol{x}_0)$ 中, 由定义, 显然有 $w\equiv u$. 我们只需证明在 $B_R(\boldsymbol{x}_0)$ 上 $u\leqslant w$. 事实上, 由性质 2.4.1 和 w 在 $B_R(\boldsymbol{x}_0)$ 中调和, 有

$$u-w\in H_-(B_R(\boldsymbol{x}_0)).$$

由弱极大值原理, 得

$$\max_{\overline{B_R(\boldsymbol{x}_0)}}(u-w)=\max_{\partial B_R(\boldsymbol{x}_0)}(u-w)=0.$$

所以在 $B_R(\boldsymbol{x}_0)$ 中 $u\leqslant w$.

现在证明 $w\in H_-(\Omega)$, 即对任意的 $\overline{B_\rho(\tilde{\boldsymbol{x}})}\subset\Omega$, 应该有

$$w(\tilde{\boldsymbol{x}})\leqslant\frac{1}{\omega_n\rho^{n-1}}\int_{\partial B_\rho(\tilde{\boldsymbol{x}})}w(\boldsymbol{y})\,\mathrm{d}S.$$

当 $\tilde{\boldsymbol{x}} \notin B_R(\boldsymbol{x}_0)$ 时, 由 $u \in H_-(\Omega)$ 和 $u \leqslant w$, 得

$$w(\tilde{\boldsymbol{x}}) = u(\tilde{\boldsymbol{x}}) \leqslant \frac{1}{\omega_n \rho^{n-1}} \int_{\partial B_\rho(\tilde{\boldsymbol{x}})} u(\boldsymbol{y})\,\mathrm{d}S \leqslant \frac{1}{\omega_n \rho^{n-1}} \int_{\partial B_\rho(\tilde{\boldsymbol{x}})} w(\boldsymbol{y})\,\mathrm{d}S.$$

当 $\tilde{\boldsymbol{x}} \in B_R(\boldsymbol{x}_0)$ 时, 取 $W \in C^2(B_\rho(\tilde{\boldsymbol{x}})) \cap C^0(\overline{B_\rho(\tilde{\boldsymbol{x}})})$, 使得

$$\begin{cases} \Delta W = 0, & \boldsymbol{x} \in B_\rho(\tilde{\boldsymbol{x}}), \\ W = w, & \boldsymbol{x} \in \partial B_\rho(\tilde{\boldsymbol{x}}). \end{cases}$$

由于在 $\partial B_\rho(\tilde{\boldsymbol{x}})$ 上 $u \leqslant w = W$, 根据 C^0 下调和的弱极大值原理, 可知在 $B_\rho(\tilde{\boldsymbol{x}})$ 中 $u \leqslant W$. 所以在 $\partial B_R(\boldsymbol{x}_0) \cap B_\rho(\tilde{\boldsymbol{x}})$ 上 $w = u \leqslant W$. 而在 $B_\rho(\tilde{\boldsymbol{x}}) \cap B_R(\boldsymbol{x}_0)$ (图 2.18 中的阴影部分) 中, $\Delta w = \Delta W = 0$, 应用经典的弱极大值原理, 可知在 $B_R(\boldsymbol{x}_0) \cap B_\rho(\tilde{\boldsymbol{x}})$ 中 $w \leqslant W$. 特别地, 由平均值公式, 有

$$w(\tilde{\boldsymbol{x}}) \leqslant W(\tilde{\boldsymbol{x}}) = \frac{1}{\omega_n \rho^{n-1}} \int_{\partial B_\rho(\tilde{\boldsymbol{x}})} w(\boldsymbol{y})\,\mathrm{d}S.$$

因此 $w \in H_-(\Omega)$. 得证. □

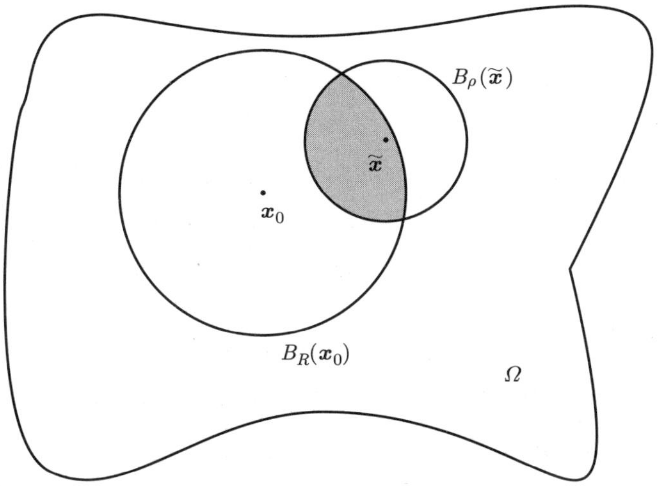

图 2.18

2.4.3 Perron 方法

定理 2.4.6 (Perron 方法) 设 $\varphi(\boldsymbol{x})$ 在 $\partial\Omega$ 上有界, 则

$$u(\boldsymbol{x}) := \sup\left\{v(\boldsymbol{x}) \middle| v \in H_-(\Omega) \cap C^0(\overline{\Omega}),\ \text{且在 } \partial\Omega \text{ 上 } v \leqslant \varphi\right\} \tag{2.4.4}$$

在 Ω 中是调和的.

证明 第一步先证 $u(\boldsymbol{x})$ 是有定义的, 即上确界有意义. 只需证

$$H_-^{\varphi}(\Omega) := \left\{v \in H_-(\Omega) \cap C^0(\overline{\Omega}) \middle| \text{在 } \partial\Omega \text{ 上 } v \leqslant \varphi\right\}$$

非空, 有上界.

由 φ 在 $\partial\Omega$ 上有界, 存在常数 M^+ 和 M^-, 使得在 $\partial\Omega$ 上 $M^- \leqslant \varphi(\boldsymbol{x}) \leqslant M^+$. 取 $u^{\pm}(\boldsymbol{x}) = M^{\pm}$. 显然, $u^- \in H_-^{\varphi}(\Omega)$. 另一方面, 由弱极大值原理, 对任意的 $v \in H_-^{\varphi}(\Omega)$,

$$\max_{\overline{\Omega}}(v - M^+) = \max_{\partial\Omega}(v - M^+) \leqslant \max_{\partial\Omega}(v - \varphi) \leqslant 0.$$

即在 $\overline{\Omega}$ 上 $v(\boldsymbol{x}) \leqslant M^+$. 这说明 (2.4.4) 式中的上确界有意义, 且在 $\partial\Omega$ 上 $u \leqslant \varphi$.

第二步证明 $u(\boldsymbol{x})$ 在 Ω 中调和. 即对任意的 $\overline{B_R(\boldsymbol{x}_0)} \subset \Omega$, u 在 $B_R(\boldsymbol{x}_0)$ 中调和.

由 u 的定义,

$$u(\boldsymbol{x}_0) = \sup\left\{v(\boldsymbol{x}_0) \middle| v \in H_-^{\varphi}(\Omega)\right\}.$$

从而存在与 $\boldsymbol{x}_0$ 有关的函数列 $\{v_k\} \subset H_-^{\varphi}(\Omega)$, 使得

$$u(\boldsymbol{x}_0) = \lim_{k\to\infty} v_k(\boldsymbol{x}_0).$$

记 $\overline{v_k}(\boldsymbol{x}) = \max\{v_1(\boldsymbol{x}),\ v_2(\boldsymbol{x}),\ \cdots,\ v_k(\boldsymbol{x})\}$. 则 $\left\{\overline{v_k}\right\}$ 单调增加, 且由性质 2.4.2, $\overline{v_k} \in H_-^{\varphi}(\Omega)$. 取 $\overline{v_k}$ 在球 $B_R(\boldsymbol{x}_0)$ 上的调和提升 $\overline{w_k} = \overline{v_k}^{B_R(\boldsymbol{x}_0)}$. 由性质 2.4.3, 仍有 $\overline{w_k} \in H_-^{\varphi}(\Omega)$, 在 Ω 中 $v_k \leqslant \overline{v_k} \leqslant \overline{w_k} \leqslant u$, $\left\{\overline{w_k}\right\}$ 单调增加, 且

$$u(\boldsymbol{x}_0) = \lim_{k\to\infty} \overline{w_k}(\boldsymbol{x}_0).$$

在 $B_R(\boldsymbol{x}_0)$ 中对 $\left\{\overline{w_k}\right\}$ 应用定理 2.4.4, 存在 $B_R(\boldsymbol{x}_0)$ 中的调和函数 $\overline{w}$, 使得 $\left\{\overline{w_k}\right\}$ 在 $B_R(\boldsymbol{x}_0)$ 中内闭一致收敛于 $\overline{w}$. 显然在 $B_R(\boldsymbol{x}_0)$ 中 $\overline{w} \leqslant u$ 且 $\overline{w}(\boldsymbol{x}_0) = u(\boldsymbol{x}_0)$. 下证在 $B_R(\boldsymbol{x}_0)$ 中 $\overline{w} \geqslant u$. 从而 $u \equiv \overline{w}$ 在 $B_R(\boldsymbol{x}_0)$ 中调和.

对 $\boldsymbol{y} \in B_R(\boldsymbol{x}_0)$, 存在单调增加的函数列 $\{V_k\} \subset H_-^{\varphi}(\Omega)$, 使得 $u(\boldsymbol{y}) = \lim\limits_{k\to\infty} V_k(\boldsymbol{y})$. 取

$$\overline{V_k} = \max\left\{V_k, \overline{v}_k\right\}, \qquad \overline{W_k} = \overline{V_k}^{B_R(\boldsymbol{x}_0)},$$

则 $\overline{V_k}, \overline{W_k} \in H_-^{\varphi}(\Omega)$, 在 Ω 中 $V_k \leqslant \overline{V_k} \leqslant \overline{W_k} \leqslant u$, $\left\{\overline{W_k}\right\}$ 单调增加,

$$\lim_{k\to\infty} \overline{W_k}(\boldsymbol{y}) = u(\boldsymbol{y}),$$

并且 $\left\{\overline{W_k}\right\}$ 在 $B_R(\boldsymbol{x}_0)$ 上内闭一致收敛于调和函数 $\overline{W} \leqslant u$, $\overline{W}(\boldsymbol{y}) = u(\boldsymbol{y})$. 由上述各函数的定义, 在 $B_R(\boldsymbol{x}_0)$ 中,

$$\overline{v}_k \leqslant \overline{V}_k, \quad \overline{w}_k \leqslant \overline{W}_k, \quad \overline{w} \leqslant \overline{W},$$

特别地,

$$\overline{w}(\boldsymbol{x}_0) \leqslant \overline{W}(\boldsymbol{x}_0) \leqslant u(\boldsymbol{x}_0).$$

又由

$$u(\boldsymbol{x}_0) = \overline{w}(\boldsymbol{x}_0),$$

有

$$\overline{w}(\boldsymbol{x}_0) = \overline{W}(\boldsymbol{x}_0).$$

这表明 $B_R(\boldsymbol{x}_0)$ 上的非负调和函数 $\overline{W}-\overline{w}$ 在 $\boldsymbol{x}_0$ 点取得最小值 0. 由强极值原理可知, 在 $B_R(\boldsymbol{x}_0)$ 上 $\overline{W}-\overline{w} \equiv \left(\overline{W}-\overline{w}\right)(\boldsymbol{x}_0) = 0$. 特别地, $\overline{w}(\boldsymbol{y}) = \overline{W}(\boldsymbol{y}) = u(\boldsymbol{y})$. 所以 u 在 $B_R(\boldsymbol{x}_0)$, 从而在 Ω 中调和. □

为了验证由 (2.4.4) 式定义的解 u 在 $\partial\Omega$ 上满足边界条件 $u=\varphi$, 需要对区域提出一些要求.

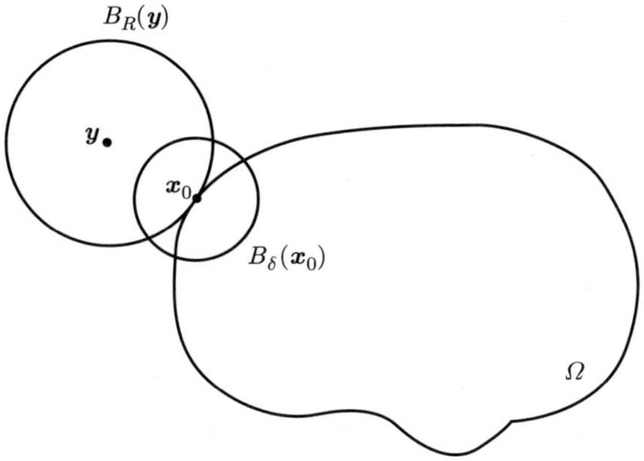

图 2.19

定义 2.4.4 (外球条件) 设 $\boldsymbol{x}_0 \in \partial\Omega$. 若存在球 $B_R(\boldsymbol{y}) \subset \mathbf{R}^n\backslash\Omega$, 使得 $\overline{B_R(\boldsymbol{y})} \cap \overline{\Omega} = \{\boldsymbol{x}_0\}$ (图 2.19), 则称 Ω 在 $\boldsymbol{x}_0$ 处满足外球条件. 若 Ω 在每一个边界点都满足外球条件, 则称 Ω 满足外球条件.

定理 2.4.7 设 Ω 在 $\boldsymbol{x}_0 \in \partial\Omega$ 处满足外球条件. 若 $\varphi(\boldsymbol{x})$ 在 $\partial\Omega$ 上有界, 在 $\boldsymbol{x}_0$ 处连续, 则 $\lim\limits_{\substack{\boldsymbol{x}\to\boldsymbol{x}_0\\ \boldsymbol{x}\in\Omega}} u(\boldsymbol{x}) = \varphi(\boldsymbol{x}_0)$, 其中 $u(\boldsymbol{x})$ 由 (2.4.4) 式定义.

证明 由外球条件, 存在球 $B_R(\boldsymbol{y})$, 使得 $\overline{B_R(\boldsymbol{y})} \cap \overline{\Omega} = \{\boldsymbol{x}_0\}$. 由 φ 在 $\boldsymbol{x}_0$ 处连续, 对于任意的 $\varepsilon>0$, 存在 $\delta>0$, 使得对任意 $\boldsymbol{x} \in \partial\Omega \cap B_\delta(\boldsymbol{x}_0)$,

$$\left|\varphi(\boldsymbol{x}) - \varphi(\boldsymbol{x}_0)\right| < \varepsilon.$$

考虑辅助函数

$$v(\boldsymbol{x}) := K(R) - K(|\boldsymbol{x}-\boldsymbol{y}|),$$

则 $\Delta v = 0$, $\boldsymbol{x} \in \Omega$ 且 $v(\boldsymbol{x}_0) = 0$. 当 $\boldsymbol{x} \in \overline{\Omega} \setminus \{\boldsymbol{x}_0\}$ 时, $|\boldsymbol{x}-\boldsymbol{y}| > R$, $v(\boldsymbol{x}) > 0$.

记 $m = \min\limits_{\partial\Omega\setminus B_\delta(\boldsymbol{x}_0)} v > 0$. 定义调和函数

$$w^{\pm}(\boldsymbol{x}) = \varphi(\boldsymbol{x}_0) \pm \Big(\varepsilon + Cv(\boldsymbol{x})\Big),$$

其中 C 是待定正常数. 对任意的 $v^+ \in H_-^{\varphi}(\Omega)$, $v^+ - w^+ \in H_-(\Omega) \cap C^0(\overline{\Omega})$. 在 $\partial\Omega$ 上

$$v^+ - w^+ \leqslant \varphi(\boldsymbol{x}) - \varphi(\boldsymbol{x}_0) - \varepsilon - Cv(\boldsymbol{x}) \leqslant \begin{cases} \varepsilon - \varepsilon - Cv(\boldsymbol{x}) \leqslant 0, & \boldsymbol{x} \in \partial\Omega \cap B_\delta(\boldsymbol{x}_0), \\ M^+ - M^- - Cm, & \boldsymbol{x} \in \partial\Omega \setminus B_\delta(\boldsymbol{x}_0), \end{cases}$$

其中 M^+ 和 M^- 分别是 $\varphi(\boldsymbol{x})$ 在 $\partial\Omega$ 上的上界和下界. 取 $C \geqslant \dfrac{M^+ - M^-}{m}$, 在 $\partial\Omega$ 上有 $v^+ \leqslant w^+$. 由弱极值原理, 在 $\overline{\Omega}$ 上 $v^+ \leqslant w^+$, 从而

$$u(\boldsymbol{x}) \leqslant \varphi(\boldsymbol{x}_0) + \varepsilon + Cv(\boldsymbol{x}),$$

令 $\boldsymbol{x} \to \boldsymbol{x}_0$, 有

$$\limsup_{\boldsymbol{x} \to \boldsymbol{x}_0} u(\boldsymbol{x}) \leqslant \varphi(\boldsymbol{x}_0) + \varepsilon.$$

再令 $\varepsilon \to 0$, 得 $\limsup\limits_{\boldsymbol{x} \to \boldsymbol{x}_0} u(\boldsymbol{x}) \leqslant \varphi(\boldsymbol{x}_0)$.

注意到在 $\partial\Omega$ 上 $w^- \leqslant \varphi$, 所以 $w^- \in H_-^{\varphi}(\Omega)$, 在 $\overline{\Omega}$ 上 $w^- \leqslant u$. 先后令 $\boldsymbol{x} \to \boldsymbol{x}_0$ 和 $\varepsilon \to 0$, 有 $\liminf\limits_{\boldsymbol{x} \to \boldsymbol{x}_0} u(\boldsymbol{x}) \geqslant \varphi(\boldsymbol{x}_0)$, 从而 $\lim\limits_{\boldsymbol{x} \to \boldsymbol{x}_0} u(\boldsymbol{x}) = \varphi(\boldsymbol{x}_0)$. □

综合定理 2.4.6 和定理 2.4.7, 我们得到了本节的主要结论, 即利用极值原理和球上 Lapalce 方程 Dirichlet 问题的可解性, 证明了一般区域上 Lapalce 方程 Dirichlet 边界问题 (2.4.1) 解的存在性.

定理 2.4.8 *若 $\varphi \in C^0(\partial\Omega)$, Ω 满足外球条件, 则问题 (2.4.1) 有解 $u \in C^2(\Omega) \cap C^0(\overline{\Omega})$.*

最后, 我们给出 Poisson 方程 Dirichlet 问题解的存在性.

定理 2.4.9 *若 $f \in C^1(\overline{\Omega})$, $\varphi \in C^0(\partial\Omega)$, Ω 满足外球条件, 则问题*

$$\begin{cases} \Delta u = f(\boldsymbol{x}), & \boldsymbol{x} \in \Omega, \\ u = \varphi(\boldsymbol{x}) & \boldsymbol{x} \in \partial\Omega \end{cases} \tag{2.4.5}$$

有解 $u \in C^2(\Omega) \cap C^0(\overline{\Omega})$.

证明 设

$$u_0(\boldsymbol{x}) = -\int_\Omega K(\boldsymbol{x} - \boldsymbol{y}) f(\boldsymbol{y}) \mathrm{d}\boldsymbol{y}.$$

由定理 2.2.1, $u_0 \in C^2(\Omega) \cap C^1(\overline{\Omega})$, 且 $\Delta u_0 = f(\boldsymbol{x})$.

设 $v = u - u_0$, 则

$$\begin{cases} \Delta v = \Delta u - \Delta u_0 = f(\boldsymbol{x}) - f(\boldsymbol{x}) = 0, & \boldsymbol{x} \in \Omega, \\ v = u - u_0 = \varphi(\boldsymbol{x}) - u_0 \in C^0(\partial\Omega), & \boldsymbol{x} \in \partial\Omega. \end{cases}$$

由定理 2.4.8, 上述问题有解 $v \in C^2(\Omega) \cap C^0(\overline{\Omega})$. 所以问题 (2.4.5) 有解 $u = v + u_0 \in C^2(\Omega) \cap C^0(\overline{\Omega})$. □

§2.5 附录: 微积分学的若干知识

为读者查找方便, 现叙述《数学分析》中学习过的若干重要结论及其推广形式.

一、散度定理

Newton-Leibniz 公式. 若 $a<b$, $u\in C^1[a,b]$, 则

$$\int_a^b u'(x)\,\mathrm{d}x=u(b)-u(a).$$

Green 公式. 若 Ω 是 $\mathbf{R}^2$ 中的分片 C^1 的有界区域, $\boldsymbol{\nu}$ 是 $\partial\Omega$ 的单位外法向量, $u,\ v\in C^1(\overline{\Omega})$, 则

$$\iint_\Omega\Big(\frac{\partial u}{\partial x}+\frac{\partial v}{\partial y}\Big)\,\mathrm{d}x\mathrm{d}y=\int_{\partial\Omega}\Big(u\cos(\boldsymbol{\nu},x)+v\cos(\boldsymbol{\nu},y)\Big)\,\mathrm{d}S.$$

Gauss 公式. 若 Ω 是 $\mathbf{R}^3$ 中的分片 C^1 的有界区域, $\boldsymbol{\nu}$ 是 $\partial\Omega$ 的单位外法向量, $u,\ v,\ w\in C^1(\overline{\Omega})$, 则

$$\iiint_\Omega\Big(\frac{\partial u}{\partial x}+\frac{\partial v}{\partial y}+\frac{\partial w}{\partial z}\Big)\,\mathrm{d}x\mathrm{d}y\mathrm{d}z=\iint_{\partial\Omega}\Big(u\cos(\boldsymbol{\nu},x)+v\cos(\boldsymbol{\nu},y)+w\cos(\boldsymbol{\nu},z)\Big)\,\mathrm{d}S.$$

其实, 上述公式都是散度定理的特例. 下面给出散度定理的一般形式.

命题 2.5.1 (散度定理) 若 Ω 是 $\mathbf{R}^n$ 中的分片 C^1 的有界区域, $\boldsymbol{\nu}$ 是 $\partial\Omega$ 的单位外法向量, $\boldsymbol{F}\in C^1(\overline{\Omega};\mathbf{R}^n)$, 则

$$\int_\Omega \operatorname{div}\boldsymbol{F}(\boldsymbol{x})\,\mathrm{d}\boldsymbol{x}=\int_{\partial\Omega}\boldsymbol{F}(\boldsymbol{x})\cdot\boldsymbol{\nu}(\boldsymbol{x})\,\mathrm{d}S,$$

其中对 $\boldsymbol{F}=\Big(F_1(\boldsymbol{x}),F_2(\boldsymbol{x}),\cdots,F_n(\boldsymbol{x})\Big)$, 散度算子定义为

$$\operatorname{div}\boldsymbol{F}=\frac{\partial F_1}{\partial x_1}+\frac{\partial F_2}{\partial x_2}+\cdots+\frac{\partial F_n}{\partial x_n}.$$

对 $\boldsymbol{F}=(0,\cdots,0,uv,0,\cdots,0)$ 或 $u\mathrm{D}v-v\mathrm{D}u$ 分别应用散度定理, 可得

推论 2.5.1 (分部积分公式) 若 $u,\ v\in C^1(\overline{\Omega})$, 则

$$\int_\Omega\frac{\partial u}{\partial x_i}v\mathrm{d}\boldsymbol{x}=\int_{\partial\Omega}uv\nu_i\mathrm{d}S-\int_\Omega u\frac{\partial v}{\partial x_i}\mathrm{d}\boldsymbol{x},\quad i=1,2,\cdots,n.$$

特别地, 当 $v\equiv 1$ 时,

$$\int_\Omega\frac{\partial u}{\partial x_i}\mathrm{d}\boldsymbol{x}=\int_{\partial\Omega}u\nu_i\mathrm{d}S,\quad i=1,2,\cdots,n.$$

推论 2.5.2 (Green 公式)　若 $u, v \in C^2(\overline{\Omega})$, 则

$$\int_{\Omega} \Big(v\Delta u - u\Delta v\Big)\,\mathrm{d}\boldsymbol{x} = \int_{\partial\Omega} \Big(v\frac{\partial u}{\partial \boldsymbol{\nu}} - u\frac{\partial v}{\partial \boldsymbol{\nu}}\Big)\,\mathrm{d}S.$$

二、积分中值定理

定积分的中值定理. 若 $a < b$, $u \in C^0[a,b]$, 则存在 $\xi \in (a,b)$, 使得

$$\int_a^b u(x)\,\mathrm{d}x = u(\xi)(b-a).$$

这个结果可推广到多重积分和曲面积分.

命题 2.5.2 (积分中值定理)　设 Ω 是 $\mathbf{R}^n$ 中的有界区域. 若 $u \in C^0(\overline{\Omega})$, 则存在 $\xi \in \Omega$, 使得

$$\int_{\Omega} u(\boldsymbol{x})\,\mathrm{d}\boldsymbol{x} = u(\boldsymbol{\xi})\,|\Omega|;$$

若 $u \in C^0(\partial\Omega)$, 则存在 $\eta \in \partial\Omega$, 使得

$$\int_{\partial\Omega} u(\boldsymbol{x})\,\mathrm{d}S = u(\boldsymbol{\eta})\,|\partial\Omega|.$$

这里 $|\Omega|$ 和 $|\partial\Omega|$ 分别表示 Ω 的体积和 $\partial\Omega$ 的面积.

三、含参变量常义积分的分析性质

设 $u \in C^0\Big([a,b]\times[c,d]\Big)$,

$$I(x) = \int_c^d u(x,y)\mathrm{d}y, \qquad x \in [a,b],$$

则满足

(1) 连续性: $I \in C^0\left([a,b]\right)$;

(2) 可微性: 如果 $\dfrac{\partial u}{\partial x} \in C^0\Big([a,b]\times[c,d]\Big)$, 那么 $I \in C^1\left([a,b]\right)$, 并且

$$\frac{\mathrm{d}I}{\mathrm{d}x} = \int_c^d \frac{\partial u}{\partial x}(x,y)\mathrm{d}y,$$

(3) 可积性:

$$\int_c^d \mathrm{d}y \int_a^b u(x,y)\,\mathrm{d}x = \int_a^b \mathrm{d}x \int_c^d u(x,y)\mathrm{d}y.$$

可以将 $[a,b]$ 推广到区域 $\overline{D}$, 将 $[c,d]$ 推广到 $\overline{\Omega}$ 或 $\partial\Omega$, 得到

命题 2.5.3 (含参变量常义体积分的分析性质)　设 D, Ω 是 $\mathbf{R}^n$ 中的有界区域, $u \in C^0(\overline{D\times\Omega})$,

$$I(\boldsymbol{x}) = \int_{\Omega} u(\boldsymbol{x},\boldsymbol{y})\mathrm{d}\boldsymbol{y}, \quad \boldsymbol{x} \in D,$$

则满足

(1) 连续性: $I \in C^0(\overline{D})$;

(2) 可微性: 如果 $\mathrm{D}_{\boldsymbol{x}} u \in C^0(\overline{D \times \Omega})$, 那么 $I \in C^1(\overline{D})$, 并且

$$\frac{\partial I}{\partial x_i}(\boldsymbol{x}) = \int_\Omega \frac{\partial u}{\partial x_i}(\boldsymbol{x}, \boldsymbol{y})\mathrm{d}\boldsymbol{y}, \quad i = 1, 2, \cdots, n;$$

(3) 可积性:

$$\int_\Omega \mathrm{d}\boldsymbol{y} \int_D u(\boldsymbol{x}, \boldsymbol{y})\,\mathrm{d}\boldsymbol{x} = \int_D \mathrm{d}\boldsymbol{x} \int_\Omega u(\boldsymbol{x}, \boldsymbol{y})\mathrm{d}\boldsymbol{y}.$$

命题 2.5.4 (含参变量常义曲面积分的分析性质) 设 D, Ω 是 $\mathbf{R}^n$ 中的有界区域, $u \in C^0(\overline{D} \times \partial\Omega)$,

$$I(\boldsymbol{x}) = \int_{\partial\Omega} u(\boldsymbol{x}, \boldsymbol{y})\,\mathrm{d}S, \quad \boldsymbol{x} \in D,$$

则满足

(1) 连续性: $I \in C^0(\overline{D})$;

(2) 可微性: 如果 $D_x u \in C^0(\overline{D} \times \partial\Omega)$, 那么 $I \in C^1(\overline{D})$, 并且

$$\frac{\partial I}{\partial x_i}(\boldsymbol{x}) = \int_{\partial\Omega} \frac{\partial u}{\partial x_i}(\boldsymbol{x}, \boldsymbol{y})\,\mathrm{d}S, \quad i = 1, 2, \cdots, n;$$

(3) 可积性:

$$\int_{\partial\Omega} \mathrm{d}S \int_D u(\boldsymbol{x}, \boldsymbol{y})\,\mathrm{d}\boldsymbol{x} = \int_D \mathrm{d}\boldsymbol{x} \int_{\partial\Omega} u(\boldsymbol{x}, \boldsymbol{y})\,\mathrm{d}S.$$

四、一致收敛函数列的分析性质

设 $\{I_\varepsilon(x)\} \subset C^0([a,b])$, 且当 $\varepsilon \to 0$ 时在 $[a,b]$ 上一致收敛于 $I(x)$, 则满足

(1) 连续性: $I \in C^0([a,b])$;

(2) 可微性: 如果 $\{I_\varepsilon\} \subset C^1([a,b])$, $\left\{I'_\varepsilon(x)\right\}$ 在 $[a,b]$ 上一致收敛于 $J(x)$, 那么 $I \in C^1[a,b]$, 并且 $I'(x) = J(x)$;

(3) 可积性:

$$\int_a^b I(x)\,\mathrm{d}x = \lim_{\varepsilon \to 0} \int_a^b I_\varepsilon(x)\,\mathrm{d}x.$$

可将 $[a,b]$ 推广到 $\overline{D}$.

命题 2.5.5 (一致收敛函数列的分析性质) 设 D 是 $\mathbf{R}^n$ 中的一个区域, $I_\varepsilon \in C^0(\overline{D})$, 且 $\{I_\varepsilon(\boldsymbol{x})\}$ 在 $\overline{D}$ 上一致收敛于 $I(\boldsymbol{x})$, 则满足

(1) 连续性: $I \in C^0(\overline{D})$;

(2) 可微性: 如果 $\{I_\varepsilon\} \subset C^1(\overline{D})$, $\left\{\mathrm{D}I_\varepsilon(\boldsymbol{x})\right\}$ 在 $\overline{D}$ 上一致收敛于 $J(\boldsymbol{x})$, 那么 $I \in C^1(\overline{D})$, 并且 $\mathrm{D}I(\boldsymbol{x}) = J(\boldsymbol{x})$;

(3) 可积性:

$$\int_D I(\boldsymbol{x})\,\mathrm{d}\boldsymbol{x}=\lim_{\varepsilon\to 0}\int_D I_\varepsilon(\boldsymbol{x})\,\mathrm{d}\boldsymbol{x}.$$

五、广义积分

最后, 将一元函数广义积分 $\displaystyle\int_0^1\frac{\mathrm{d}x}{x^p}$ 和 $\displaystyle\int_1^{+\infty}\frac{\mathrm{d}x}{x^p}$ 的敛散性推广到高维.

命题 2.5.6 设 $B_1=\{\boldsymbol{x}\in\mathbf{R}^n\,\big|\,|\boldsymbol{x}|<1\}$, 则

(1) $\displaystyle\int_{B_1}\frac{\mathrm{d}\boldsymbol{x}}{|\boldsymbol{x}|^p}$ 当 $p<n$ 时收敛, $p\geqslant n$ 时发散;

(2) $\displaystyle\int_{\mathbf{R}^n\setminus B_1}\frac{\mathrm{d}\boldsymbol{x}}{|\boldsymbol{x}|^p}$ 当 $p>n$ 时收敛, $p\leqslant n$ 时发散.

证明 注意到球面 $|\boldsymbol{x}|=r$ 的面积是 $\omega_n r^{n-1}$.

(1) 由球坐标变换, 得

$$\int_{B_1}\frac{\mathrm{d}\boldsymbol{x}}{|\boldsymbol{x}|^p}=\int_0^1\mathrm{d}r\int_{|\boldsymbol{x}|=r}\frac{\mathrm{d}S}{r^p}=\int_0^1\frac{\omega_n}{r^{p+1-n}}\,\mathrm{d}r.$$

所以, 当 $p+1-n<1$, 即 $p<n$ 时收敛; 当 $p+1-n\geqslant 1$, 即 $p\geqslant n$ 时发散.

(2) 同样,

$$\int_{\mathbf{R}^n\setminus B_1}\frac{\mathrm{d}\boldsymbol{x}}{|\boldsymbol{x}|^p}=\int_1^{+\infty}\mathrm{d}r\int_{|\boldsymbol{x}|=r}\frac{\mathrm{d}S}{r^p}=\int_1^{+\infty}\frac{\omega_n}{r^{p+1-n}}\,\mathrm{d}r.$$

所以, 当 $p+1-n>1$, 即 $p>n$ 时收敛; 当 $p+1-n\leqslant 1$, 即 $p\leqslant n$ 时发散. □

§2.6 习题解答

习题 2.0.1 设 $u\in C^2(\mathbf{R}^n)$ 是径向对称函数, $n\geqslant 3$. 作 Emden-Fowler 变换

$$v(t)=r^{\frac{2}{p-1}}u(|\boldsymbol{x}|),\qquad t=-\ln|\boldsymbol{x}|,\qquad p>1,$$

证明

$$\Delta u=\mathrm{e}^{\frac{2pt}{p-1}}(v''+av'-bv),$$

其中

$$a=\frac{n-2}{p-1}\Big(\frac{n+2}{n-2}-p\Big),\qquad b=\frac{4p}{(p-1)^2}-\frac{2n}{p-1}.$$

证明 记 $u=u(r)$, $r=|\boldsymbol{x}|$, 则

$$u_{x_i}=\frac{x_i}{r}u'(r),$$

$$u_{x_ix_i}=\frac{r-x_i\frac{x_i}{r}}{r^2}u'(r)+\Big(\frac{x_i}{r}\Big)^2u''(r)=\frac{r^2-x_i^2}{r^3}u'(r)+\Big(\frac{x_i}{r}\Big)^2u''(r),$$

所以

$$\Delta u=\sum_{i=1}^{n}u_{x_ix_i}=u''(r)+\frac{n-1}{r}u'(r).$$

由 $v(t)=r^{\frac{2}{p-1}}u(r)$, $t=-\ln r$, 知

$$u(r)=\mathrm{e}^{\frac{2t}{p-1}}v(t),\quad r=\mathrm{e}^{-t}.$$

直接计算,

$$\begin{aligned}u'(r)&=\mathrm{e}^{\frac{2t}{p-1}}\cdot\frac{2}{p-1}\cdot\frac{-1}{r}v(t)+\mathrm{e}^{\frac{2t}{p-1}}\cdot\frac{-1}{r}v'(t)\\&=-\frac{2}{p-1}\mathrm{e}^{\frac{p+1}{p-1}t}v(t)-\mathrm{e}^{\frac{p+1}{p-1}t}v'(t),\end{aligned}$$

$$\begin{aligned}u''(r)=&-\frac{2}{p-1}\mathrm{e}^{\frac{p+1}{p-1}t}\cdot\frac{p+1}{p-1}\cdot\frac{-1}{r}v(t)-\frac{2}{p-1}\mathrm{e}^{\frac{p+1}{p-1}t}\cdot\frac{-1}{r}v'(t)-\\&\mathrm{e}^{\frac{p+1}{p-1}t}\cdot\frac{p+1}{p-1}\cdot\frac{-1}{r}v'(t)-\mathrm{e}^{\frac{p+1}{p-1}t}\cdot\frac{-1}{r}v''(t)\\=&\frac{2(p+1)}{(p-1)^2}\mathrm{e}^{\frac{2pt}{p-1}}v(t)+\mathrm{e}^{\frac{2pt}{p-1}}\Big(\frac{2}{p-1}+\frac{p+1}{p-1}\Big)v'(t)+\mathrm{e}^{\frac{2pt}{p-1}}v''(t)\\=&\mathrm{e}^{\frac{2pt}{p-1}}\Big[v''(t)+\frac{p+3}{p-1}v'(t)+\frac{2(p+1)}{(p-1)^2}v(t)\Big],\end{aligned}$$

所以

$$\begin{aligned}\Delta u&=u''(r)+\frac{n-1}{r}u'(r)\\&=\mathrm{e}^{\frac{2pt}{p-1}}\Big[v''(t)+\frac{p+3}{p-1}v'(t)+\frac{2(p+1)}{(p-1)^2}v(t)\Big]-\mathrm{e}^{\frac{2pt}{p-1}}\Big[(n-1)v'(t)+\frac{2(n-1)}{p-1}v(t)\Big]\\&=\mathrm{e}^{\frac{2pt}{p-1}}\Big[v''(t)+\frac{n-2}{p-1}\Big(\frac{n+2}{n-2}-p\Big)v'(t)+\Big(\frac{4p}{(p-1)^2}-\frac{2n}{p-1}\Big)v\Big]\\&=\mathrm{e}^{\frac{2pt}{p-1}}\Big[v''(t)+av'(t)+bv(t)\Big],\end{aligned}$$

其中

$$a=\frac{n-2}{p-1}\Big(\frac{n+2}{n-2}-p\Big),\quad b=\frac{4p}{(p-1)^2}-\frac{2n}{p-1}.$$ □

习题 2.0.2 证明: 在极坐标

$$x=r\cos\theta,\ \ y=r\sin\theta,\ \ r\geqslant 0,\ 0\leqslant\theta<2\pi$$

下, 二维 Laplace 算子可以写成

$$\Delta u=U_{rr}+\frac{1}{r^2}U_{\theta\theta}+\frac{1}{r}U_r,$$

其中 $U(r,\theta)=u(r\cos\theta,r\sin\theta)$.

证明 经计算, 有

$$U_r = U_x \cdot \frac{\partial x}{\partial r} + U_y \cdot \frac{\partial y}{\partial r} = U_x \cdot \cos\theta + U_y \cdot \sin\theta.$$

进而

$$\begin{aligned}U_{rr} &= \frac{\partial}{\partial r}\Big(U_r\Big) = \frac{\partial}{\partial r}\Big(U_x \cdot \cos\theta + U_y \cdot \sin\theta\Big)\\ &= \cos\theta\Big(U_{xx} \cdot \frac{\partial x}{\partial r} + U_{xy} \cdot \frac{\partial y}{\partial r}\Big) + \sin\theta\Big(U_{xy} \cdot \frac{\partial x}{\partial r} + U_{yy} \cdot \frac{\partial y}{\partial r}\Big)\\ &= U_{xx} \cdot \cos^2\theta + U_{xy} \cdot 2\sin\theta\cos\theta + U_{yy} \cdot \sin^2\theta.\end{aligned}$$

同理

$$U_\theta = U_x \cdot \frac{\partial x}{\partial \theta} + U_y \cdot \frac{\partial y}{\partial \theta} = U_x \cdot (-r\sin\theta) + U_y \cdot (r\cos\theta),$$

并且

$$\begin{aligned}U_{\theta\theta} &= \frac{\partial}{\partial \theta}\Big(U_\theta\Big) = \frac{\partial}{\partial \theta}\Big[U_x \cdot (-r\sin\theta) + U_y \cdot (r\cos\theta)\Big]\\ &= \frac{\partial}{\partial \theta}\Big(U_x\Big) \cdot (-r\sin\theta) + U_x \cdot \frac{\partial}{\partial \theta}(-r\sin\theta) +\\ &\quad \frac{\partial}{\partial \theta}\Big(U_y\Big) \cdot (r\cos\theta) + U_y \cdot \frac{\partial}{\partial \theta}(r\cos\theta)\\ &= (-r\sin\theta)\Big(U_{xx} \cdot \frac{\partial x}{\partial \theta} + U_{xy} \cdot \frac{\partial y}{\partial \theta}\Big) + (-r\cos\theta) \cdot U_x +\\ &\quad (r\cos\theta)\Big(U_{xy} \cdot \frac{\partial x}{\partial \theta} + U_{yy} \cdot \frac{\partial y}{\partial \theta}\Big) + (-r\sin\theta) \cdot U_y\\ &= U_{xx} \cdot r^2\sin^2\theta - U_{xy} \cdot 2r^2\sin\theta\cos\theta + U_{yy} \cdot r^2\cos^2\theta +\\ &\quad U_x \cdot (-r\cos\theta) + U_y \cdot (-r\sin\theta).\end{aligned}$$

所以

$$U_{rr} + \frac{1}{r^2}U_{\theta\theta} + \frac{1}{r}U_r = U_{xx} + U_{yy} = \Delta u.$$ □

习题 2.1.1 设 $u \in C^3(\Omega) \cap C^1(\overline{\Omega})$ 在 Ω 内满足 $\Delta u = 0$, 则

(1) 在 Ω 中 $\Delta\left(|\mathrm{D}u|^2\right) \geqslant 0$;

(2) $|\mathrm{D}u|$ 在 Ω 的边界上取到它在 $\overline{\Omega}$ 上的最大值.

证明 记 $w = |\mathrm{D}u|^2 = \displaystyle\sum_{i=1}^{3}(u_{x_i})^2$, 则

$$\begin{aligned}\frac{\partial w}{\partial x_j} &= 2\sum_{i=1}^{3} u_{x_i} \cdot u_{x_i x_j},\\ \frac{\partial^2 w}{\partial x_j^2} &= 2\sum_{i=1}^{3}\Big(u_{x_i x_j}\Big)^2 + 2\sum_{i=1}^{3} u_{x_i} \cdot u_{x_i x_j x_j}.\end{aligned}$$

所以

$$\begin{aligned}\Delta w &= 2\sum_{i,j=1}^{3}\left(u_{x_ix_j}\right)^2 + 2\sum_{i,j=1}^{3} u_{x_i}\cdot u_{x_ix_jx_j}\\ &= 2\sum_{i,j=1}^{3}\left(u_{x_ix_j}\right)^2 + 2\sum_{i=1}^{3} u_{x_i}\frac{\partial}{\partial x_i}\Big(\sum_{j=1}^{3} u_{x_jx_j}\Big)\\ &= 2\sum_{i,j=1}^{3}\left(u_{x_ix_j}\right)^2 \geqslant 0.\end{aligned}$$

由弱极大值原理, $|\mathrm{D}u|^2$ 必在 Ω 的边界上取到最大值, 从而 $|\mathrm{D}u|$ 也必在 Ω 的边界上取到最大值. □

习题 2.1.2 设 Ω 是 $\mathbf{R}^n$ 中的有界区域, $\varphi \in C^0(\partial\Omega)$, $u \in C^2(\Omega)\cap C^0(\overline{\Omega})$ 是问题

$$\begin{cases}\Delta u(\boldsymbol{x}) = u^3(\boldsymbol{x}) - u(\boldsymbol{x}), & \boldsymbol{x}\in\Omega,\\ u(\boldsymbol{x}) = \varphi(\boldsymbol{x}), & \boldsymbol{x}\in\partial\Omega\end{cases}$$

的解. 证明: 若 $\max\limits_{\partial\Omega}|\varphi| \leqslant 1$, 则 $\max\limits_{\overline{\Omega}}|u| \leqslant 1$.

证明 如果 u 在 $\partial\Omega$ 上取到 $\overline{\Omega}$ 上的最大值, 那么由 $\max\limits_{\partial\Omega}|\varphi|\leqslant 1$ 有 $\max\limits_{\overline{\Omega}} u\leqslant 1$. 如果存在 $\boldsymbol{x}_0\in\Omega$, 使得 $u(\boldsymbol{x}_0) = \max\limits_{\overline{\Omega}} u$, 那么 $\Delta u(\boldsymbol{x}_0)\leqslant 0$. 因此, 由

$$\Delta u(\boldsymbol{x}_0) = u^3(\boldsymbol{x}_0) - u(\boldsymbol{x}_0) = u(\boldsymbol{x}_0)(u(\boldsymbol{x}_0)-1)(u(\boldsymbol{x}_0)+1)\leqslant 0$$

解得 $u(\boldsymbol{x}_0)\leqslant 1$, 即 $\max\limits_{\overline{\Omega}} u\leqslant 1$. 同理可得 $\min\limits_{\overline{\Omega}} u \geqslant -1$. 从而命题得证. □

习题 2.1.3 设 Ω 是 $\mathbf{R}^n$ 中的有界区域, $f\in C^0(\overline{\Omega}), \varphi\in C^0(\partial\Omega)$. 试证 Laplace 方程 Dirichlet 外问题

$$\begin{cases}\Delta u(\boldsymbol{x}) = f(\boldsymbol{x}), & \boldsymbol{x}\in\mathbf{R}^n\setminus\overline{\Omega},\\ u(\boldsymbol{x}) = \varphi(\boldsymbol{x}), & \boldsymbol{x}\in\partial\Omega,\\ \lim\limits_{|\boldsymbol{x}|\to\infty} u(\boldsymbol{x}) = 0\end{cases}$$

的解在 $C^2(\mathbf{R}^n\setminus\overline{\Omega})\cap C^0(\mathbf{R}^n\setminus\Omega)$ 中的唯一性和稳定性.

证明 Laplace 方程 Dirichlet 外问题解的唯一性等价于问题

$$\begin{cases}\Delta v(\boldsymbol{x}) = 0, & \boldsymbol{x}\in\mathbf{R}^n\setminus\overline{\Omega},\\ v(\boldsymbol{x}) = 0, & \boldsymbol{x}\in\partial\Omega,\\ \lim\limits_{|\boldsymbol{x}|\to\infty} v(\boldsymbol{x}) = 0\end{cases}\tag{2.6.1}$$

只有零解.

由 $\lim\limits_{|\boldsymbol{x}|\to\infty} v(\boldsymbol{x})=0$ 可知, 对于任意的 $\varepsilon>0$, 存在 $R>0$, 使得 $\Omega\subset B_R(\mathbf{0})$, 并且对于任意的 $\boldsymbol{x}\in\mathbf{R}^n\setminus B_R(\mathbf{0})$, $|v(\boldsymbol{x})|<\varepsilon$. 我们考虑问题 (2.6.1) 的解 v 在有界区域 $\overline{B_{2R}(\mathbf{0})}\setminus\Omega$ 上的值. 因为 v 在 $B_{2R}(\mathbf{0})\setminus\overline{\Omega}$ 上满足 $\Delta v(\boldsymbol{x})=0$, 所以由弱极值原理和问题 (2.6.1) 中的边值条件可知

$$\max_{\overline{B_{2R}(\mathbf{0})}\setminus\Omega} v=\max_{\partial B_{2R}(\mathbf{0})\cup\partial\Omega} v=\max\left\{\max_{\partial B_{2R}(\mathbf{0})} v,\max_{\partial\Omega} v\right\}<\varepsilon,$$

并且

$$\min_{\overline{B_{2R}(\mathbf{0})}\setminus\Omega} v=\min_{\partial B_{2R}(\mathbf{0})\cup\partial\Omega} v=\min\left\{\min_{\partial B_{2R}(\mathbf{0})} v,\min_{\partial\Omega} v\right\}>-\varepsilon.$$

因而对于任意的 $\boldsymbol{x}\in\overline{B_{2R}}(\mathbf{0})\setminus\Omega$, $|v(\boldsymbol{x})|<\varepsilon$. 结合前面的讨论, 我们可得对于任意的 $\boldsymbol{x}\in\mathbf{R}^n\setminus\Omega$, $|v(\boldsymbol{x})|<\varepsilon$. 再由 ε 的任意性可知, 在 $\mathbf{R}^n\setminus\Omega$ 上 $v\equiv 0$.

同理, 我们在区域 $B_{2R}(0)\setminus\overline{\Omega}$ 上利用有界区域上位势方程的 Dirichlet 问题的稳定性结论, 可得 Laplace 方程 Dirichlet 外问题解的稳定性. □

习题 2.2.1 证明引理 2.2.1 的 $n=2$ 情形.

证明　当 $n=2$ 时, $K(\boldsymbol{x})=\dfrac{1}{2\pi}\ln\dfrac{1}{|\boldsymbol{x}|}$. 对任意的 $\varepsilon>0$, 取

$$K_\varepsilon(\boldsymbol{x}):=\begin{cases}\dfrac{\varepsilon^2-|\boldsymbol{x}|^2}{4\pi\varepsilon^2}+K(\varepsilon), & |\boldsymbol{x}|\leqslant\varepsilon,\\ K(\boldsymbol{x}), & |\boldsymbol{x}|>\varepsilon\end{cases}$$

$$u_\varepsilon(\boldsymbol{x}):=-\int_\Omega K_\varepsilon(\boldsymbol{x}-\boldsymbol{y})f(\boldsymbol{y})\mathrm{d}\boldsymbol{y},$$

则 $K_\varepsilon\in C^0(\mathbf{R}^2)$, 且

$$\frac{\partial K_\varepsilon}{\partial x_i}(\boldsymbol{x})=\begin{cases}-\dfrac{x_i}{2\pi\varepsilon^2}, & |\boldsymbol{x}|\leqslant\varepsilon,\\ -\dfrac{1}{2\pi}\cdot\dfrac{x_i}{|\boldsymbol{x}|^2}, & |\boldsymbol{x}|>\varepsilon,\end{cases}$$

从而 $K_\varepsilon\in C^1(\mathbf{R}^2)$. 利用含参量积分的可微性得 $u_\varepsilon\in C^1(\mathbf{R}^2)$, 且

$$\frac{\partial u_\varepsilon}{\partial x_i}(\boldsymbol{x})=-\int_\Omega\frac{\partial K_\varepsilon}{\partial x_i}(\boldsymbol{x}-\boldsymbol{y})f(\boldsymbol{y})\mathrm{d}\boldsymbol{y},\qquad i=1,2.$$

由一致收敛函数列的可微性, 只需证明: 当 $\varepsilon\to0$ 时,

(1) $\{u_\varepsilon\}$ 在 $\mathbf{R}^2$ 上一致收敛到 u_0;

(2) $\left\{\dfrac{\partial u_\varepsilon}{\partial x_i}\right\}$ 在 $\mathbf{R}^2$ 上一致收敛到 $-\displaystyle\int_\Omega\frac{\partial K}{\partial x_i}(\boldsymbol{x}-\boldsymbol{y})f(\boldsymbol{y})\mathrm{d}\boldsymbol{y}$.

下面依次证明 (1) 和 (2).

(1) 对任意的 $\boldsymbol{x}\in\mathbf{R}^2$, 由 K_ε 和 K 的定义,

$$\begin{aligned}|u_\varepsilon(\boldsymbol{x})-u_0(\boldsymbol{x})|&=\Big|\int_\Omega[K_\varepsilon(\boldsymbol{x}-\boldsymbol{y})-K(\boldsymbol{x}-\boldsymbol{y})]f(\boldsymbol{y})\mathrm{d}\boldsymbol{y}\Big|\\&\leqslant\int_{\Omega\cap\{\boldsymbol{y}||\boldsymbol{y}-\boldsymbol{x}|\leqslant\varepsilon\}}\Big|K_\varepsilon(\boldsymbol{x}-\boldsymbol{y})-K(\boldsymbol{x}-\boldsymbol{y})\Big|\cdot|f(\boldsymbol{y})|\mathrm{d}\boldsymbol{y}\\&\leqslant\sup_\Omega|f|\int_0^\varepsilon\mathrm{d}r\int_{|\boldsymbol{y}-\boldsymbol{x}|=r}\Big[K(r)-K(\varepsilon)-\frac{\varepsilon^2-r^2}{4\pi\varepsilon^2}\Big]\mathrm{d}S\\&\leqslant\sup_\Omega|f|\int_0^\varepsilon 2\pi r\Big(\frac{1}{2\pi}\ln\frac{1}{r}-\frac{1}{2\pi}\ln\frac{1}{\varepsilon}\Big)\,\mathrm{d}r.\end{aligned}$$

直接计算定积分,

$$\begin{aligned}|u_\varepsilon(\boldsymbol{x})-u_0(\boldsymbol{x})|&=-\sup_\Omega|f|\int_0^\varepsilon r\ln\frac{1}{r}\,\mathrm{d}r+\sup_\Omega|f|\ln\frac{1}{\varepsilon}\int_0^\varepsilon r\,\mathrm{d}r\\&=-\frac{1}{2}\sup_\Omega|f|\cdot\varepsilon^2\ln\frac{1}{\varepsilon}+\frac{1}{4}\varepsilon^2\sup_\Omega|f|+\frac{1}{2}\sup_\Omega|f|\cdot\varepsilon^2\ln\frac{1}{\varepsilon}\\&=\frac{1}{4}\varepsilon^2\sup_\Omega|f|.\end{aligned}$$

所以当 $\varepsilon\to 0$ 时, $\{u_\varepsilon\}$ 在 $\mathbf{R}^2$ 上一致收敛到 u_0.

(2) 对任意的 $\boldsymbol{x}\in\mathbf{R}^2$,

$$\begin{aligned}\Big|\frac{\partial u_\varepsilon}{\partial x_i}(\boldsymbol{x})+\int_\Omega\frac{\partial K}{\partial x_i}(\boldsymbol{x}-\boldsymbol{y})f(\boldsymbol{y})\mathrm{d}\boldsymbol{y}\Big|&=\Big|\int_\Omega\Big(-\frac{\partial K_\varepsilon}{\partial x_i}(\boldsymbol{x}-\boldsymbol{y})+\frac{\partial K}{\partial x_i}(\boldsymbol{x}-\boldsymbol{y})\Big)f(\boldsymbol{y})\mathrm{d}\boldsymbol{y}\Big|\\&\leqslant\sup_\Omega|f|\int_{|\boldsymbol{y}-\boldsymbol{x}|\leqslant\varepsilon}\Big|\frac{x_i-y_i}{2\pi\varepsilon^2}-\frac{x_i-y_i}{2\pi|\boldsymbol{x}-\boldsymbol{y}|^2}\Big|\mathrm{d}\boldsymbol{y}\\&\leqslant\sup_\Omega|f|\cdot\frac{1}{2\pi}\int_{|\boldsymbol{y}-\boldsymbol{x}|\leqslant\varepsilon}\Big(\frac{|\boldsymbol{x}-\boldsymbol{y}|}{\varepsilon^2}+\frac{1}{|\boldsymbol{x}-\boldsymbol{y}|}\Big)\mathrm{d}\boldsymbol{y}\\&=\sup_\Omega|f|\cdot\frac{1}{2\pi}\int_0^\varepsilon\mathrm{d}r\int_{|\boldsymbol{y}-\boldsymbol{x}|=r}\Big(\frac{r}{\varepsilon^2}+\frac{1}{r}\Big)\,\mathrm{d}S\\&=\frac{4}{3}\varepsilon\sup_\Omega|f|,\end{aligned}$$

所以当 $\varepsilon\to 0$ 时, $\left\{\dfrac{\partial u_\varepsilon}{\partial x_i}\right\}$ 在 $\mathbf{R}^2$ 上一致收敛到 $-\displaystyle\int_\Omega\frac{\partial K}{\partial x_i}(\boldsymbol{x}-\boldsymbol{y})f(\boldsymbol{y})\mathrm{d}\boldsymbol{y}$. 从而得证. □

习题 2.3.1 设 $B_r\equiv\{\boldsymbol{x}\in\mathbf{R}^n||\boldsymbol{x}|<r\}$, $f\in C^0(\overline{B_r})$, $\varphi\in C^0(\partial B_r)$, $u\in C^2(B_r)\cap C^0(\overline{B}_r)$ 是 Dirichlet 问题

$$\begin{cases}\Delta u=f(\boldsymbol{x}), & \boldsymbol{x}\in B_r,\\ u=\varphi(\boldsymbol{x}), & \boldsymbol{x}\in\partial B_r\end{cases}$$

的解. 证明: 当 $n\geqslant 3$ 时,

$$u(\mathbf{0})=\frac{1}{\omega_n r^{n-1}}\int_{\partial B_r}\varphi(\boldsymbol{x})\,\mathrm{d}S+\frac{1}{(n-2)\omega_n}\int_{B_r}\Big(\frac{1}{r^{n-2}}-\frac{1}{|\boldsymbol{x}|^{n-2}}\Big)f(\boldsymbol{x})\,\mathrm{d}\boldsymbol{x};$$

当 $n=2$ 时,

$$u(\mathbf{0})=\frac{1}{2\pi r}\int_{\partial B_r}\varphi(\boldsymbol{x})\,\mathrm{d}S+\frac{1}{2\pi}\int_{B_r}\Big(\ln|\boldsymbol{x}|-\ln r\Big)f(\boldsymbol{x})\,\mathrm{d}\boldsymbol{x}.$$

证明 对 $\boldsymbol{y}\in B_r$,

$$u(\boldsymbol{y})=\int_{\partial B_r}\left[K(\boldsymbol{x}-\boldsymbol{y})\frac{\partial u}{\partial\boldsymbol{\nu}}(\boldsymbol{x})-u(\boldsymbol{x})\frac{\partial K}{\partial\nu}(\boldsymbol{x}-\boldsymbol{y})\right]\mathrm{d}S-\int_{B_r}K(\boldsymbol{x}-\boldsymbol{y})\Delta u(\boldsymbol{x})\,\mathrm{d}\boldsymbol{x}.$$

特别地,

$$u(\mathbf{0})=\int_{\partial B_r}\left[K(\boldsymbol{x})\frac{\partial u}{\partial\boldsymbol{\nu}}(\boldsymbol{x})-u(\boldsymbol{x})\frac{\partial K}{\partial\boldsymbol{\nu}}(\boldsymbol{x})\right]\mathrm{d}S-\int_{B_r}K(\boldsymbol{x})\Delta u(\boldsymbol{x})\,\mathrm{d}\boldsymbol{x}.$$

1° 当 $n\geqslant 3$ 时,

$$\begin{aligned}
u(\mathbf{0})&=\int_{\partial B_r}\Big(K(\boldsymbol{x})\frac{\partial u}{\partial\boldsymbol{\nu}}(\boldsymbol{x})-u(\boldsymbol{x})\frac{\partial K}{\partial\boldsymbol{\nu}}(\boldsymbol{x})\Big)\,\mathrm{d}S-\int_{B_r}K(\boldsymbol{x})\Delta u(\boldsymbol{x})\,\mathrm{d}\boldsymbol{x}\\
&=\frac{1}{(n-2)\omega_n r^{n-2}}\int_{\partial B_r}\frac{\partial u}{\partial\boldsymbol{\nu}}(\boldsymbol{x})\,\mathrm{d}S+\frac{1}{\omega_n r^{n-1}}\int_{\partial B_r}\varphi(\boldsymbol{x})\,\mathrm{d}S-\\
&\quad\frac{1}{(n-2)\omega_n}\int_{B_r}\frac{f(\boldsymbol{x})}{|\boldsymbol{x}|^{n-2}}\,\mathrm{d}\boldsymbol{x}\\
&=\frac{1}{(n-2)\omega_n r^{n-2}}\int_{B_r}\Delta u(\boldsymbol{x})\,\mathrm{d}\boldsymbol{x}+\frac{1}{\omega_n r^{n-1}}\int_{\partial B_r}\varphi(\boldsymbol{x})\,\mathrm{d}S-\\
&\quad\frac{1}{(n-2)\omega_n}\int_{B_r}\frac{f(\boldsymbol{x})}{|\boldsymbol{x}|^{n-2}}\,\mathrm{d}\boldsymbol{x}\\
&=\frac{1}{(n-2)\omega_n r^{n-2}}\int_{B_r}f(\boldsymbol{x})\,\mathrm{d}\boldsymbol{x}+\frac{1}{\omega_n r^{n-1}}\int_{\partial B_r}\varphi(\boldsymbol{x})\,\mathrm{d}S-\\
&\quad\frac{1}{(n-2)\omega_n}\int_{B_r}\frac{f(\boldsymbol{x})}{|\boldsymbol{x}|^{n-2}}\,\mathrm{d}\boldsymbol{x}\\
&=\frac{1}{\omega_n r^{n-1}}\int_{\partial B_r}\varphi(\boldsymbol{x})\,\mathrm{d}S+\frac{1}{(n-2)\omega_n}\int_{B_r}\Big(\frac{1}{r^{n-2}}-\frac{1}{|\boldsymbol{x}|^{n-2}}\Big)f(\boldsymbol{x})\,\mathrm{d}\boldsymbol{x}.
\end{aligned}$$

2° 当 $n=2$ 时,

$$\begin{aligned}
u(\mathbf{0})&=\int_{\partial B_r}\Big(K(\boldsymbol{x})\frac{\partial u}{\partial\boldsymbol{\nu}}(\boldsymbol{x})-u(\boldsymbol{x})\frac{\partial K}{\partial\boldsymbol{\nu}}(\boldsymbol{x})\Big)\,\mathrm{d}S-\int_{B_r}K(\boldsymbol{x})\Delta u(\boldsymbol{x})\,\mathrm{d}\boldsymbol{x}\\
&=\frac{1}{2\pi}\ln\frac{1}{r}\int_{\partial B_r}\frac{\partial u}{\partial\boldsymbol{\nu}}(\boldsymbol{x})\,\mathrm{d}S+\frac{1}{2\pi r}\int_{\partial B_r}\varphi(\boldsymbol{x})\,\mathrm{d}S-\frac{1}{2\pi}\int_{B_r}\ln\frac{1}{|\boldsymbol{x}|}f(\boldsymbol{x})\,\mathrm{d}\boldsymbol{x}\\
&=\frac{1}{2\pi}\ln\frac{1}{r}\int_{B_r}\Delta u(\boldsymbol{x})\,\mathrm{d}\boldsymbol{x}+\frac{1}{2\pi r}\int_{\partial B_r}\varphi(\boldsymbol{x})\,\mathrm{d}S-\frac{1}{2\pi}\int_{B_r}\ln\frac{1}{|\boldsymbol{x}|}f(\boldsymbol{x})\,\mathrm{d}\boldsymbol{x}\\
&=\frac{1}{2\pi}\ln\frac{1}{r}\int_{B_r}f(\boldsymbol{x})\,\mathrm{d}\boldsymbol{x}+\frac{1}{2\pi r}\int_{\partial B_r}\varphi(\boldsymbol{x})\,\mathrm{d}S-\frac{1}{2\pi}\int_{B_r}\ln\frac{1}{|\boldsymbol{x}|}f(\boldsymbol{x})\,\mathrm{d}\boldsymbol{x}\\
&=\frac{1}{2\pi r}\int_{\partial B_r}\varphi(\boldsymbol{x})\,\mathrm{d}S+\frac{1}{2\pi}\int_{B_r}\Big(\ln|\boldsymbol{x}|-\ln r\Big)f(\boldsymbol{x})\,\mathrm{d}\boldsymbol{x}.
\end{aligned}$$

□

习题 2.3.2 设 $G(\boldsymbol{x},\boldsymbol{y})$ 是区域 $\Omega\subset\mathbf{R}^n$ 上的 Green 函数, 则 $0<G(\boldsymbol{x},\boldsymbol{y})<K(\boldsymbol{x}-\boldsymbol{y})$, $\boldsymbol{x},\boldsymbol{y}\in\Omega$, $\boldsymbol{x}\neq\boldsymbol{y}$.

证明 由于 $h(\boldsymbol{x},\boldsymbol{y})$ 是

$$\begin{cases}\Delta_{\boldsymbol{y}} h=0, & \boldsymbol{y}\in\Omega,\\ h=-K(\boldsymbol{x}-\boldsymbol{y}), & \boldsymbol{y}\in\partial\Omega\end{cases}\tag{2.6.2}$$

的解. 由极值原理, 我们知道

$$\max_{\overline{\Omega}} h=\max_{\partial\Omega} h=\max_{\boldsymbol{y}\in\partial\Omega}\{-K(\boldsymbol{x}-\boldsymbol{y})\}<0,$$

并且

$$\min_{\overline{\Omega}} h=\min_{\partial\Omega} h=\min_{\boldsymbol{y}\in\partial\Omega}\{-K(\boldsymbol{x}-\boldsymbol{y})\}.$$

又 $G(\boldsymbol{x},\boldsymbol{y})=K(\boldsymbol{x}-\boldsymbol{y})+h(\boldsymbol{x},\boldsymbol{y})$, 所以 $0<G(\boldsymbol{x},\boldsymbol{y})<K(\boldsymbol{x}-\boldsymbol{y})$. □

习题 2.3.3 设 $\mathbf{R}_+^2\equiv\big\{(x_1,x_2)\big|x_1\in\mathbf{R},x_2>0\big\}$, 求 Dirichlet 问题

$$\begin{cases}\Delta u=0, & \boldsymbol{x}\in\mathbf{R}_+^2,\\ u\big|_{x_2=0}=\dfrac{1}{1+x_1^2}, & x_1\in\mathbf{R}\end{cases}$$

的解.

解 由求解公式,

$$\begin{aligned}&u(x_1,x_2)\\ =&\frac{x_2}{\pi}\int_{-\infty}^{+\infty}\frac{1}{1+\xi^2}\cdot\frac{1}{(x_1-\xi)^2+x_2^2}\mathrm{d}\xi\\ =&\frac{x_2}{\pi}\int_{-\infty}^{+\infty}\left(\frac{2x_1}{(x_1^2+x_2^2-1)^2+4x_1^2}\cdot\frac{\xi}{\xi^2+1}+\frac{x_1^2+x_2^2-1}{(x_1^2+x_2^2-1)^2+4x_1^2}\cdot\frac{1}{\xi^2+1}\right)\mathrm{d}\xi-\\ &\frac{x_2}{\pi}\int_{-\infty}^{+\infty}\left(\frac{2x_1}{(x_1^2+x_2^2-1)^2+4x_1^2}\cdot\frac{\xi-x_1}{(\xi-x_1)^2+x_2^2}+\right.\\ &\left.\frac{x_2^2-x_1^2-1}{(x_1^2+x_2^2-1)^2+4x_1^2}\cdot\frac{1}{(\xi-x_1)^2+x_2^2}\right)\mathrm{d}\xi\\ =&\frac{x_2(x_1^2+x_2^2-x_2-1)+x_1^2+1}{(x_1^2+x_2^2-1)^2+4x_1^2}.\end{aligned}$$

□

习题 2.3.4 求 Laplace 方程在单位圆外部区域 $\Omega=\mathbf{R}^2\backslash\overline{B}_1$ 上的 Green 函数.

解 对 $\boldsymbol{x}\in\Omega$, 取 $\boldsymbol{x}^*=\dfrac{\boldsymbol{x}}{|\boldsymbol{x}|^2}$. 对 $\boldsymbol{y}\in\partial B_1$, 由 $\Delta O\boldsymbol{x}^*\boldsymbol{y}\sim\Delta O\boldsymbol{y}\boldsymbol{x}$ 有

$$\frac{|\boldsymbol{y}|}{|\boldsymbol{x}|}=\frac{|\boldsymbol{x}^*-\boldsymbol{y}|}{|\boldsymbol{x}-\boldsymbol{y}|},$$

所以 $|\boldsymbol{x}-\boldsymbol{y}|=|\boldsymbol{x}||\boldsymbol{x}^*-\boldsymbol{y}|$. 从而, 所求的 Green 函数为

$$\begin{aligned}G(\boldsymbol{x},\boldsymbol{y})&=K(\boldsymbol{x}-\boldsymbol{y})-K\Big(|\boldsymbol{x}||\boldsymbol{x}^*-\boldsymbol{y}|\Big)\\&=\frac{1}{2\pi}\ln\frac{1}{|\boldsymbol{x}-\boldsymbol{y}|}-\frac{1}{2\pi}\ln\frac{1}{|\boldsymbol{x}||\boldsymbol{x}^*-\boldsymbol{x}|}\end{aligned}$$

$$= \frac{1}{2\pi} \ln \frac{|\boldsymbol{x}||\boldsymbol{x}^* - \boldsymbol{y}|}{|\boldsymbol{x} - \boldsymbol{y}|}. \qquad \square$$

习题 2.3.5 设 $u \in C^1(\overline{B}_R)$, 且在 B_R 中调和, 试证

$$\left|u_{x_i}(\mathbf{0})\right| \leqslant \frac{n}{R} \max_{\overline{B}_R} |u|, \qquad i = 1, 2, \cdots, n.$$

证明 对球上的 Poisson 公式

$$u(\boldsymbol{x}) = \frac{R^2 - |\boldsymbol{x}|^2}{\omega_n R} \int_{\partial B_R} \frac{u(\boldsymbol{y})}{|\boldsymbol{x} - \boldsymbol{y}|^n} \mathrm{d}S_{\boldsymbol{y}},$$

两边关于 x_i 求导, 有

$$u_{x_i}(\boldsymbol{x}) = \frac{-2x_i}{\omega_n R} \int_{\partial B_R} \frac{u(\boldsymbol{y})}{|\boldsymbol{x} - \boldsymbol{y}|^n} \mathrm{d}S_{\boldsymbol{y}} + \frac{R^2 - |\boldsymbol{x}|^2}{\omega_n R} \int_{\partial B_R} \frac{-nu(\boldsymbol{y})(x_i - y_i)}{|\boldsymbol{x} - \boldsymbol{y}|^{n+2}} \mathrm{d}S_{\boldsymbol{y}}.$$

特别地, 当 $\boldsymbol{x} = \mathbf{0}$ 时,

$$\left|u_{x_i}(\mathbf{0})\right| = \left|\frac{R}{\omega_n} \int_{\partial B_R} \frac{nu(\boldsymbol{y})y_i}{R^{n+2}} \mathrm{d}S_{\boldsymbol{y}}\right| \leqslant \frac{n\omega_n R^{n-1}}{\omega_n R^n} \max_{\partial B_R} |u| \leqslant \frac{n}{R} \max_{\boldsymbol{x} \in \overline{B}_R} |u(\boldsymbol{x})|,$$

其中 $i = 1, 2, \cdots, n$. $\square$

习题 2.3.6 若 $\varphi \in C^0(\mathbf{R}^{n-1}) \cap L^\infty(\mathbf{R}^{n-1})$, 则由 (2.3.6) 式给出的 $u \in C^\infty(\mathbf{R}^n_+) \cap L^\infty(\mathbf{R}^n_+)$, 且满足

$$\begin{cases} \Delta u = 0, & \boldsymbol{x} \in \mathbf{R}^n_+, \\ \lim\limits_{\boldsymbol{x} \to \boldsymbol{x}_0} u(\boldsymbol{x}) = \varphi(\boldsymbol{x}_0), & \boldsymbol{x}_0 \in \partial \mathbf{R}^n_+. \end{cases}$$

证明 由 Poisson 公式 (2.3.6) 得

$$u(\boldsymbol{x}) = \frac{2x_n}{\omega_n} \int_{\mathbf{R}^{n-1}} \frac{\varphi(\boldsymbol{y}')}{\left(|\boldsymbol{x}' - \boldsymbol{y}'|^2 + x_n^2\right)^{n/2}} \mathrm{d}\boldsymbol{y}'.$$

记

$$P(\boldsymbol{x}, \boldsymbol{y}') := \frac{2x_n}{\omega_n} \cdot \frac{1}{\left(|\boldsymbol{x}' - \boldsymbol{y}'|^2 + x_n^2\right)^{n/2}} = -\frac{\partial G}{\partial \boldsymbol{\nu}}(\boldsymbol{x}, \boldsymbol{y}'), \quad \boldsymbol{x} \in \mathbf{R}^n_+,\ \boldsymbol{y}' \in \mathbf{R}^{n-1}.$$

首先证 $u \in C^\infty(\mathbf{R}^n_+)$, 且 $\Delta u(\boldsymbol{x}) = 0$, $\boldsymbol{x} \in \mathbf{R}^n_+$. 由 $P \in C^\infty(\mathbf{R}^n_+ \times \mathbf{R}^{n-1})$, 有

$$u(\boldsymbol{x}) = \int_{\mathbf{R}^{n-1}} P(\boldsymbol{x}, \boldsymbol{y}')\varphi(\boldsymbol{y}')\mathrm{d}\boldsymbol{y}' \in C^\infty(\mathbf{R}^n_+)$$

且

$$\Delta u(\boldsymbol{x}) = \int_{\mathbf{R}^{n-1}} \Delta_{\boldsymbol{x}} P(\boldsymbol{x}, \boldsymbol{y}')\varphi(\boldsymbol{y}')\mathrm{d}\boldsymbol{y}'.$$

现在只需证 $\Delta_{\boldsymbol{x}}P(\boldsymbol{x},\boldsymbol{y}')=0,\ \boldsymbol{x}\in\mathbf{R}_+^n,\ \boldsymbol{y}'\in\mathbf{R}^{n-1}$. 事实上, $P(\boldsymbol{x},\boldsymbol{y}')=-\dfrac{\partial G}{\partial\boldsymbol{\nu}}(\boldsymbol{x},\boldsymbol{y}')$, 而 $\Delta_{\boldsymbol{x}}G(\boldsymbol{x},\boldsymbol{y}')=0$, 所以

$$\Delta_{\boldsymbol{x}}P(\boldsymbol{x},\boldsymbol{y}')=0.$$

下证 $u\in L^\infty(\mathbf{R}_+^n)$, 且 $\lim\limits_{\boldsymbol{x}\to\boldsymbol{x}_0}u(\boldsymbol{x})=\varphi(\boldsymbol{x}_0),\ \boldsymbol{x}_0\in\partial\mathbf{R}_+^n$. 事实上,

$$u(\boldsymbol{x})-\varphi(\boldsymbol{x}_0)=\int_{\mathbf{R}^{n-1}}P(\boldsymbol{x},\boldsymbol{y}')\Big(\varphi(\boldsymbol{y}')-\varphi(\boldsymbol{x}_0)\Big)\mathrm{d}\boldsymbol{y}'.$$

一方面, 由 $\varphi\in C^0(\mathbf{R}^{n-1})$, 对任意的 $\varepsilon>0$, 存在 $\delta>0$, 使得 $\boldsymbol{y}'\in\mathbf{R}^{n-1}, |\boldsymbol{y}'-\boldsymbol{x}_0|<\delta$ 时, $|\varphi(\boldsymbol{y}')-\varphi(\boldsymbol{x}_0)|<\varepsilon$. 所以

$$\left|\int_{|\boldsymbol{y}'-\boldsymbol{x}_0|<\delta}P(\boldsymbol{x},\boldsymbol{y}')\Big[\varphi(\boldsymbol{y}')-\varphi(\boldsymbol{x}_0)\Big]\mathrm{d}\boldsymbol{y}'\right|<\varepsilon.$$

另一方面, 当 $|\boldsymbol{y}'-\boldsymbol{x}_0|\geqslant\delta$ 且 $\boldsymbol{x}\in\mathbf{R}_+^n, |\boldsymbol{x}-\boldsymbol{x}_0|\leqslant\dfrac{\delta}{2}$ 时,

$$|\boldsymbol{y}'-\boldsymbol{x}_0|\leqslant|\boldsymbol{y}'-\boldsymbol{x}|+|\boldsymbol{x}-\boldsymbol{x}_0|\leqslant|\boldsymbol{y}'-\boldsymbol{x}|+\frac{\delta}{2}\leqslant|\boldsymbol{y}'-\boldsymbol{x}|+\frac{1}{2}|\boldsymbol{y}'-\boldsymbol{x}_0|,$$

即 $|\boldsymbol{y}'-\boldsymbol{x}|\geqslant\dfrac{1}{2}|\boldsymbol{y}'-\boldsymbol{x}_0|$. 所以

$$\begin{aligned}
&\left|\int_{|\boldsymbol{y}'-\boldsymbol{x}_0|\geqslant\delta}P(\boldsymbol{x},\boldsymbol{y}')\Big(\varphi(\boldsymbol{y}')-\varphi(\boldsymbol{x}_0)\Big)\mathrm{d}\boldsymbol{y}'\right|\\
\leqslant{}&2||\varphi||_{L^\infty(\mathbf{R}^{n-1})}\int_{|\boldsymbol{y}'-\boldsymbol{x}_0|\geqslant\delta}P(\boldsymbol{x},\boldsymbol{y}')\mathrm{d}\boldsymbol{y}'\\
={}&2||\varphi||_{L^\infty(\mathbf{R}^{n-1})}\int_{|\boldsymbol{y}'-\boldsymbol{x}_0|\geqslant\delta}\frac{2x_n}{\omega_n}\cdot\frac{1}{|\boldsymbol{x}-\boldsymbol{y}'|^n}\mathrm{d}\boldsymbol{y}'\\
\leqslant{}&2||\varphi||_{L^\infty(\mathbf{R}^{n-1})}\int_{|\boldsymbol{y}'-\boldsymbol{x}_0|\geqslant\delta}\frac{2x_n}{\omega_n}\cdot\frac{2^n}{|\boldsymbol{y}'-\boldsymbol{x}_0|^n}\mathrm{d}\boldsymbol{y}'\\
={}&\frac{2^{n+2}||\varphi||_{L^\infty(\mathbf{R}^{n-1})}x_n}{\omega_n}\int_{|\boldsymbol{y}'-\boldsymbol{x}_0|\geqslant\delta}|\boldsymbol{y}'-\boldsymbol{x}_0|^{-n}\mathrm{d}\boldsymbol{y}'\\
\to{}&0,\quad x_n\to0^+,
\end{aligned}$$

故

$$\lim_{\boldsymbol{x}\to\boldsymbol{x}_0}u(\boldsymbol{x})=\varphi(\boldsymbol{x}_0),\ \boldsymbol{x}_0\in\partial\mathbf{R}_+^n.$$

从而得证. □

习题 2.4.1 假设 u 是球 $B_R(\boldsymbol{x}_0)\subset\mathbf{R}^n$ 内的非负调和函数, 则对于任意的 $\boldsymbol{x}\in B_R(\boldsymbol{x}_0)$ 有

$$\frac{(R-r)R^{n-2}}{(R+r)^{n-1}}u(\boldsymbol{x}_0)\leqslant u(\boldsymbol{x})\leqslant\frac{(R+r)R^{n-2}}{(R-r)^{n-1}}u(\boldsymbol{x}_0),$$

其中 $r=|\boldsymbol{x}-\boldsymbol{x}_0|$ (图 2.14).

证明 根据坐标平移变换, 我们不妨设 $\boldsymbol{x}_0=\mathbf{0}$. 由 Poisson 积分公式, 有

$$u(\boldsymbol{x})=\int_{\partial B_R(\mathbf{0})}\frac{R^2-|\boldsymbol{x}|^2}{\omega_n R|\boldsymbol{x}-\boldsymbol{y}|^n}u(\boldsymbol{y})\,\mathrm{d}S_{\boldsymbol{y}}.$$

因为

$$R-r=|\boldsymbol{y}|-|\boldsymbol{x}|\leqslant|\boldsymbol{x}-\boldsymbol{y}|\leqslant|\boldsymbol{y}|+|\boldsymbol{x}|=R+r,$$

所以

$$\begin{aligned}u(\boldsymbol{x})&\leqslant\frac{R^2-r^2}{\omega_n R(R-r)^n}\int_{\partial B_R(\mathbf{0})}u(\boldsymbol{y})\,\mathrm{d}S_{\boldsymbol{y}}\\&=\frac{(R+r)R^{n-2}}{(R-r)^{n-1}}\cdot\frac{1}{\omega_n R^{n-1}}\int_{\partial B_R(\mathbf{0})}u(\boldsymbol{y})\,\mathrm{d}S_{\boldsymbol{y}}\\&=\frac{(R+r)R^{n-2}}{(R-r)^{n-1}}u(\boldsymbol{x}_0),\end{aligned}$$

并且

$$\begin{aligned}u(\boldsymbol{x})&\geqslant\frac{R^2-r^2}{\omega_n R(R+r)^n}\int_{\partial B_R(\mathbf{0})}u(\boldsymbol{y})\,\mathrm{d}S_{\boldsymbol{y}}\\&=\frac{(R-r)R^{n-2}}{(R+r)^{n-1}}\cdot\frac{1}{\omega_n R^{n-1}}\int_{\partial B_R(\mathbf{0})}u(\boldsymbol{y})\,\mathrm{d}S_{\boldsymbol{y}}\\&=\frac{(R-r)R^{n-2}}{(R+r)^{n-1}}u(\boldsymbol{x}_0).\end{aligned}$$

命题得证. □

习题 2.4.2 (Liouville 定理) $\mathbf{R}^n$ 上有下界或有上界的调和函数是常数.

证明 设 $u(\boldsymbol{x})$ 是 $\mathbf{R}^n$ 上有下界的调和函数, 不妨设 $u(\boldsymbol{x})$ 非负, 那么由习题 2.4.1 的结论, 对于任意的 $R>0$ 以及 $\boldsymbol{x}\in B_R(\mathbf{0})$, 有

$$\frac{(R-r)R^{n-2}}{(R+r)^{n-1}}u(\mathbf{0})\leqslant u(\boldsymbol{x})\leqslant\frac{(R+r)R^{n-2}}{(R-r)^{n-1}}u(\mathbf{0}),$$

其中 $r=|\boldsymbol{x}|$. 在上式中令 $R\to\infty$, 得 $u(\boldsymbol{x})=u(\mathbf{0})$. 再由 $\boldsymbol{x}$ 的任意性, 得 $u\equiv u(\mathbf{0})$. □

习题 2.4.3 (一致收敛定理) 设 $\{u_k\}\subset C^2(\Omega)\cap C^0(\overline{\Omega})$ 是调和函数列, 且在 $\partial\Omega$ 上一致收敛, 则 $\{u_k\}$ 在 $\overline{\Omega}$ 上也一致收敛, 且其极限函数在 Ω 内调和.

证明 由 $\{u_k\}$ 在 $\partial\Omega$ 上的一致收敛性知, 对任意的 $\varepsilon>0$, 存在 $N>0$, 当 $k,l>N$ 时,

$$\max_{\partial\Omega}|u_k-u_l|<\varepsilon.$$

由极值原理, 有

$$\max_{\overline{\Omega}}|u_k-u_l|\leqslant\max_{\partial\Omega}|u_k-u_l|<\varepsilon,$$

所以 $\{u_k\}$ 是 $C^0(\overline{\Omega})$ 中的 Cauchy 列, 从而在 $\overline{\Omega}$ 上一致收敛于某个函数 $u \in C^0(\overline{\Omega})$. 下证 u 在 Ω 中调和.

事实上, 任取 $\boldsymbol{x}_0 \in \Omega$. 由 $\{u_k\}$ 调和, 对 $\overline{B_R(\boldsymbol{x}_0)} \subset \Omega$, 由 Poisson 公式有

$$u_k(\boldsymbol{x}) = \frac{R^2 - |\boldsymbol{x}-\boldsymbol{x}_0|^2}{\omega_n R} \int_{\partial B_R(\boldsymbol{x}_0)} \frac{u_k(\boldsymbol{y})}{|\boldsymbol{x}-\boldsymbol{y}|^n} \mathrm{d}S, \quad \boldsymbol{x} \in B_R(\boldsymbol{x}_0),\ k = 1, 2, \cdots.$$

令 $k \to \infty$, 得

$$u(\boldsymbol{x}) = \frac{R^2 - |\boldsymbol{x}-\boldsymbol{x}_0|^2}{\omega_n R} \int_{\partial B_R(\boldsymbol{x}_0)} \frac{u(\boldsymbol{y})}{|\boldsymbol{x}-\boldsymbol{y}|^n} \mathrm{d}S,$$

则 u 在 $B_R(\boldsymbol{x}_0)$ 中调和, 特别地, 在点 $\boldsymbol{x}_0$ 调和. 由 $\boldsymbol{x}_0$ 的任意性, u 在 Ω 中调和.

□

§2.7 拓展习题与阅读

习题 2.7.1 求 p-Laplace 方程

$$\operatorname{div}\left(|\mathrm{D}u|^{p-2}\mathrm{D}u\right) = 0$$

的径向对称解.

习题 2.7.2 在 $\mathbf{R}^2$ 中求所有使得 $u_x(x,y) < 0$ 的调和函数 $u(x,y)$.

习题 2.7.3 设 $\Omega = \left\{(x,y) \in \mathbf{R}^2 \middle| 0 < x < 1,\ 0 < y < 1\right\}$, $u \in C^2(\overline{\Omega})$ 在 $\overline{\Omega}$ 上满足 $\Delta u = 0$, 且当 $0 \leqslant x \leqslant 1$ 时 $u(x,0) = u(x,1) = 0$. 证明

$$\frac{\mathrm{d}^2}{\mathrm{d}x^2}\int_0^1 u^2(x,y)\mathrm{d}y = 2\int_0^1 \left(u_x^2 + u_y^2\right)\mathrm{d}y.$$

习题 2.7.4 设 $\Omega = \left\{(x,y) \in \mathbf{R}^2 \middle| 1 < x^2 + 2y^2 < 2\right\}$, $u \in C^2(\overline{\Omega})$ 满足

$$\begin{cases} \Delta u = 0, & (x,y) \in \overline{\Omega}, \\ u = x + y, & x^2 + 2y^2 = 2, \\ \dfrac{\partial u}{\partial \boldsymbol{\nu}} + (1-x)u = 0, & x^2 + 2y^2 = 1. \end{cases}$$

求 $\max\limits_{\overline{\Omega}} u$.

习题 2.7.5 证明: 在球坐标

$$x = r\cos\varphi\sin\theta,\quad y = r\sin\varphi\sin\theta,\quad z = r\cos\theta,\quad r > 0,\ 0 < \varphi < 2\pi,\ 0 < \theta < \pi$$

下, 三维 Laplace 算子可以写成

$$\Delta u = \frac{1}{r^2}\frac{\partial}{\partial r}\left(r^2 u_r\right) + \frac{1}{r^2\sin\theta}\frac{\partial}{\partial\theta}\left(\sin\theta\cdot u_\theta\right) + \frac{1}{r^2\sin^2\theta}u_{\varphi\varphi}.$$

习题 2.7.6 设

$$u^*(\boldsymbol{x})=|\boldsymbol{x}|^{2-n}u\Big(|\boldsymbol{x}|^{-2}\boldsymbol{x}\Big),\qquad f^*(\boldsymbol{x})=|\boldsymbol{x}|^{-n-2}f\Big(|\boldsymbol{x}|^{-2}\boldsymbol{x}\Big),$$

$\Omega^*=\big\{\boldsymbol{x}\in\mathbf{R}^n\big||\boldsymbol{x}|^{-2}\boldsymbol{x}\in\Omega\big\}$. 若 $u\in C^2(\Omega)$ 在区域 $\Omega\subset\mathbf{R}^n$ 中满足 $\Delta u=f(\boldsymbol{x})$, 则 $u^*\in C^2(\Omega^*)$ 在 Ω^* 中满足 $\Delta u^*=f^*(\boldsymbol{x})$. 从 $u(\boldsymbol{x})$ 到 $u^*(\boldsymbol{x})$ 的变换称为 Kelvin 变换.

习题 2.7.7 设 Ω 是 $\mathbf{R}^n$ 中的一个有界区域, $f,\ g\in C^0(\overline{\Omega})$. $u,\ v\in C^2(\Omega)\cap C(\overline{\Omega})$ 满足方程组

$$\begin{cases}-\Delta u+2u-v=f(\boldsymbol{x}), & \boldsymbol{x}\in\Omega,\\ -\Delta v+2v-u=g(\boldsymbol{x}), & \boldsymbol{x}\in\Omega\end{cases}$$

及边界条件

$$u(\boldsymbol{x})=v(\boldsymbol{x})=0,\quad \boldsymbol{x}\in\partial\Omega.$$

证明

$$\max\Big\{\max_{\overline{\Omega}}|u|,\ \max_{\overline{\Omega}}|v|\Big\}\leqslant\max\Big\{\max_{\overline{\Omega}}|f|,\ \max_{\overline{\Omega}}|g|\Big\}.$$

习题 2.7.8 设 $\Omega\subset\mathbf{R}^n$ 是有界区域, $\boldsymbol{x}_0\in\partial\Omega$. 证明: 问题

$$\begin{cases}\Delta u=0, & \boldsymbol{x}\in\Omega,\\ u=0, & \boldsymbol{x}\in\partial\Omega\setminus\{\boldsymbol{x}_0\}\end{cases}$$

在 $C^2(\Omega)\cap C^0(\overline{\Omega}\setminus\{\boldsymbol{x}_0\})$ 中的有界解恒为零.

习题 2.7.9 设 $\Omega\subset\mathbf{R}^n$ 是有界区域, $c,\ f\in C^0(\overline{\Omega})$, $u\in C^2(\Omega)\cap C^0(\overline{\Omega})$ 是问题

$$\begin{cases}\Delta u(\boldsymbol{x})+c(\boldsymbol{x})u(\boldsymbol{x})=f(\boldsymbol{x}), & \boldsymbol{x}\in\Omega,\\ u(\boldsymbol{x})=0, & \boldsymbol{x}\in\partial\Omega\end{cases}$$

的解. 证明

(1) 如果 $c(\boldsymbol{x})\leqslant -c_0$, c_0 是一个正常数, 那么

$$\max_{\overline{\Omega}}|u|\leqslant\frac{1}{c_0}\max_{\overline{\Omega}}|f|.$$

(2) 如果 $c(\boldsymbol{x})\leqslant 0$, 那么

$$\max_{\overline{\Omega}}|u|\leqslant \mathrm{e}^d\max_{\overline{\Omega}}|f|,$$

其中 d 是 Ω 的直径.

(3) 如果 $c(\boldsymbol{x})>0$, 试举反例说明上述估计一般不成立.

习题 2.7.10 设 $\Omega \subset \mathbf{R}^n$ 是有界区域, $u_i \in C^2(\Omega) \cap C^0(\overline{\Omega})$ 是问题

$$\begin{cases} \Delta u = c_i(\boldsymbol{x})u, & \boldsymbol{x} \in \Omega, \\ u = \varphi_i(\boldsymbol{x}), & \boldsymbol{x} \in \partial\Omega \end{cases}$$

的解, $c_i \in C^0(\overline{\Omega})$, $\varphi_i \in C^0(\partial\Omega)$, $i = 1, 2$. 若 $c_2(\boldsymbol{x}) \geqslant c_1(\boldsymbol{x}) \geqslant 0$, $\varphi_1(\boldsymbol{x}) \geqslant \varphi_2(\boldsymbol{x}) \geqslant 0$, 则在 $\overline{\Omega}$ 上 $u_1(\boldsymbol{x}) \geqslant u_2(\boldsymbol{x})$.

习题 2.7.11 求下列区域 Ω 上 Laplace 方程 Dirichlet 问题的 Green 函数.

(1) 平面 $\Omega = \{\boldsymbol{x} = (x_1, x_2) \in \mathbf{R}^2 \big| x_1 > 0,\ x_2 > 0\}$;

(2) 上半单位圆 $\Omega = \{\boldsymbol{x} = (x_1, x_2) \in \mathbf{R}^2 \big| x_1^2 + x_2^2 < 1,\ x_2 > 0\}$.

习题 2.7.12 设 $\Omega_1 \subset \Omega \subset \mathbf{R}^n$, $G_1(\boldsymbol{x}, \boldsymbol{y})$ 与 $G(\boldsymbol{x}, \boldsymbol{y})$ 分别是区域 Ω_1 与 Ω 上 Laplace 方程的 Green 函数, 试证明: 对 $\boldsymbol{x}$, $\boldsymbol{y} \in \overline{\Omega}_1$, $\boldsymbol{x} \neq \boldsymbol{y}$, 成立 $G_1(\boldsymbol{x}, \boldsymbol{y}) \leqslant G(\boldsymbol{x}, \boldsymbol{y})$.

习题 2.7.13 设 u 在 $B_R(\mathbf{0})$ 中下调和, 则对于任意的正常数 $r \leqslant R$, 有

$$\frac{1}{r^n} \int_{|\boldsymbol{x}| \leqslant r} u(\boldsymbol{x})\, \mathrm{d}\boldsymbol{x} \leqslant \frac{1}{R^n} \int_{|\boldsymbol{x}| \leqslant R} u(\boldsymbol{x})\, \mathrm{d}\boldsymbol{x}.$$

习题 2.7.14 证明二维调和函数的奇点可去性定理: 若 $\boldsymbol{a}$ 是调和函数 $u(\boldsymbol{x})$ 的孤立奇点, 且在 $\boldsymbol{a}$ 点的邻域中满足

$$u(\boldsymbol{x}) = o\Big(\ln \frac{1}{|\boldsymbol{x} - \boldsymbol{a}|}\Big), \qquad \boldsymbol{x} \to \boldsymbol{a},$$

则可以定义 u 在 $\boldsymbol{a}$ 处的值, 使得 u 在 $\boldsymbol{a}$ 点调和.

习题 2.7.15 证明: 处处满足平均值公式

$$u(\boldsymbol{x}) = \frac{1}{\omega_n R^{n-1}} \int_{\partial B_R(\boldsymbol{x})} u(\boldsymbol{y})\, \mathrm{d}S = \frac{n}{\omega_n R^n} \int_{B_R(\boldsymbol{x})} u(\boldsymbol{y}) \mathrm{d}\boldsymbol{y}$$

的连续函数一定是调和函数.

习题 2.7.16 (Schwarz 反射定理) 设 Ω^+ 是上半空间 $\mathbf{R}^n_+ = \{\boldsymbol{x} = (\boldsymbol{x}', x_n) \big| \boldsymbol{x}' \in \mathbf{R}^{n-1},\ x_n > 0\}$ 的一个子区域, 它以超平面 $x_n = 0$ 的一个开区域 T 作为它的边界的一部分. 假设 u 在 Ω^+ 中调和, 在 $\Omega^+ \cup T$ 中连续, 并且在 T 上 $u = 0$. 证明由

$$U(x_1, \cdots, x_n) = \begin{cases} u(x_1, \cdots, x_n), & x_n \geqslant 0, \\ -u(x_1, \cdots, -x_n), & x_n < 0 \end{cases}$$

定义的函数 U 在区域 $\Omega^+ \cup T \cup \Omega^-$ 中调和, 其中 Ω^- 是 Ω^+ 关于超平面 $x_n = 0$ 的反射, 即 $\Omega^- = \{(\boldsymbol{x}', x_n) \in \mathbf{R}^n \big| (\boldsymbol{x}', -x_n) \in \Omega^+\}$.

习题 2.7.17 设 Ω 是 $\mathbf{R}^2$ 的一个有界区域, 且满足内圆条件, $\varphi \in C^0(\partial\Omega)$. 试证 Dirichlet 外问题

$$\begin{cases} \Delta u = 0, & \boldsymbol{x} \in \mathbf{R}^2 \setminus \overline{\Omega}, \\ u = \varphi(\boldsymbol{x}), & \boldsymbol{x} \in \partial\Omega, \\ u \text{ 在 } \mathbf{R}^2 \setminus \Omega \text{ 上有界} \end{cases}$$

在 $C^2(\mathbf{R}^2 \setminus \overline{\Omega}) \cap C^0(\mathbf{R}^2 \setminus \Omega)$ 中存在唯一解.

习题 2.7.18 (Hopf 引理) 设 $\Omega \subset \mathbf{R}^n$ 中的一个区域, $\boldsymbol{\nu}$ 是 $\partial\Omega$ 的单位外法向量, $\boldsymbol{x}_0 \in \partial\Omega$, $\partial\Omega$ 在 $\boldsymbol{x}_0$ 点满足内球条件. 若 $u \in C^2(\Omega) \cap C^1(\overline{\Omega})$ 在 Ω 中下调和, 在 $\boldsymbol{x}_0$ 点连续, 且 $u(\boldsymbol{x}_0) > u(\boldsymbol{x})$, $\boldsymbol{x} \in \Omega$, 则

$$\frac{\partial u}{\partial \boldsymbol{\nu}}(\boldsymbol{x}_0) > 0.$$

习题 2.7.19 阅读李文林的《Green 传记》, 见吴文俊主编的《世界著名数学家传记》. 北京: 科学出版社, 1995 年.

习题 2.7.20 学习陈俊全的《椭圆偏微分方程漫谈》,《数学传播》, 2000 年, 第 24 卷第 3 期.

§2.8 附注及参考文献

19 世纪的物理学家已知道金属球壳上的电势分布决定球壳内部的电势分布, 从中抽象出 Laplace 方程的 Dirichlet 问题, 并为数学家提供了灵感: $\Delta u = 0$ 的解使得能量泛函 $\frac{1}{2}\int_\Omega |\mathrm{D}u|^2 \mathrm{d}\boldsymbol{x}$ 取到极值, 因而可将 Dirichlet 问题的求解归结到一个变分问题. 1849 年, Riemann 提出所谓的 Dirichlet 原理, 即上述变分问题总是有解的. 然而几年之后, Weierstrass 以反例说明一般情况下的变分问题未必有解, Dirichlet 原理也因而被数学界搁置了近半个世纪. 1899 年, Hilbert 通过定义适当的极小化序列证明了 Dirichlet 原理, 使 Riemann 的解法得以严格化. 1923 年, Perron 提出了利用下调和函数的解法, 在概念上这可能是最初等的方法. Dirichlet 原理的研究后来成为哥廷根 (Göttingen) 学派的传统.

在第二章中, 我们论述了极值原理、Newton 位势、Green 函数、Perron 方法等著名结果, 建立了位势方程 Dirichlet 问题解的存在性、唯一性和稳定性理论. 为简捷地突出 Dirichlet 问题适定性的主线, 我们没有涉及更多的极值原理和 Green 函数、其他边值问题、一般的椭圆方程等相关内容. 有兴趣的读者可按照标注分别参考下列文献:

[1] (极值原理) M. H. Protter, H. F. Weinberger. 微分方程的最大值原理 (第一、三章). 叶其孝和刘西垣, 译. 北京: 科学出版社, 1985.

[2] (Green 函数) 保继光, 朱汝金. 偏微分方程 (第五章). 北京: 北京师范大学出版社, 2011.

[3] (其他边值问题) 姜礼尚, 陈亚浙. 数学物理方程讲义. 3 版(第四章). 北京: 高等教育出版社, 2007.

[4] (其他边值问题) 谷超豪, 李大潜, 陈恕行, 郑宋穆, 谭永基. 数学物理方程. 3 版(第三章). 北京: 高等教育出版社, 2012.

[5] (一般的椭圆方程理论) Gilbarg D, Trudinger N S. Elliptic Partial Differential Equations of Second Order (第二—六章). New York: Springer, 1983.

第三章

热传导方程

从第一章 §1.4 偏微分方程的建模, 我们知道, 法国数学家 Fourier (图 3.1) 在 1822 年的著作《热的解析理论》(图 3.2) 中利用 Fourier 热量守恒定律建立了物体的温度变化所满足的偏微分方程 $u_t - a^2\Delta u = f(x,t)$, 成功地描述了物体内部的热传导问题. 由此创建了 Fourier 分析.

图 3.1 Fourier 的胸像

图 3.2 中文版的《热的解析理论》

热传导方程在众多科学领域都是基本的. 数学上, 它是抛物型偏微分方程的典型代表. 概率论中, 它可以描述经典的 Brown 运动. 在金融数学中, 它可以用来解 Black–Scholes–Merton 方程.

本章研究热传导方程定解问题的**适定性** (**解的存在性**、**唯一性**和**稳定性**). 首先引入一些记号.

设 Ω 是 $\mathbf{R}^n$ 中的有界区域, T 是一个正常数,

$$Q_T = \{(\boldsymbol{x},t)\big|\boldsymbol{x}\in\Omega,\ t\in(0,T]\}$$

是 $\mathbf{R}^{n+1}$ 中的柱形区域 (图 3.3). 记 $\partial_p Q_T = Q_0 \cup S_T$ 为它的抛物边界, 其中

$$Q_0 = \{(\boldsymbol{x},0)\,\big|\boldsymbol{x}\in\overline{\Omega}\}$$

是它的底面,

$$S_T = \{(\boldsymbol{x},t)\big|\boldsymbol{x}\in\partial\Omega,\ t\in[0,T]\}$$

是它的侧面. 特别需要注意的是, 上底 $\{(\boldsymbol{x},T)\big|\boldsymbol{x}\in\overline{\Omega}\}$ 通常认为是 Q_T 的内部. 在 $n=1$ 时, 一般取 $\Omega=(0,l)$, l 是一个正常数, $Q_T=(0,l)\times(0,T]$.

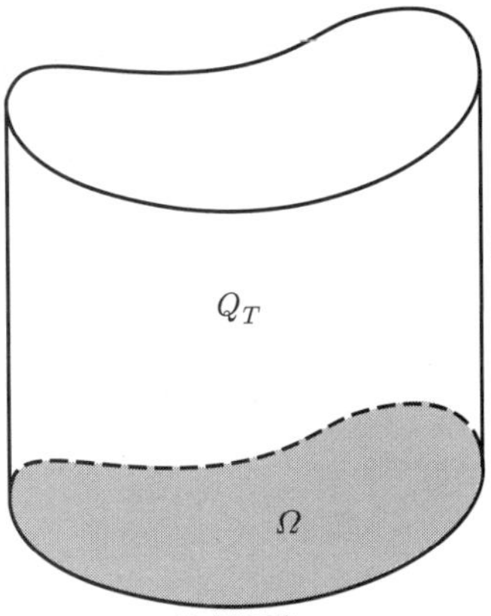

图 3.3 抛物柱形区域

我们主要考虑两类定解问题, 一类是热传导方程的初边值问题

$$\begin{cases} u_t - a^2\Delta u = f(\boldsymbol{x}, t), & (\boldsymbol{x}, t) \in Q_T, \\ u = \varphi(\boldsymbol{x}, t), & (\boldsymbol{x}, t) \in \partial_p Q_T, \end{cases}$$

其中的第二行既包括了初始条件, 也包括了边界条件; 另一类是热传导方程的 Cauchy 问题 (初值问题)

$$\begin{cases} u_t - a^2\Delta u = f(\boldsymbol{x}, t), & (\boldsymbol{x}, t) \in \mathbf{R}_T, \\ u(\boldsymbol{x}, 0) = \varphi(\boldsymbol{x}), & \boldsymbol{x} \in \mathbf{R}^n, \end{cases}$$

其中 $\mathbf{R}_T = \mathbf{R}^n \times (0, T]$, 第二行只表示初始条件.

热传导方程 Cauchy 问题的适定性一般是不成立的. 为简单起见, 我们考虑 A. Tychonoff 在 1935 年给出的关于一维热传导方程的反例.

例题 3.0.1 设

$$g(t) = \begin{cases} \mathrm{e}^{-\frac{1}{t^2}}, & t > 0, \\ 0, & t = 0, \end{cases}$$

则

$$g^{(m)}(0) = 0, \qquad m = 0, 1, 2, \cdots,$$

且函数项级数

$$\sum_{m=0}^{\infty} \frac{g^{(m)}(t)x^{2m}}{(2m)!}, \qquad \sum_{m=0}^{\infty} \frac{g^{(m+1)}(t)x^{2m}}{(2m)!}$$

在 $(-\infty, +\infty) \times (0, +\infty)$ 中内闭一致收敛. 从而

$$u(x, t) = \sum_{m=0}^{\infty} \frac{g^{(m)}(t)x^{2m}}{(2m)!}$$

是一维热传导方程 Cauchy 问题

$$\begin{cases} u_t - u_{xx} = 0, & -\infty < x < +\infty,\ t > 0, \\ u(x, 0) = 0, & -\infty < x < +\infty \end{cases} \tag{3.0.1}$$

的非零解. 事实上

$$u_{xx} = \sum_{m=1}^{\infty} \frac{g^{(m)}(t)}{(2m)!} \cdot 2m(2m-1)x^{2m-2} = \sum_{m=0}^{\infty} \frac{g^{(m+1)}(t)x^{2m}}{(2m)!} = u_t,$$

且

$$u(x, 0) = \sum_{m=0}^{\infty} \frac{g^{(m)}(0)x^{2m}}{(2m)!} = 0.$$

另一方面, $u \equiv 0$ 显然也是 (3.0.1) 的解. 因此, 热传导方程 Cauchy 问题 (3.0.1) 的解是不唯一的, 从而是不稳定的.

本章我们将会看到, 在有界函数类中, Cauchy 问题解的唯一性和稳定性成立. 我们总是约定

$$C^{2,1}(Q_T)=\left\{u\in C^0(Q_T)\big|u_t,\ \mathrm{D}^2u\in C^0(Q_T)\right\},$$
$$C^{2,1}(\mathbf{R}_T)=\left\{u\in C^0(\mathbf{R}_T)\big|u_t,\ \mathrm{D}^2u\in C^0(\mathbf{R}_T)\right\}.$$

§3.1 解的唯一性与稳定性

从物理上看, 如果物体内部没有 "热源", 则在整个热传导的过程中, 温度总是趋于平衡, 此时温度最高处的热量向其他地方扩散, 温度最低处的温度趋于上升, 因此物体温度的最大值和最小值总是在初始时刻或物体的边界上达到.

3.1.1 极值原理与最大模估计

数学上, 与 Laplace 方程类似, 热传导方程也有弱极值原理. 首先考虑有限柱体上的极值原理.

1. 初边值问题

定理 3.1.1 (弱极值原理) 若 $u\in C^{2,1}(Q_T)\cap C^0(\overline{Q_T})$ 满足

$$u_t-a^2\Delta u\leqslant(\geqslant)\,0,\qquad(\boldsymbol{x},t)\in Q_T,$$

则 u 在 $\overline{Q_T}$ 上的最大 (小) 值在 ∂_pQ_T 上达到, 即

$$\max_{\overline{Q_T}}u=\max_{\partial_pQ_T}u\quad\left(\min_{\overline{Q_T}}u=\min_{\partial_pQ_T}u\right).$$

证明 首先, $\max\limits_{\partial_pQ_T}u\leqslant\max\limits_{\overline{Q_T}}u$ 是显然的. 下面只需证 $\max\limits_{\overline{Q_T}}u\leqslant\max\limits_{\partial_pQ_T}u$. 对于任意的 $\varepsilon>0$, 令辅助函数 $v=u-\varepsilon t$, 则

$$v_t-a^2\Delta v=u_t-a^2\Delta u-\varepsilon<0,\quad(\boldsymbol{x},t)\in Q_T,$$

即 v 不在 Q_T 的内部取得最大值. 否则, 在该最大值点

$$v_t\geqslant0,\qquad\frac{\partial^2v}{\partial x_i^2}\leqslant0,\qquad i=1,2,\cdots,n,$$

从而 $v_t-a^2\Delta v\geqslant0$. 于是

$$\max_{\overline{Q_T}}v=\max_{\partial_pQ_T}v.$$

所以

$$\max_{\overline{Q_T}} u - \varepsilon T \leqslant \max_{\overline{Q_T}} (u - \varepsilon t) = \max_{\partial_p Q_T} (u - \varepsilon t) \leqslant \max_{\partial_p Q_T} u.$$

令 $\varepsilon \to 0$, 有

$$\max_{\overline{Q_T}} u \leqslant \max_{\partial_p Q_T} u.$$

注意这里用到了 T 的有限性. 定理得证. □

与 Laplace 方程弱极大值原理相比较, 其证明中的辅助函数由 $u(\boldsymbol{x}) + \varepsilon|\boldsymbol{x}|^2$ 变成了 $u(\boldsymbol{x}, t) - \varepsilon t$. 但是本质都是使原来的微分不等式变成了严格微分不等式, 以便应用函数取得极值的必要条件. 只不过是前者加上了一个 $\boldsymbol{x}$ 的二次函数 $\varepsilon|\boldsymbol{x}|^2$, 后者加上了一个 t 的一次函数 $-\varepsilon t$, 这里用到了一个最重要的基本事实就是

$$\Delta\left(|\boldsymbol{x}|^2\right) = 2n, \qquad \frac{\partial t}{\partial t} = 1$$

都是正常数.

定理 3.1.2 (初边值问题的唯一性) 问题 (3.1.1) 的解在 $C^{2,1}(Q_T) \cap C^0(\overline{Q_T})$ 中是唯一的.

证明 设 u_1, u_2 都是问题 (3.1.1) 的解, 则 $u = u_1 - u_2 \in C^{2,1}(Q_T) \cap C^0(\overline{Q_T})$ 满足

$$\begin{cases} u_t - a^2 \Delta u = 0, & (\boldsymbol{x}, t) \in Q_T, \\ u = 0, & (\boldsymbol{x}, t) \in \partial_p Q_T. \end{cases}$$

应用最大模估计, 在 $\overline{Q_T}$ 上 $u \equiv 0$, 所以 $u_1 \equiv u_2$. □

定理 3.1.3 (初边值问题的最大模估计) 设 $f \in C^0\left(\overline{Q_T}\right)$, $\varphi \in C^0\left(\partial_p Q_T\right)$. 若 $u \in C^{2,1}(Q_T) \cap C^0(\overline{Q_T})$ 是

$$\begin{cases} u_t - a^2 \Delta u = f(\boldsymbol{x}, t), & (\boldsymbol{x}, t) \in Q_T, \\ u = \varphi(\boldsymbol{x}, t), & (\boldsymbol{x}, t) \in \partial_p Q_T \end{cases} \tag{3.1.1}$$

的解, 则

$$\max_{\overline{Q_T}} |u| \leqslant T \max_{\overline{Q_T}} |f| + \max_{\partial_p Q_T} |\varphi|.$$

证明 记 $F = \max\limits_{\overline{Q_T}} |f|$, $\Phi = \max\limits_{\partial_p Q_T} |\varphi|$. 考虑辅助函数

$$w^{\pm}(\boldsymbol{x}, t) = Ft + \Phi \pm u(\boldsymbol{x}, t).$$

在 Q_T 中, $w_t^{\pm} - a^2 \Delta w^{\pm} = F \pm f \geqslant 0$. 在 $\partial_p Q_T$ 上, $w^{\pm} = Ft + \Phi \pm \varphi \geqslant 0$. 由弱极小值原理 (定理 3.1.1),

$$\min_{\overline{Q_T}} w^{\pm} = \min_{\partial_p Q_T} w^{\pm} \geqslant 0.$$

因此, 在 $\overline{Q_T}$ 上 $w^{\pm} \geqslant 0$, $\mp u \leqslant Ft + \Phi$, 即 $|u| \leqslant Ft + \Phi$. 故结论成立. □

在选取辅助函数 $w^{\pm}(\boldsymbol{x}, t)$ 时, 要注意体会 Ft 和 Φ 分别在方程和抛物边界条件中发挥的"正能量".

定理 3.1.4 (初边值问题的稳定性) 问题 (3.1.1) 的 $C^{2,1}(Q_T) \cap C^0(\overline{Q_T})$ 解 u 在最大模意义下关于 $C^0(\overline{Q_T})$ 中的非齐次项 f 和 $C^0(\partial_p Q_T)$ 的抛物边值 φ 是稳定的. 具体含义如下: 若 $u_1, u_2 \in C^2(Q_T) \cap C^0(\overline{Q_T})$ 分别是

$$\begin{cases} u_t - a^2 \Delta u = f_1(\boldsymbol{x}), & \boldsymbol{x} \in Q_T, \\ u = \varphi_1(\boldsymbol{x}), & \boldsymbol{x} \in \partial Q_T \end{cases}$$

与

$$\begin{cases} u_t - a^2 \Delta u = f_2(\boldsymbol{x}), & \boldsymbol{x} \in Q_T, \\ u = \varphi_2(\boldsymbol{x}), & \boldsymbol{x} \in \partial Q_T \end{cases}$$

的解, 其中 $f_1, f_2 \in C^0(\overline{Q_T})$, $\varphi_1, \varphi_2 \in C^0(\partial Q_T)$, 则对于任意的 $\varepsilon > 0$, 存在仅依赖于 ε 和 T 的常数 $\delta > 0$, 使得当

$$\max_{\overline{Q_T}} \big|f_1 - f_2\big| < \delta \quad 且 \quad \max_{\partial Q_T} \big|\varphi_1 - \varphi_2\big| < \delta \tag{3.1.2}$$

时, 有

$$\max_{\overline{Q_T}} \big|u_1 - u_2\big| < \varepsilon.$$

参照第二章 Poisson 方程 Dirichlet 问题的稳定性可以给出定理 3.1.4 的证明.

习题 3.1.1 设 $\varphi \in C^0(\partial_p Q_T)$, c 是一个常数. 若 $u \in C^{2,1}(Q_T) \cap C^0(\overline{Q_T})$ 是问题

$$\begin{cases} u_t - \Delta u - cu = 0, & (\boldsymbol{x}, t) \in Q_T, \\ u = \varphi(\boldsymbol{x}, t), & (\boldsymbol{x}, t) \in \partial_p Q_T \end{cases}$$

的解, 证明在 $\overline{Q_T}$ 上

$$|u(\boldsymbol{x}, t)| \leqslant \mathrm{e}^{ct} \max_{\partial_p Q_T} |\varphi|.$$

习题 3.1.2 设 l, T, b, u_0 是正常数. 若 $u \in C^{2,1}((0,l) \times (0,T))$, $u_x \in C^0([0,l] \times [0,T])$, u 是问题

$$\begin{cases} u_t - u_{xx} = 0, & 0 < x < l,\ 0 < t \leqslant T, \\ u(x, 0) = 0, & 0 \leqslant x \leqslant l, \\ u_x(0,t) + b\Big(u_0 - u(0,t)\Big) = 0, \quad u(l,t) = 0, & 0 \leqslant t \leqslant T \end{cases}$$

的解, 证明在 $[0,l] \times [0,T]$ 上, $0 \leqslant u(x,t) \leqslant u_0$.

2. Cauchy 问题

对于空间 $\mathbf{R}^n$ 上的 Cauchy 问题同样有最大模估计.

定理 3.1.5 (Cauchy 问题的最大模估计) 设 $f \in L^\infty(\mathbf{R}_T)$, $\varphi \in L^\infty(\mathbf{R}^n)$. 若 $u \in C^{2,1}(\mathbf{R}_T) \cap C^0(\overline{\mathbf{R}_T})$ 是

$$\begin{cases} u_t - a^2\Delta u = f(\boldsymbol{x}, t), & (\boldsymbol{x}, t) \in \mathbf{R}_T, \\ u(\boldsymbol{x}, 0) = \varphi(\boldsymbol{x}), & \boldsymbol{x} \in \mathbf{R}^n \end{cases} \tag{3.1.3}$$

的有界解, 则

$$\sup_{\mathbf{R}_T} |u| \leqslant T \sup_{\mathbf{R}_T} |f| + \sup_{\mathbf{R}^n} |\varphi|.$$

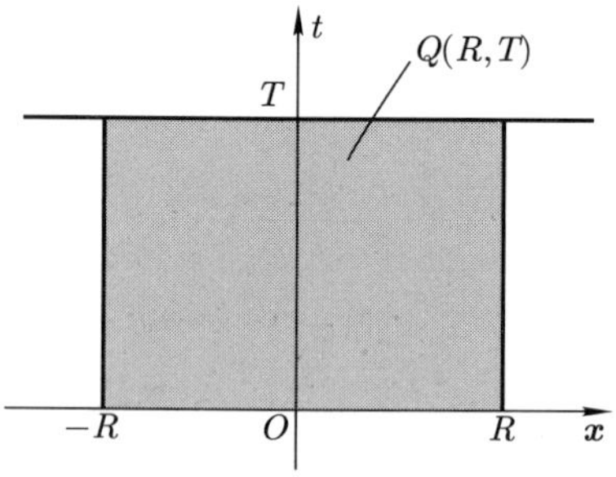

图 3.4 $n=1$ 时 $Q(R,T)$ 的示意图

证明 对于无界区域的问题, 一般需要先转化为有界区域问题, 然后再取极限. 设 $M = \sup\limits_{\mathbf{R}_T} |u|$. 对任意的 $R > 0$, 在圆柱形区域 $Q\,(R,T) = B_R(\mathbf{0}) \times (0,T]$ (图 3.4) 上考虑辅助函数

$$w(\boldsymbol{x}, t) = Ft + \varPhi + \frac{M}{R^2}\left(|\boldsymbol{x}|^2 + 2na^2t\right) \pm u(\boldsymbol{x}, t),$$

其中

$$F = \sup_{\mathbf{R}_T} |f|, \quad \varPhi = \sup_{\mathbf{R}^n} |\varphi|.$$

直接计算, 在 $Q\,(R,T)$ 中,

$$w_t - a^2\Delta w = F + \frac{M}{R^2} \cdot a^2\,(2n - 2n) \pm f \geqslant 0;$$

在超平面 $t = 0$ 上,

$$w = \varPhi + \frac{M|\boldsymbol{x}|^2}{R^2} \pm \varphi \geqslant 0;$$

在球面 $|\boldsymbol{x}| = R$ 上,

$$w = Ft + \varPhi + \frac{M}{R^2}\left(R^2 + 2na^2t\right) \pm u \geqslant 0.$$

由弱极值原理 (定理 3.1.1), 有

$$\min_{\overline{Q(R,T)}} w = \min_{\partial_p Q(R,T)} w \geqslant 0.$$

所以, 在 $\overline{Q\,(R,T)}$ 上,

$$w \geqslant 0, \qquad |u(\boldsymbol{x}, t)| \leqslant Ft + \varPhi + \frac{M}{R^2}\left(|\boldsymbol{x}|^2 + 2na^2t\right).$$

对固定的 $(\boldsymbol{x}, t)$, 令 $R \to \infty$, 在 $\mathbf{R}_T$ 中就有 $|u| \leqslant Ft + \varPhi$. □

在辅助函数 $w(\boldsymbol{x}, t)$ 的引入过程中, 要注意体会 $Ft, \varPhi, \dfrac{M}{R^2}\left(|\boldsymbol{x}|^2 + 2na^2t\right)$ 分别在方程, 初值和边值中发挥的作用.

定理 3.1.6 (Cauchy 问题的唯一性和稳定性) 问题 (3.1.3) 的解在有界函数类中是唯一的, 且在最大模意义下关于 f 和 φ 是稳定的.

习题 3.1.3 详细叙述并证明定理 3.1.6.

3.1.2 能量不等式

能量方法也是偏微分方程研究的主要方法之一. 本小节介绍的能量不等式也是研究解的唯一性和稳定性的一种常用方法.

下面考虑一类空间有限、时间无限的零边值的初边值问题

$$\begin{cases} u_t - a^2\Delta u = f(\boldsymbol{x},t), & \boldsymbol{x}\in\Omega,\ t>0, \\ u(\boldsymbol{x},0)=\varphi(\boldsymbol{x}), & \boldsymbol{x}\in\overline{\Omega}, \\ u=0, & \boldsymbol{x}\in\partial\Omega,\ t\geqslant 0. \end{cases} \tag{3.1.4}$$

假设问题 (3.1.4) 存在解 $u\in C^{2,1}\left(\overline{\Omega}\times[0,+\infty)\right)$, 在方程两边同时乘以 u, 再关于 $\boldsymbol{x}$ 在 Ω 上积分, 利用散度定理和零边值条件, 有

$$\begin{aligned} \int_\Omega uf\,\mathrm{d}\boldsymbol{x} &= \int_\Omega u\left(u_t-a^2\Delta u\right)\,\mathrm{d}\boldsymbol{x} \\ &= \int_\Omega uu_t\,\mathrm{d}\boldsymbol{x} - a^2\int_{\partial\Omega} u\frac{\partial u}{\partial\boldsymbol{\nu}}\,\mathrm{d}S + a^2\int_\Omega |\mathrm{D}u|^2\,\mathrm{d}\boldsymbol{x} \\ &= \frac{1}{2}\frac{\mathrm{d}}{\mathrm{d}t}\int_\Omega u^2\,\mathrm{d}\boldsymbol{x} + a^2\int_\Omega |\mathrm{D}u|^2\,\mathrm{d}\boldsymbol{x}. \end{aligned}$$

由 Cauchy 不等式, 得

$$\frac{\mathrm{d}}{\mathrm{d}t}\int_\Omega u^2\,\mathrm{d}\boldsymbol{x} + 2a^2\int_\Omega |\mathrm{D}u|^2\,\mathrm{d}\boldsymbol{x} = 2\int_\Omega uf\,\mathrm{d}\boldsymbol{x} \leqslant \int_\Omega u^2\,\mathrm{d}\boldsymbol{x} + \int_\Omega f^2\,\mathrm{d}\boldsymbol{x}.$$

在右端多加上一项, 有

$$\frac{\mathrm{d}}{\mathrm{d}t}\left(\int_\Omega u^2\,\mathrm{d}\boldsymbol{x}+2a^2\int_0^t\mathrm{d}\tau\int_\Omega |\mathrm{D}u|^2\,\mathrm{d}\boldsymbol{x}\right) \leqslant \int_\Omega u^2\,\mathrm{d}\boldsymbol{x}+2a^2\int_0^t\mathrm{d}\tau\int_\Omega |\mathrm{D}u|^2\,\mathrm{d}\boldsymbol{x}+\int_\Omega f^2\,\mathrm{d}\boldsymbol{x}.$$

这是一个关于 $\int_\Omega u^2\,\mathrm{d}\boldsymbol{x}+2a^2\int_0^t\mathrm{d}\tau\int_\Omega |\mathrm{D}u|^2\,\mathrm{d}\boldsymbol{x}$ 的一阶微分不等式. 变形得

$$\frac{\mathrm{d}}{\mathrm{d}t}\left(\mathrm{e}^{-t}\left(\int_\Omega u^2\,\mathrm{d}\boldsymbol{x}+2a^2\int_0^t\mathrm{d}\tau\int_\Omega |\mathrm{D}u|^2\,\mathrm{d}\boldsymbol{x}\right)\right) \leqslant \mathrm{e}^{-t}\int_\Omega f^2\mathrm{d}\boldsymbol{x}.$$

$$\mathrm{e}^{-t}\left(\int_\Omega u^2\,\mathrm{d}\boldsymbol{x}+2a^2\int_0^t\mathrm{d}\tau\int_\Omega |\mathrm{D}u|^2\,\mathrm{d}\boldsymbol{x}\right) - \int_\Omega u^2(\boldsymbol{x},0)\,\mathrm{d}\boldsymbol{x} \leqslant \int_0^t\mathrm{d}\tau\int_\Omega \mathrm{e}^{-\tau}f^2\,\mathrm{d}\boldsymbol{x}.$$

这样, 得到如下能量不等式.

定理 3.1.7 (能量不等式) 设 $f\in L^2(\Omega\times(0,+\infty))$, $\varphi\in L^2(\Omega)$. 若 $u\in C^{2,1}\left(\overline{\Omega}\times[0,+\infty)\right)$ 是问题 (3.1.4) 的解, 则对于任意的 $t>0$, 有

$$\int_\Omega u^2\,\mathrm{d}\boldsymbol{x}+2a^2\int_0^t\mathrm{d}\tau\int_\Omega |\mathrm{D}u|^2\,\mathrm{d}\boldsymbol{x} \leqslant \mathrm{e}^t\int_\Omega\varphi^2\,\mathrm{d}\boldsymbol{x}+\int_0^t\mathrm{d}\tau\int_\Omega \mathrm{e}^{t-\tau}f^2\,\mathrm{d}\boldsymbol{x}.$$

特别地,

$$\int_\Omega u^2\mathrm{d}\boldsymbol{x} \leqslant \mathrm{e}^t\left(\int_\Omega\varphi^2\mathrm{d}\boldsymbol{x}+\int_0^t\mathrm{d}\tau\int_\Omega f^2\mathrm{d}\boldsymbol{x}\right).$$

由此, 可得到与定理 3.1.2 和定理 3.1.4 略微不同的解的唯一性和稳定性. 读者可自己给出证明.

定理 3.1.8 初边值问题 (3.1.4) 的解在 $C^{2,1}(\overline{\Omega}\times[0,+\infty))$ 中是唯一的, 并且在 L^2 意义下关于 f 和 φ 是稳定的. **这里稳定性的具体含义是:** 给定 $T>0$, 对任意的 $\varepsilon>0$, 存在仅依赖于 ε, T 的常数 $\delta>0$, 当 $\|f_1-f_2\|_{L^2(Q_T)}<\delta$, $\|\varphi_1-\varphi_2\|_{L^2(\Omega)}<\delta$ 时, 相应的解 u_1, u_2 满足

$$\|u_1-u_2\|_{L^2(\Omega)}<\varepsilon,\qquad t\in[0,T].$$

§3.2 初边值问题解的存在性

在本节和下一节中, 我们将讨论热传导方程定解问题的存在性, 并给出求解方法. 本节主要采用 Fourier 在 1822 年首创的分离变量法来研究热传导方程的初边值问题. 为简单起见, 这里只考虑空间变量是一维情形的初边值问题

$$\begin{cases} u_t-a^2u_{xx}=f(x,t), & 0<x<l,\ t>0,\\ u(x,0)=\varphi(x), & 0\leqslant x\leqslant l,\\ u(0,t)=\mu_0(t),\ \ u(l,t)=\mu_1(t), & t\geqslant 0, \end{cases}\tag{3.2.1}$$

其中 l 是正常数, 而 f, φ, μ_0, μ_1 都是已知函数 (图 3.5). 它描述了一根长为 l 的均匀细杆的热传导问题.

为了使用分离变量法, 我们需要先将问题 (3.2.1) 中的边界条件齐次化和方程齐次化, 再求出一个带有齐次边界条件的齐次方程的初边值问题的变量分离解, 然后通过叠加原理得到原初边值问题的解. 值得注意的是, 这个过程依赖于热传导方程是线性的.

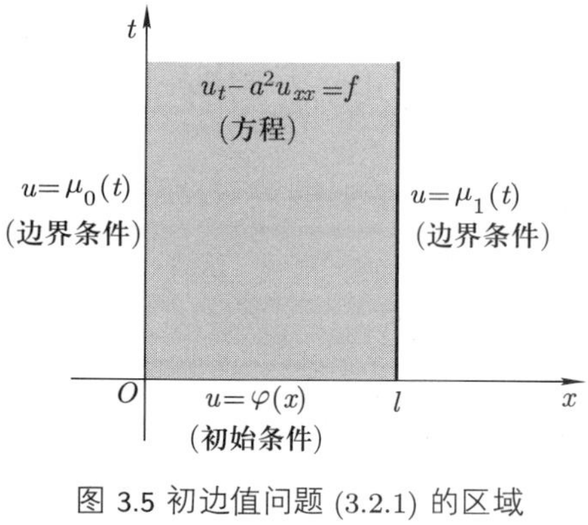

图 3.5 初边值问题 (3.2.1) 的区域

3.2.1 问题的简化与 Duhamel 原理

第一步: 齐次化边界条件 (将问题 (3.2.1) 中的 $\mu_0(t)$ 和 $\mu_1(t)$ 化为零).

一个最朴素和最简单的想法就是取定函数 $v(x,t)$, 使得 $v(0,t)=\mu_0(t)$, $v(l,t)=\mu_1(t)$. 设 $\overline{u}(x,t)=u(x,t)-v(x,t)$, 则

$$\begin{cases} \overline{u}_t-a^2\overline{u}_{xx}=f(x,t)-v_t+a^2v_{xx}=:\ \overline{f}(x,t), & 0<x<l,\ t>0,\\ \overline{u}(x,0)=\varphi(x)-v(x,0)=:\ \overline{\varphi}(x), & 0\leqslant x\leqslant l,\\ \overline{u}(0,t)=\overline{u}(l,t)=0, & t\geqslant 0. \end{cases}\tag{3.2.2}$$

于是, 问题 (3.2.1) 中的边界条件被变成了零边值. 它在下面分离变量时是必要的!

取 v 为 x 的线性函数 (图 3.6)

$$v(x,t)=\left(1-\frac{x}{l}\right)\mu_0(t)+\frac{x}{l}\mu_1(t).$$

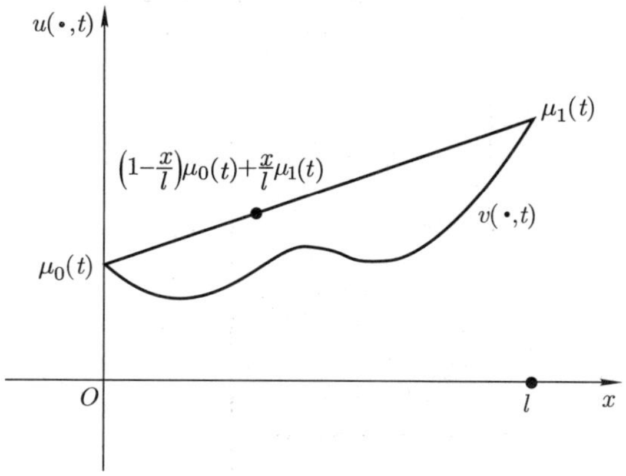

图 3.6 辅助函数 $v(x,t)$

显然它可以将边界条件齐次化, 但同时也很可能将方程右边复杂化 (如将 $f\equiv 0$ 变成 $\overline{f}\not\equiv 0$). 最好能取到函数 $v(x,t)$, 使得它不仅满足边界条件, 而且也满足方程

$$v_t-a^2v_{xx}=f(x,t).$$

这样在将 $\mu_0(t)$ 和 $\mu_1(t)$ 化为零的同时, 也将 $f(x,t)$ 化为零.

第二步: 分解问题 (线性叠加原理)

现将问题 (3.2.2) 的解分解为两部分

$$\overline{u}=\overline{u}_1+\overline{u}_2,$$

其中 $\overline{u}_1$ 满足齐次方程的初边值问题

$$\begin{cases}\overline{u}_{1t}-a^2\overline{u}_{1xx}=0, & 0<x<l,\ t>0,\\ \overline{u}_1(x,0)=\overline{\varphi}(x), & 0\leqslant x\leqslant l,\\ \overline{u}_1(0,t)=\overline{u}_1(l,t)=0, & t\geqslant 0,\end{cases}\tag{3.2.3}$$

$\overline{u}_2$ 满足具有齐次初始条件的初边值问题

$$\begin{cases}\overline{u}_{2t}-a^2\overline{u}_{2xx}=\overline{f}(x,t), & 0<x<l,\ t>0,\\ \overline{u}_2(x,0)=0, & 0\leqslant x\leqslant l,\\ \overline{u}_2(0,t)=\overline{u}_2(l,t)=0, & t\geqslant 0.\end{cases}\tag{3.2.4}$$

对于更加复杂的线性方程的定解问题, 也都可以类似地将其分解为若干个简单的定解问题.

第三步: 齐次化方程 (将问题 (3.2.4) 中的 $\overline{f}$ 化为零).

定理 3.2.1 (齐次化或 Duhamel 原理) 设 $\tau>0$, $w(x,t;\tau)$ 满足初边值问题

$$\begin{cases}w_t-a^2w_{xx}=0, & 0<x<l,\ t>\tau,\\ w(x,\tau;\tau)=\overline{f}(x,\tau), & 0\leqslant x\leqslant l,\\ w(0,t;\tau)=w(l,t;\tau)=0, & t\geqslant\tau,\end{cases}\tag{3.2.5}$$

则

$$\overline{u}_2(x,t)=\int_0^t w\,(x,t;\tau)\ \mathrm{d}\tau$$

是问题 (3.2.4) 的解.

证明　问题 (3.2.5) 所在的区域如图 3.7 所示, 现由含参量积分的求导公式, 有

$$\begin{aligned}\overline{u}_{2t}-a^2\overline{u}_{2xx}&=w\,(x,t;t)+\int_0^t w_t\,(x,t;\tau)\ \mathrm{d}\tau-\\&\quad a^2\int_0^t w_{xx}\,(x,t;\tau)\ \mathrm{d}\tau\\&=\overline{f}(x,t),\qquad 0<x<l,\ t>0,\end{aligned}$$

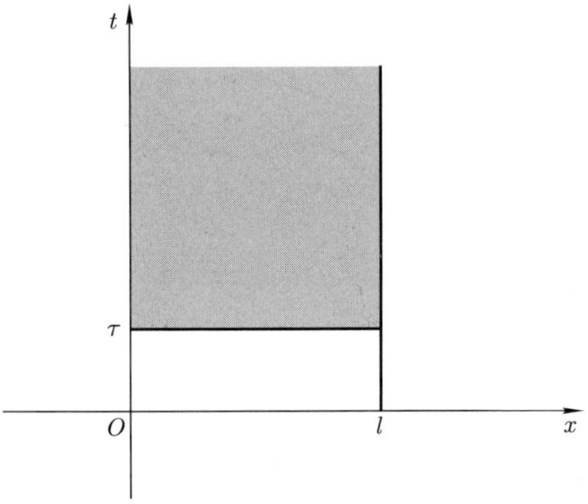

图 3.7 Duhamel 原理中问题 (3.2.5) 的区域

并且满足初始条件

$$\overline{u}_2(x,0)=0,\qquad 0\leqslant x\leqslant l,$$

和边界条件

$$\begin{aligned}\overline{u}_2\,(0,t)&=\int_0^t w\,(0,t;\tau)\ \mathrm{d}\tau=0,\\ \overline{u}_2\,(l,t)&=\int_0^t w\,(l,t;\tau)\ \mathrm{d}\tau=0,\qquad t\geqslant 0.\end{aligned}$$

定理得证. □

在非齐次线性方程情形, 对齐次边界条件的初边值问题或 Cauchy 问题, 类似的齐次化原理一般也是成立的.

这样, 求解问题 (3.2.4) 就转化为求解问题 (3.2.5), 而问题 (3.2.5) 和问题 (3.2.3) 是同一个类型的问题 (即: 带有零边值的齐次方程的初边值问题). 因此, 经过齐次化边界条件, 分解问题和齐次化方程这三步, 求解问题 (3.2.1) 变为只需求解问题 (3.2.3), 它是求解热传导方程的 “核心” 问题, 具体如图 3.8 所示.

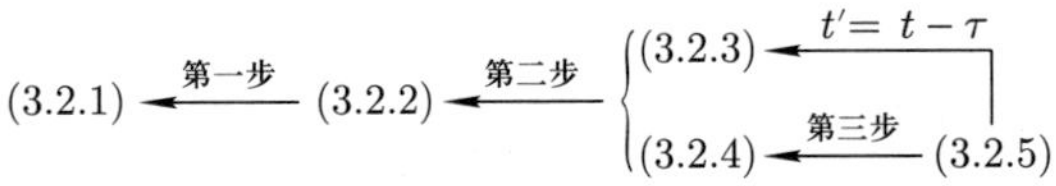

图 3.8 问题的转化

习题 3.2.1　叙述并证明一阶方程 Cauchy 问题

$$\begin{cases}u_t+u_x=f(x,t), & -\infty<x<+\infty,\ t>0,\\ u(x,0)=0, & -\infty<x<+\infty\end{cases}$$

的齐次化原理.

3.2.2 分离变量法

本小节将使用分离变量法求解热传导方程的“核心”初边值问题

$$\begin{cases} u_t - a^2 u_{xx} = 0, & 0 < x < l, t > 0, \\ u(x,0) = \varphi(x), & 0 \leqslant x \leqslant l, \\ u(0,t) = u(l,t) = 0, & t \geqslant 0. \end{cases} \tag{3.2.6}$$

第一步: 设法找到所有具有变量分离形式的满足问题 (3.2.6) 中的方程与齐次边界条件的非零特解.

设 $u(x,t) = X(x)T(t)$ 是满足问题 (3.2.6) 中方程与齐次边界条件的非零解, 则

$$\begin{cases} XT' - a^2 X''T = 0, \\ X(0)T(t) = X(l)T(t) = 0. \end{cases} \tag{3.2.7}$$

将问题 (3.2.7) 中的方程分离变量, 有

$$\frac{T'(t)}{a^2 T(t)} = \frac{X''(x)}{X(x)}.$$

由于等式两边分别是 t 和 x 的函数, 它们只可能等于一个共同的常数, 通常记为 $-\lambda$. 从而, 得

$$T' + \lambda a^2 T = 0, \quad t > 0, \tag{3.2.8}$$

$$X'' + \lambda X = 0, \quad 0 < x < l. \tag{3.2.9}$$

由问题 (3.2.7) 中的边界条件和 $T \not\equiv 0$, 又有

$$X(0) = X(l) = 0. \tag{3.2.10}$$

定义 3.2.1 使问题 (3.2.9), (3.2.10) 有非零解的 λ 称为特征值, 相应的非零解称为特征函数. 问题 (3.2.9), (3.2.10) 称为特征值问题.

下面求解特征值问题 (3.2.9), (3.2.10). 我们对 λ 分情况讨论.

(1) 若 $\lambda < 0$, 则方程 (3.2.9) 的通解是

$$X(x) = C_1 \mathrm{e}^{\sqrt{-\lambda}x} + C_2 \mathrm{e}^{-\sqrt{-\lambda}x}.$$

由 (3.2.10) 式, 得到关于 C_1 和 C_2 的线性代数方程组

$$\begin{cases} C_1 + C_2 = 0, \\ C_1 \mathrm{e}^{\sqrt{-\lambda}l} + C_2 \mathrm{e}^{-\sqrt{-\lambda}l} = 0. \end{cases}$$

从而 $C_1 = C_2 = 0$, $X \equiv 0$, 即 $\lambda < 0$ 不是特征值.

(2) 若 $\lambda=0$, 则方程 (3.2.9) 的通解是

$$X(x)=C_1+C_2x.$$

由 (3.2.10) 式, 得到

$$\begin{cases}C_1=0,\\C_1+C_2l=0.\end{cases}$$

从而 $C_1=C_2=0$, $X\equiv 0$, 即 $\lambda=0$ 也不是特征值.

(3) 若 $\lambda>0$, 则方程 (3.2.9) 的通解是

$$X(x)=C_1\cos\sqrt{\lambda}x+C_2\sin\sqrt{\lambda}x.$$

由 (3.2.10) 式, 得到

$$\begin{cases}C_1=0,\\C_1\cos\sqrt{\lambda}l+C_2\sin\sqrt{\lambda}l=0.\end{cases}$$

从而 $C_1=C_2\sin\sqrt{\lambda}l=0$. 要使 $X\not\equiv 0$, 必须 $C_2\neq 0$, 从而 $\sin\sqrt{\lambda}l=0$, 解得

$$\lambda=\lambda_k=\left(\frac{k\pi}{l}\right)^2,\quad X_k=\sin\frac{k\pi}{l}x,\quad k=1,2,\cdots.$$

这就是特征值问题 (3.2.9), (3.2.10) 的解. 我们通常略去 X_k 前的任意常数 C_2.

将 $\lambda=\lambda_k$ 代入方程 (3.2.8), 可得

$$T_k=A_k\mathrm{e}^{-\left(\frac{k\pi a}{l}\right)^2t},\qquad A_k \text{ 是任意非零常数},\quad k=1,2,\cdots.$$

至此, 我们得到了

$$u_k(x,t)=X_k(x)T_k(t)=A_k\mathrm{e}^{-\left(\frac{k\pi a}{l}\right)^2t}\sin\frac{k\pi}{l}x,\quad k=1,2,\cdots.$$

它满足问题 (3.2.6) 中的方程与边界条件.

第二步: 确定 A_k, 使得

$$u(x,t)=\sum_{k=1}^{\infty}u_k(x,t)=\sum_{k=1}^{\infty}A_k\mathrm{e}^{-\left(\frac{k\pi a}{l}\right)^2t}\sin\frac{k\pi}{l}x \tag{3.2.11}$$

是问题 (3.2.6) 的形式解. 只需令 u 满足问题 (3.2.6) 中初始条件, 即

$$\varphi(x)=\sum_{k=1}^{\infty}A_k\sin\frac{k\pi}{l}x.$$

由 $\left\{\sin\frac{k\pi}{l}x\right\}_{k=1}^{\infty}$ 在 L^2 中的正交性, 即

$$\int_0^l\sin\frac{k\pi}{l}\xi\sin\frac{k'\pi}{l}\xi\,\mathrm{d}\xi=\begin{cases}\dfrac{l}{2}, & k=k',\\0, & k\neq k',\end{cases}$$

有

$$A_k = \frac{2}{l}\int_0^l \varphi(\xi)\sin\frac{k\pi}{l}\xi\,\mathrm{d}\xi, \quad k=1,2,\cdots. \tag{3.2.12}$$

至此, (3.2.11) 式, (3.2.12) 式给出了问题 (3.2.6) 的形式解.

最后, 验证形式解 (3.2.11), (3.2.12) 确实是问题 (3.2.6) 的解.

定理 3.2.2 设 $\varphi\in C^1[0,l]$, $\varphi(0)=\varphi(l)=0$, 则由 (3.2.11) 式, (3.2.12) 式给出的 $u\in C^\infty([0,l]\times(0,+\infty))\cap C^0([0,l]\times[0,+\infty))$ 确实是问题 (3.2.6) 的解.

证明 对于 $k=1,2,\cdots$, 显然 $u_k\in C^\infty\Big([0,l]\times[0,+\infty)\Big)$, 且满足边界条件 $u_k(0,t)=u_k(l,t)=0$. 因此, 需要在 $[0,l]\times[0,+\infty)$ 上研究函数项级数 $\sum\limits_{k=1}^\infty u_k(x,t)$ 的一致收敛性.

(1) 先证 $u\in C^0\Big([0,l]\times[0,+\infty)\Big)$, 且满足边界条件 $u(0,t)=u(l,0)=0$ 和初始条件 $u(x,0)=\varphi(x)$. 由分部积分公式有

$$\begin{aligned}
A_k &= \frac{2}{l}\int_0^l \varphi(\xi)\Big(-\frac{l}{k\pi}\Big)\mathrm{d}\cos\frac{k\pi}{l}\xi\\
&= -\frac{2}{k\pi}\Big(\varphi(\xi)\cos\frac{k\pi}{l}\xi\Big|_0^l - \int_0^l \varphi'(\xi)\cos\frac{k\pi}{l}\xi\,\mathrm{d}\xi\Big)\\
&= \frac{2}{k\pi}\int_0^l \varphi'(\xi)\cos\frac{k\pi}{l}\xi\,\mathrm{d}\xi\\
&=: \frac{l}{k\pi}a_k,
\end{aligned}$$

其中 a_k 是函数 φ' 的 Fourier 系数

$$a_k = \frac{2}{l}\int_0^l \varphi'(\xi)\cos\frac{k\pi}{l}\xi\,\mathrm{d}\xi, \quad k=0,1,2,\cdots.$$

应用 Parseval 等式 (引理 3.4.1), 有

$$\frac{1}{2}a_0^2 + \sum_{k=1}^\infty a_k^2 = \frac{2}{l}\int_0^l \varphi'^2(\xi)\,\mathrm{d}\xi.$$

所以, 由 Cauchy 不等式得

$$\Big(\sum_{k=1}^\infty |A_k|\Big)^2 \leqslant \sum_{k=1}^\infty\Big(\frac{l}{k\pi}\Big)^2\sum_{k=1}^\infty a_k^2 \leqslant \Big(\frac{l}{\pi}\Big)^2\sum_{k=1}^\infty\frac{1}{k^2}\cdot\frac{2}{l}\int_0^l \varphi'^2(\xi)\,\mathrm{d}\xi.$$

从而 $\sum\limits_{k=1}^\infty |A_k|$ 绝对收敛, 函数项级数 (3.2.11) 在 $[0,l]\times[0,+\infty)$ 上一致收敛, $u\in C^0\big([0,l]\times[0,+\infty)\big)$.

显然, u 满足问题 (3.2.6) 中的边界条件. 当 $t=0$ 时, (3.2.11) 式变为

$$u(x,0)=\sum_{k=1}^{\infty}A_k\sin\frac{k\pi}{l}x.$$

由系数公式 (3.2.12) 和 Fourier 级数收敛定理 (引理 3.4.2) 得 $u(x,0)=\varphi(x)$.

(2) 下证 $u\in C^\infty\big([0,l]\times(0,+\infty)\big)$, 且满足 $u_t-a^2u_{xx}=0$. 我们只需研究 $\sum\limits_{k=1}^{\infty}u_k(x,t)$ 逐项微分后的函数项级数在 $[0,l]\times(0,+\infty)$ 上的内闭一致收敛性.

设 $m,n\in\mathbf{N}$, $\varepsilon>0$, 在 $[0,l]\times[\varepsilon,+\infty)$ 上

$$\begin{aligned}\left|\frac{\partial^{m+n}u_k}{\partial x^m\partial t^n}\right|&=\left|\frac{\partial^{m+n}}{\partial x^m\partial t^n}\left(A_k\mathrm{e}^{-\left(\frac{k\pi a}{l}\right)^2t}\sin\frac{k\pi}{l}x\right)\right|\\&=\left|A_k\left(-\left(\frac{k\pi a}{l}\right)^2\right)^n\mathrm{e}^{-\left(\frac{k\pi a}{l}\right)^2t}\cdot\left(\frac{k\pi}{l}\right)^m\sin\left(\frac{k\pi}{l}x+\frac{m\pi}{2}\right)\right|\\&\leqslant\left(\frac{\pi}{l}\right)^{m+2n}\sup_k|A_k|\cdot a^{2n}k^{m+2n}\mathrm{e}^{-\left(\frac{k\pi a}{l}\right)^2\varepsilon}.\end{aligned}$$

因为数项级数 $\sum\limits_{k=1}^{\infty}k^{m+2n}\mathrm{e}^{-\left(\frac{k\pi a}{l}\right)^2\varepsilon}$ 收敛, 所以在 $[0,l]\times[\varepsilon,+\infty)$ 上

$$\sum_{k=1}^{\infty}\frac{\partial^{m+n}u_k}{\partial x^m\partial t^n}$$

一致收敛. 由 m, n 和 ε 的任意性, $u\in C^\infty\Big([0,l]\times(0,+\infty)\Big)$, 且求任意阶偏导数与求级数和可以换序, 从而满足方程. □

定理 3.2.2 中的条件 $\varphi(0)=\varphi(l)=0$ 是必要的, 因为 $\varphi(0)=u(0,0)=0$, $\varphi(l)=u(0,l)=0$.

习题 3.2.2 用分离变量法求解初边值问题

$$\begin{cases}u_t-a^2u_{xx}=0, & 0<x<l,\ t>0,\\ u(x,0)=0, & 0\leqslant x\leqslant l,\\ u(0,t)=0,\quad u(l,t)=At,\ t\geqslant 0,\end{cases}$$

其中 A 是常数.

§3.3 Cauchy 问题解的存在性

本节将利用 Fourier 变换的方法导出热传导方程 Cauchy 问题

$$\begin{cases}u_t-a^2u_{xx}=f(x,t), & -\infty<x<+\infty,\ t>0,\\ u(x,0)=\varphi(x), & -\infty<x<+\infty\end{cases}$$

的求解公式, 并证明其的确是所求 Cauchy 问题的解. Fourier 变换在经典分析中是很重要的工具, 是分析学中的基本变换之一, 在理论分析以及工程技术中具有十分重要的应用.

由线性叠加原理, 它的解可分解为

$$u = u_1 + u_2,$$

这里 u_1 满足齐次方程的 Cauchy 问题

$$\begin{cases} u_{1t} - a^2 u_{1xx} = 0, & -\infty < x < +\infty, t > 0, \\ u_1(x,0) = \varphi(x), & -\infty < x < +\infty, \end{cases}$$

u_2 满足具有齐次初始条件的 Cauchy 问题

$$\begin{cases} u_{2t} - a^2 u_{2xx} = f(x,t), & -\infty < x < +\infty, t > 0, \\ u_2(x,0) = 0, & -\infty < x < +\infty. \end{cases}$$

类似定理 3.2.1, 有齐次化原理

$$u_2(x,t) = \int_0^t w\left(x,t;\tau\right) \mathrm{d}\tau,$$

其中 $\tau > 0$, w 满足

$$\begin{cases} w_t - a^2 w_{xx} = 0, & -\infty < x < +\infty, t > \tau, \\ w\left(x,\tau;\tau\right) = f\left(x,\tau\right), & -\infty < x < +\infty. \end{cases}$$

所以, 问题的解决归结为求解齐次热传导方程的 Cauchy 问题

$$\begin{cases} u_t - a^2 u_{xx} = 0, & -\infty < x < +\infty, t > 0, \\ u(x,0) = \varphi(x), & -\infty < x < +\infty. \end{cases}$$

下面, 我们先介绍 Fourier 变换以及它的一些基本性质, 然后再用它来求解上面的问题.

3.3.1 Fourier 变换及其性质

定理 3.3.1 (Fourier 积分定理) 若 $f \in C^1(-\infty,+\infty)$ 在 $(-\infty,+\infty)$ 上绝对可积, 则

$$f(x) = \frac{1}{\pi}\int_0^{+\infty} \mathrm{d}\mu \int_{-\infty}^{+\infty} f(y)\cos\mu(x-y)\mathrm{d}y, \quad x \in (-\infty,+\infty).$$

证明 设 $a>0$,

$$g(y)=\begin{cases}\dfrac{f(x+y)-f(x)}{y}, & y\neq 0,\\ f'(x), & y=0.\end{cases}$$

显然 $g\in C^0([-a,a])$, 应用 Riemann 引理 (命题 3.4.2), 有

$$\lim_{m\to\infty}\int_{-a}^{a}\frac{f(x+y)-f(x)}{y}\sin my\mathrm{d}y=0.$$

所以

$$\begin{aligned}\lim_{m\to\infty}\int_{-a}^{a}f(x+y)\frac{\sin my}{y}\mathrm{d}y&=\lim_{m\to\infty}\int_{-a}^{a}f(x)\frac{\sin my}{y}\mathrm{d}y\\&=f(x)\lim_{m\to\infty}\int_{-ma}^{ma}\frac{\sin z}{z}\mathrm{d}z\\&=f(x)\int_{-\infty}^{+\infty}\frac{\sin z}{z}\mathrm{d}z\\&=\pi f(x).\end{aligned}$$

交换积分顺序, 得

$$\begin{aligned}\pi f(x)&=\lim_{m\to\infty}\int_{-a}^{a}f(x+y)\frac{\sin my}{y}\mathrm{d}y\\&=\lim_{m\to\infty}\int_{-a}^{a}\mathrm{d}y\int_{0}^{m}f(x+y)\cos\mu y\mathrm{d}\mu\\&=\lim_{m\to\infty}\int_{0}^{m}\mathrm{d}\mu\int_{-a}^{a}f(x+y)\cos\mu y\mathrm{d}y\\&=\int_{0}^{+\infty}\mathrm{d}\mu\int_{-a}^{a}f(x+y)\cos\mu y\mathrm{d}y.\end{aligned}$$

于是

$$\begin{aligned}&\int_{0}^{m}\mathrm{d}\mu\int_{-\infty}^{+\infty}f(x+y)\cos\mu y\mathrm{d}y-\int_{0}^{m}\mathrm{d}\mu\int_{-a}^{a}f(x+y)\cos\mu y\mathrm{d}y\\=&\int_{0}^{m}\mathrm{d}\mu\int_{|y|\geqslant a}f(x+y)\cos\mu y\mathrm{d}y\\=&\int_{|y|\geqslant a}\mathrm{d}y\int_{0}^{m}f(x+y)\cos\mu y\mathrm{d}\mu\\=&\int_{|y|\geqslant a}f(x+y)\frac{\sin my}{y}\mathrm{d}y\\\leqslant&\frac{1}{a}\int_{|y|\geqslant a}|f(x+y)|\mathrm{d}y\\\leqslant&\frac{1}{a}\int_{-\infty}^{+\infty}|f(y)|\mathrm{d}y.\end{aligned}$$

令 $m \to \infty$, 可得

$$\left| \int_0^{+\infty} \mathrm{d}\mu \int_{-\infty}^{+\infty} f(x+y) \cos \mu y \mathrm{d}y - \pi f(x) \right| \leqslant \frac{1}{a} \int_{-\infty}^{+\infty} |f(y)| \mathrm{d}y,$$

再令 $a \to \infty$, 就得到

$$f(x) = \frac{1}{\pi} \int_0^{+\infty} \mathrm{d}\mu \int_{-\infty}^{+\infty} f(x+y) \cos \mu y \mathrm{d}y = \frac{1}{\pi} \int_0^{+\infty} \mathrm{d}\mu \int_{-\infty}^{+\infty} f(y) \cos \mu (x-y) \mathrm{d}y.$$

定理证毕. □

推论 3.3.1 (Fourier 积分定理的复形式) 设 $f \in C^1(-\infty, +\infty)$ 在 $(-\infty, +\infty)$ 上绝对可积, 则

$$f(x) = \frac{1}{2\pi} \int_{-\infty}^{+\infty} \mathrm{e}^{\mathrm{i}\mu x} \mathrm{d}\mu \int_{-\infty}^{+\infty} f(y) \mathrm{e}^{-\mathrm{i}\mu y} \mathrm{d}y.$$

证明 由 Euler 公式, 有

$$\begin{aligned} f(x) &= \frac{1}{2\pi} \int_0^{+\infty} \mathrm{d}\mu \int_{-\infty}^{+\infty} f(y) \left(\mathrm{e}^{\mathrm{i}\mu(x-y)} + \mathrm{e}^{-\mathrm{i}\mu(x-y)} \right) \mathrm{d}y \\ &= \frac{1}{2\pi} \int_{-\infty}^{+\infty} \mathrm{d}\mu \int_{-\infty}^{+\infty} f(y) \mathrm{e}^{\mathrm{i}\mu(x-y)} \mathrm{d}y \\ &= \frac{1}{2\pi} \int_{-\infty}^{+\infty} \mathrm{e}^{\mathrm{i}\mu x} \mathrm{d}\mu \int_{-\infty}^{+\infty} f(y) \mathrm{e}^{-\mathrm{i}\mu y} \mathrm{d}y. \end{aligned}$$ □

基于 Fourier 积分定理, 可自然地引入 Fourier 变换.

定义 3.3.1 设 f, g 在 $(-\infty, +\infty)$ 上绝对可积, 则称

$$\mathcal{F}[f](y) = \int_{-\infty}^{+\infty} f(x) \mathrm{e}^{-\mathrm{i}xy} \, \mathrm{d}x$$

为 $f(x)$ 的 Fourier 变换, 而称

$$\mathcal{F}^{-1}[g](x) = \frac{1}{2\pi} \int_{-\infty}^{+\infty} g(y) \mathrm{e}^{\mathrm{i}xy} \mathrm{d}y$$

为 $g(y)$ 的 Fourier 逆变换.

为了说明 Fourier 逆变换的合理性, 我们需要证明下面的命题.

性质 3.3.1 (合理性) 设 $f \in C^1(-\infty, +\infty)$ 在 $(-\infty, +\infty)$ 上绝对可积, 则

$$\mathcal{F}^{-1}\mathcal{F}[f] = f, \quad \mathcal{F}\mathcal{F}^{-1}[f] = f.$$

证明 由 Fourier 积分定理 (推论 3.3.1), 第一个式子是显然的. 对第二个式子, 有

$$\begin{aligned} \mathcal{F}\mathcal{F}^{-1}[f](y) &= \int_{-\infty}^{+\infty} \left(\frac{1}{2\pi} \int_{-\infty}^{+\infty} f(z) \mathrm{e}^{\mathrm{i}xz} \, \mathrm{d}z \right) \mathrm{e}^{-\mathrm{i}xy} \, \mathrm{d}x \\ &= \frac{1}{2\pi} \int_{-\infty}^{+\infty} \mathrm{e}^{-\mathrm{i}xy} \, \mathrm{d}x \int_{-\infty}^{+\infty} f(z) \mathrm{e}^{\mathrm{i}xz} \, \mathrm{d}z \\ &= \frac{1}{2\pi} \int_{-\infty}^{+\infty} \mathrm{e}^{\mathrm{i}x(-y)} \, \mathrm{d}x \int_{-\infty}^{+\infty} f(-z) \, \mathrm{e}^{-\mathrm{i}xz} \, \mathrm{d}z \end{aligned}$$

$$= f\left(-(-y)\right)$$
$$= f(y).$$

这里对 $f(-\cdot)$ 在 $-y$ 处使用了推论 3.3.1. □

由积分的线性性质, 易得 Fourier 变换是线性的.

性质 3.3.2 (线性性质) 设 $a, b \in (-\infty, +\infty)$, f, g 在 $(-\infty, +\infty)$ 上绝对可积, 则

$$\mathcal{F}\big[af + bg\big] = a\mathcal{F}[f] + b\mathcal{F}[g].$$

Fourier 变换的生命力在于下面的性质.

性质 3.3.3 (导数性质) 设 $f \in C^1(-\infty, +\infty)$, f, f' 在 $(-\infty, +\infty)$ 上绝对可积, 且 $f(\infty) = 0$, 则

$$\mathcal{F}[f'](y) = \mathrm{i}y\mathcal{F}[f](y).$$

一般地, 在某些条件下

$$\mathcal{F}\big[f^{(k)}\big](y) = (\mathrm{i}y)^k\,\mathcal{F}[f](y), \quad k = 1, 2, \cdots.$$

证明 由定义, 知

$$\begin{aligned}\mathcal{F}[f'](y) &= \int_{-\infty}^{+\infty} f'(x)\mathrm{e}^{-\mathrm{i}xy}\,\mathrm{d}x \\ &= f(x)\mathrm{e}^{-\mathrm{i}xy}\Big|_{x=-\infty}^{+\infty} - \int_{-\infty}^{+\infty} f(x)\,(-\mathrm{i}y)\,\mathrm{e}^{-\mathrm{i}xy}\,\mathrm{d}x \\ &= \mathrm{i}y\,\mathcal{F}[f](y).\end{aligned}$$

证毕. □

Fourier 变换的这个性质将函数的微分运算转化为乘积运算. 因此, 通过 Fourier 变换可以把常微分方程化为函数方程, 把二元偏微分方程化为常微分方程.

当求出解的 Fourier 变换之后, 还需要通过 Fourier 逆变换求出解本身. 这时经常用到下面的卷积概念及相应的 Fourier 变换性质.

定义 3.3.2 (卷积) 设 f, g 在 $(-\infty, +\infty)$ 上绝对可积. 若对任意的 $x \in (-\infty, +\infty)$,

$$(f * g)(x) = \int_{-\infty}^{+\infty} f(x - z)g(z)\,\mathrm{d}z$$

都存在, 则称 $f * g$ 为 f 与 g 的卷积.

性质 3.3.4 (卷积性质) 设 f, g 在 $(-\infty, +\infty)$ 上绝对可积, 则

$$\mathcal{F}[f * g] = \mathcal{F}[f] \cdot \mathcal{F}[g].$$

证明 由定义,

$$\begin{aligned}\mathcal{F}[f*g](y) &= \int_{-\infty}^{+\infty}\Big(\int_{-\infty}^{+\infty} f(x-z)\,g(z)\,\mathrm{d}z\Big)\mathrm{e}^{-\mathrm{i}xy}\,\mathrm{d}x\\ &= \int_{-\infty}^{+\infty}\int_{-\infty}^{+\infty} f(x-z)\,\mathrm{e}^{-\mathrm{i}y(x-z)}g(z)\mathrm{e}^{-\mathrm{i}yz}\,\mathrm{d}z\,\mathrm{d}x.\end{aligned}$$

应用 Fubini 定理, 可以交换积分顺序, 有

$$\begin{aligned}\mathcal{F}[f*g](y) &= \int_{-\infty}^{+\infty}\int_{-\infty}^{+\infty} f(x-z)\,\mathrm{e}^{-\mathrm{i}y(x-z)}g(z)\mathrm{e}^{-\mathrm{i}yz}\,\mathrm{d}x\,\mathrm{d}z\\ &= \int_{-\infty}^{+\infty} f(x)\mathrm{e}^{-\mathrm{i}yx}\,\mathrm{d}x\cdot\int_{-\infty}^{+\infty} g(z)\mathrm{e}^{-\mathrm{i}yz}\,\mathrm{d}z\\ &= \mathcal{F}[f](y)\cdot\mathcal{F}[g](y).\end{aligned}$$

性质得证. □

例题 3.3.1 求 $\mathcal{F}^{-1}\left[\mathrm{e}^{-b^2y^2}\right]$, $b>0$.

解 由定义

$$\mathcal{F}^{-1}\left[\mathrm{e}^{-b^2y^2}\right](x) = \frac{1}{2\pi}\int_{-\infty}^{+\infty}\mathrm{e}^{-b^2y^2}\mathrm{e}^{\mathrm{i}xy}\mathrm{d}y = \frac{1}{2\pi}\int_{-\infty}^{+\infty}\mathrm{e}^{-b^2y^2}\cos xy\mathrm{d}y =: I(x).$$

求导, 并分部积分, 得

$$\begin{aligned}I'(x) &= \frac{1}{2\pi}\int_{-\infty}^{+\infty}\mathrm{e}^{-b^2y^2}\sin xy\cdot(-y)\,\mathrm{d}y\\ &= \frac{1}{4\pi b^2}\int_{-\infty}^{+\infty}\sin xy\mathrm{d}\mathrm{e}^{-b^2y^2}\\ &= \frac{1}{4\pi b^2}\Big(\mathrm{e}^{-b^2y^2}\sin xy\Big|_{y=-\infty}^{+\infty} - \int_{-\infty}^{+\infty}\mathrm{e}^{-b^2y^2}\cos xy\cdot x\mathrm{d}y\Big)\\ &= -\frac{x}{2b^2}I(x).\end{aligned}$$

通过求解常微分方程, 可知

$$I(x) = I(0)\mathrm{e}^{-\frac{x^2}{4b^2}},$$

其中

$$I(0) = \frac{1}{2\pi}\int_{-\infty}^{+\infty}\mathrm{e}^{-b^2y^2}\mathrm{d}y = \frac{1}{2\pi b}\int_{-\infty}^{+\infty}\mathrm{e}^{-y^2}\mathrm{d}y = \frac{1}{2b\sqrt{\pi}}.$$

因此

$$\mathcal{F}^{-1}\left[\mathrm{e}^{-b^2y^2}\right](x) = \frac{\mathrm{e}^{-\frac{x^2}{4b^2}}}{2b\sqrt{\pi}}.$$ □

习题 3.3.1 求函数 $f(x)=\cos ax^2$ 的 Fourier 变换, 其中 a 是非零常数.

习题 3.3.2 求函数 $g(y)=\mathrm{e}^{-b|y|}$ 的 Fourier 逆变换, 其中 b 是正常数.

3.3.2 Cauchy 问题的求解

现在利用 Fourier 变换形式地求解热传导方程的 Cauchy 问题

$$\begin{cases} u_t - a^2 u_{xx} = 0, & -\infty < x < +\infty,\ t > 0, \\ u(x,0) = \varphi(x), & -\infty < x < +\infty. \end{cases} \tag{3.3.1}$$

记 $u(x,t)$ 关于 x 的 Fourier 变换为

$$\mathcal{F}[u](y,t) = \int_{-\infty}^{+\infty} u(x,t)\mathrm{e}^{-\mathrm{i}xy}\,\mathrm{d}x.$$

由含参量积分的求导, 有

$$\mathcal{F}[u_t](y,t) = \int_{-\infty}^{+\infty} u_t(x,t)\mathrm{e}^{-\mathrm{i}xy}\,\mathrm{d}x = \frac{\mathrm{d}}{\mathrm{d}t}\mathcal{F}[u](y,t).$$

应用性质 3.3.3, 有

$$\mathcal{F}[u_{xx}](y,t) = (\mathrm{i}y)^2\,\mathcal{F}[u](y,t) = -y^2\mathcal{F}[u](y,t).$$

直接计算, 有

$$\mathcal{F}[\varphi](y) = \int_{-\infty}^{+\infty} \varphi(x)\mathrm{e}^{-\mathrm{i}xy}\,\mathrm{d}x = \int_{-\infty}^{+\infty} u(x,0)\mathrm{e}^{-\mathrm{i}xy}\,\mathrm{d}x = \mathcal{F}[u]\,(y,0)\,.$$

对问题 (3.3.1) 中的方程和初始条件的两边分别做 Fourier 变换, 得

$$\begin{cases} \dfrac{\mathrm{d}}{\mathrm{d}t}\mathcal{F}[u] + a^2y^2\mathcal{F}[u] = 0,\ t > 0, \\ \mathcal{F}[u]\,(y,0) = \mathcal{F}[\varphi](y), \end{cases}$$

这是一个以 y 为参数、t 为自变量、$\mathcal{F}[u]$ 为未知函数的一阶线性常系数常微分方程的 Cauchy 问题, 其解为 $\mathcal{F}[u](y,t) = \mathcal{F}[\varphi](y)\mathrm{e}^{-a^2y^2t}$.

由例题 3.3.1 和性质 3.3.4, 知

$$\mathcal{F}[u](y,t) = \mathcal{F}[\varphi](y)\cdot\mathcal{F}\left[\frac{\mathrm{e}^{-\frac{x^2}{4a^2t}}}{2a\sqrt{\pi t}}\right](y,t) = \mathcal{F}\left[\varphi * \frac{\mathrm{e}^{-\frac{x^2}{4a^2t}}}{2a\sqrt{\pi t}}\right](y,t).$$

所以, 对于 $x \in (-\infty,+\infty)$ 和 $t > 0$,

$$\begin{aligned} u(x,t) &= \varphi(x) * \frac{\mathrm{e}^{-\frac{x^2}{4a^2t}}}{2a\sqrt{\pi t}} \\ &= \frac{1}{2a\sqrt{\pi t}}\int_{-\infty}^{+\infty} \varphi(y)\mathrm{e}^{-\frac{(x-y)^2}{4a^2t}}\,\mathrm{d}y \\ &= \frac{1}{\sqrt{\pi}}\int_{-\infty}^{+\infty} \varphi\left(x + 2a\sqrt{t}\xi\right)\mathrm{e}^{-\xi^2}\,\mathrm{d}\xi. \end{aligned} \tag{3.3.2}$$

这就是 Cauchy 问题 (3.3.1) 的形式解.

习题 3.3.3 应用 Fourier 变换求出 Cauchy 问题

$$\begin{cases} u_t - a^2 u_{xx} - b u_x - c u = f(x,t), & -\infty < x < +\infty,\ t > 0, \\ u(x,0) = \varphi(x), & -\infty < x < +\infty \end{cases}$$

的形式解, 其中 a, b, c 是常数.

定理 3.3.2 若 $\varphi \in C^0(-\infty,+\infty)$ 在 $(-\infty,+\infty)$ 上有界, 则 (3.3.2) 式给出的 $u \in C^\infty((-\infty,+\infty)\times(0,+\infty)) \cap C^0((-\infty,+\infty)\times[0,+\infty))$ 是问题 (3.3.1) 的解.

证明 设 $|\varphi(x)| \leqslant M$. 先证 $u \in C^\infty((-\infty,+\infty)\times(0,+\infty))$ 满足问题 (3.3.1) 中的方程.

记

$$K(x,t) = \frac{1}{2a\sqrt{\pi t}} \mathrm{e}^{-\frac{x^2}{4a^2 t}}, \quad -\infty < x < +\infty,\ t > 0,$$

则问题 (3.3.1) 的形式解为

$$u(x,t) = \int_{-\infty}^{+\infty} \varphi(\xi) K(x-\xi,t)\,\mathrm{d}\xi.$$

直接计算, 有

$$\begin{aligned} K_x &= \frac{1}{2a\sqrt{\pi t}} \mathrm{e}^{-\frac{x^2}{4a^2 t}} \cdot \Big(-\frac{x}{2a^2 t}\Big), \\ K_{xx} &= \frac{1}{2a\sqrt{\pi t}} \mathrm{e}^{-\frac{x^2}{4a^2 t}} \cdot \Big(-\frac{1}{2a^2 t}\Big) + \frac{1}{2a\sqrt{\pi t}} \mathrm{e}^{-\frac{x^2}{4a^2 t}} \cdot \Big(-\frac{x}{2a^2 t}\Big)^2, \\ K_t &= \frac{1}{2a\sqrt{\pi}} \cdot \Big(-\frac{1}{2} t^{-\frac{3}{2}}\Big) \mathrm{e}^{-\frac{x^2}{4a^2 t}} + \frac{1}{2a\sqrt{\pi t}} \mathrm{e}^{-\frac{x^2}{4a^2 t}} \cdot \frac{x^2}{4a^2 t^2}. \end{aligned}$$

所以, $K_t(x-\xi,t) = a^2 K_{xx}(x-\xi,t)$.

为了证明结论成立, 我们断言 $\displaystyle\int_{-\infty}^{+\infty} \varphi(\xi) K(x-\xi,t)\,\mathrm{d}\xi$ 的各阶导数与广义积分可以交换顺序. 由微分的局部性, 这归结为: 对于任意的 $R>0$, $\delta>0$, $T>0$ 和任意的 $m,n \in \mathbf{N}$,

$$\int_{-\infty}^{+\infty} \varphi(\xi) \frac{\partial^{m+n} K}{\partial x^m \partial t^n}(x-\xi,t)\,\mathrm{d}\xi$$

在 $[-R,R]\times[\delta,T]$ (图 3.9) 上一致收敛.

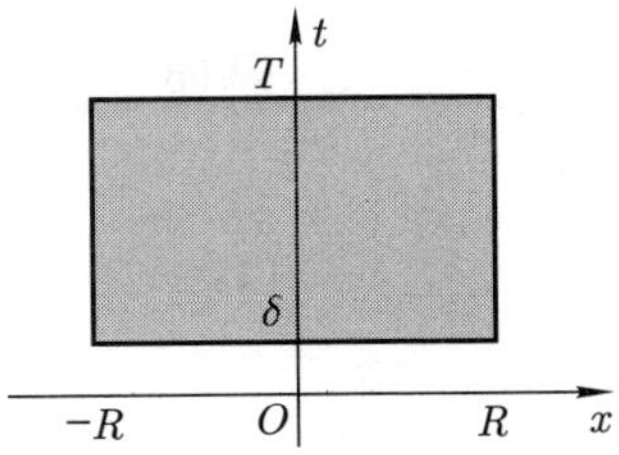

图 3.9

事实上, 存在正系数的二元多项式 P_{mn}, 使得

$$\begin{aligned} \left|\varphi(\xi)\frac{\partial^{m+n} K}{\partial x^m \partial t^n}(x-\xi,t)\right| &\leqslant M \cdot \frac{1}{\sqrt{t}} K(|x-\xi|,t)\, P_{mn}\Big(|x-\xi|, \frac{1}{\sqrt{t}}\Big) \\ &\leqslant M \cdot \frac{1}{\sqrt{\delta}} \cdot \frac{1}{2a\sqrt{\pi\delta}} \mathrm{e}^{-\frac{\xi^2 - 2R|\xi|}{4a^2 T}} P_{mn}\Big(|\xi|+R, \frac{1}{\sqrt{\delta}}\Big) \\ &\leqslant \frac{M \mathrm{e}^{\frac{R^2}{2a^2 T}}}{2a\delta\sqrt{\pi}} \cdot \mathrm{e}^{-\frac{\xi^2}{8a^2 T}} P_{mn}\Big(|\xi|+R, \frac{1}{\sqrt{\delta}}\Big). \end{aligned}$$

注意到

$$\lim_{\xi\to\infty}\left(\xi^2\cdot\mathrm{e}^{-\frac{\xi^2}{8a^2T}}P_{mn}\left(|\xi|+R,\frac{1}{\sqrt{\delta}}\right)\right)=0.$$

所以存在仅与 m, n, M, δ, T, R 有关的常数 C, 使得

$$\left|\varphi(\xi)\frac{\partial^{m+n}K}{\partial x^m\partial t^n}(x-\xi,t)\right|\leqslant\frac{C}{\xi^2},\quad (x,t)\in[-R,R]\times[\delta,T].$$

即断言成立.

现在证明 $u\in C^0((-\infty,+\infty)\times[0,+\infty))$ 满足问题 (3.3.1) 中初始条件. 只需证明: 对给定的 $x_0\in(-\infty,+\infty)$,

$$\lim_{(x,t)\to(x_0,0+0)}u(x,t)=\varphi(x_0),$$

即对于任意的 $\varepsilon>0$, 存在 $\delta>0$, 使得对所有的 $|x-x_0|<\delta$, $0<t<\delta$, 有

$$|u(x,t)-\varphi(x_0)|<\varepsilon.$$

首先, 易知

$$u(x,t)-\varphi(x_0)=\frac{1}{\sqrt{\pi}}\int_{-\infty}^{+\infty}\left(\varphi\left(x+2a\sqrt{t}\xi\right)-\varphi(x_0)\right)\mathrm{e}^{-\xi^2}\,\mathrm{d}\xi.$$

一方面, 由广义积分的收敛性, 对于任意的 $\varepsilon>0$, 存在 N, 使得

$$\left|\frac{1}{\sqrt{\pi}}\int_{|\xi|>N}\left(\varphi\left(x+2a\sqrt{t}\xi\right)-\varphi(x_0)\right)\mathrm{e}^{-\xi^2}\,\mathrm{d}\xi\right|\leqslant\frac{2M}{\sqrt{\pi}}\int_{|\xi|>N}\mathrm{e}^{-\xi^2}\,\mathrm{d}\xi<\frac{\varepsilon}{2}.$$

另一方面, 由 φ 的连续性, 对上述的 $\varepsilon>0$, 存在 $\delta>0$, 使得对所有的 $|x-x_0|<\delta$, $0<t<\delta$, $|\xi|\leqslant N$, 有

$$\left|\left(x+2a\sqrt{t}\xi\right)-x_0\right|\leqslant|x-x_0|+2a\sqrt{t}|\xi|\leqslant|x-x_0|+2aN\sqrt{t}\leqslant\delta+2aN\sqrt{\delta}.$$

从而

$$\left|\varphi\left(x+2a\sqrt{t}\xi\right)-\varphi(x_0)\right|<\frac{\sqrt{\pi}\varepsilon}{4N}.$$

于是

$$\left|\frac{1}{\sqrt{\pi}}\int_{|\xi|\leqslant N}\left(\varphi\left(x+2a\sqrt{t}\xi\right)-\varphi(x_0)\right)\mathrm{e}^{-\xi^2}\,\mathrm{d}\xi\right|\leqslant\frac{2N}{\sqrt{\pi}}\cdot\frac{\sqrt{\pi}\varepsilon}{4N}=\frac{\varepsilon}{2}.$$

所以 $|u(x,t)-\varphi(x_0)|<\varepsilon$. □

注: 由公式 (3.3.2) 可以看出热传导方程的解具有明显的无限传播性, 即假设初值 $\varphi(x)$ 只在杆上某一小段区间 $(x_0-\delta,x_0+\delta)$ 上不为零, 不妨设 $\varphi(x)>0$, 于是, 只要 $t>0$, 杆上每一点处的温度 $u(x,t)$ 则均为正. 也就是说, 顷刻之间, 热量就传到了杆上的每一点. 这一点与后面要讲的波动方程有本质的不同.

例题 3.3.2 求解

$$\begin{cases} u_t - u_{xx} = 0, & -\infty < x < +\infty,\ t > 0, \\ u(x,0) = \cos x, & -\infty < x < +\infty. \end{cases}$$

解 由求解公式 (3.3.2), 得

$$\begin{aligned} u(x,t) &= \frac{1}{\sqrt{\pi}} \int_{-\infty}^{+\infty} \mathrm{e}^{-\xi^2} \cos\left(x + 2\sqrt{t}\xi\right) \mathrm{d}\xi \\ &= \frac{1}{\sqrt{\pi}} \int_{-\infty}^{+\infty} \mathrm{e}^{-\xi^2} \left[\cos x \cos(2\sqrt{t}\xi) - \sin x \sin(2\sqrt{t}\xi)\right] \mathrm{d}\xi \\ &= \frac{\cos x}{\sqrt{\pi}} \int_{-\infty}^{+\infty} \mathrm{e}^{-\xi^2} \cos(2\sqrt{t}\xi)\, \mathrm{d}\xi \\ &= \frac{\cos x}{\sqrt{\pi}} J\left(\sqrt{t}\right), \end{aligned}$$

其中

$$J(t) := \int_{-\infty}^{+\infty} \mathrm{e}^{-\xi^2} \cos(2t\xi)\, \mathrm{d}\xi = \sqrt{\pi}\mathrm{e}^{-t^2}.$$

上面的最后一个等式借用了例 3.3.1 中的结果. 因此

$$u(x,t) = \frac{\cos x}{\sqrt{\pi}} \cdot \sqrt{\pi}\mathrm{e}^{-t} = \mathrm{e}^{-t}\cos x.$$ □

习题 3.3.4 求解 Cauchy 问题

$$\begin{cases} u_t - u_{xx} = 0, & -\infty < x < +\infty,\ t > 0, \\ u(x,0) = \sin x, & -\infty < x < +\infty. \end{cases}$$

§3.4 附录: Gronwall 不等式与 Fourier 变换

一、Gronwall 不等式

Gronwall 不等式是讨论常微分方程的一个重要工具. 下面我们给出常用的一种微分形式的 Gronwall 不等式.

命题 3.4.1 (Gronwall 不等式) 设函数 $E(t)$ 在 $[0,T]$ 上连续可微, $E(0)=0$, 且对 $t \in [0,T]$, 有

$$\frac{\mathrm{d}E(t)}{\mathrm{d}t} \leqslant CE(t) + F(t),$$

其中 $C > 0$ 为常数, $F(t)$ 为 $[0,T]$ 上的可积函数, 则

$$E(t) \leqslant \int_0^t \mathrm{e}^{C(t-\tau)} F(\tau)\mathrm{d}\tau.$$

二、Fourier 级数

对 $k=0,1,2,\cdots$ 和 $f(x)$, 记

$$a_k=\frac{2}{l}\int_0^l f(\xi)\cos\frac{k\pi}{l}\xi\,\mathrm{d}\xi,\quad b_k=\frac{2}{l}\int_0^l f(\xi)\sin\frac{k\pi}{l}\xi\,\mathrm{d}\xi.$$

引理 3.4.1 (Parseval 等式) 若 $f\in L^2(0,l)$, 则

$$\frac{1}{2}a_0^2+\sum_{k=1}^{\infty}a_k^2=\sum_{k=1}^{\infty}b_k^2=\frac{2}{l}\int_0^l f^2(x)\,\mathrm{d}x.$$

引理 3.4.2 (Fourier 级数收敛定理) 若 $f\in C^1[0,l]$, $f(0)=f(l)=0$, 则

$$\frac{1}{2}a_0+\sum_{k=1}^{\infty}a_k\cos\frac{k\pi}{l}x=\sum_{k=1}^{\infty}b_k\sin\frac{k\pi}{l}x=f(x)$$

在 $[0,l]$ 上一致收敛.

命题 3.4.2 (Riemann 引理) 若 g 在 $[a,b]$ 上可积, 则

$$\lim_{m\to\infty}\int_a^b g(y)\sin my\mathrm{d}y=0.$$

三、Fourier 变换的性质

下表中的 Fourier 变换的性质选自匈牙利数学家 Arthur Erdélyi (英国皇家学会院士) 的《Tables of integral transforms》.

序号	函数	Fourier 变换
100	$f(x)$	$\hat{f}(y)=\int_{-\infty}^{+\infty}f(x)\mathrm{e}^{-\mathrm{i}yx}\,\mathrm{d}x$
101	$a\cdot f(x)+b\cdot g(x)$	$a\cdot\hat{f}(y)+b\cdot\hat{g}(y)$
102	$f(x-a)$	$\mathrm{e}^{-\mathrm{i}ay}\hat{f}(y)$
103	$\mathrm{e}^{2\pi\mathrm{i}ax}f(x)$	$\hat{f}(y-2\pi a)$
104	$f(ax)$	$\frac{1}{\|a\|}\hat{f}\left(\frac{y}{a}\right)$
105	$\hat{f}(x)$	$2\pi f(-y)$
106	$f^{(k)}(x)$	$(\mathrm{i}y)^k\hat{f}(y)$
107	$x^kf(x)$	$\mathrm{i}^k\hat{f}^{(k)}(y)$
108	$(f*g)(x)$	$\hat{f}(y)\hat{g}(y)$
109	$f(x)g(x)$	$\frac{1}{2\pi}(\hat{f}*\hat{g})(y)$
110	$\overline{f(x)}$	$\overline{\hat{f}(-y)}$

表中的 $a,b\in\mathbf{R}$, $k=1,2,\cdots$.

四、某些函数的 Fourier 变换

下表给出了一部分函数的 Fourier 变换. 它们选自美国发明家、电报和电话的先驱 George Ashley Campbell 和 Ronald Foster 的《Fourier integrals for practical applications》.

序号	函数	Fourier 变换
200	$f(x)$	$\hat{f}(y)=\int_{-\infty}^{+\infty} f(x)\mathrm{e}^{-\mathrm{i}yx}\,\mathrm{d}x$
201	$\mathrm{rect}(ax)$	$\frac{1}{\lvert a\rvert}\cdot\mathrm{sinc}\left(\frac{y}{2\pi a}\right)$
202	$\mathrm{sinc}(ax)$	$\frac{1}{\lvert a\rvert}\cdot\mathrm{rect}\left(\frac{y}{2\pi a}\right)$
203	$\mathrm{sinc}^2(ax)$	$\frac{1}{\lvert a\rvert}\cdot\mathrm{tri}\left(\frac{y}{2\pi a}\right)$
204	$\mathrm{tri}(ax)$	$\frac{1}{\lvert a\rvert}\cdot\mathrm{sinc}^2\left(\frac{y}{2\pi a}\right)$
205	$\mathrm{e}^{ax}u(x)$	$\frac{1}{a+\mathrm{i}y}$
206	$\mathrm{e}^{-\alpha x^2}$	$\sqrt{\frac{\pi}{\alpha}}\mathrm{e}^{-\frac{y^2}{4\alpha}}$
207	$\mathrm{e}^{-a\lvert x\rvert}$	$\frac{2a}{a^2+y^2}$
208	$\mathrm{sech}(ax)$	$\frac{\pi}{a}\,\mathrm{sech}\left(\frac{\pi}{2a}y\right)$
209	$\cos(ax^2)$	$\sqrt{\frac{\pi}{a}}\cos\left(\frac{y^2}{4a}-\frac{\pi}{4}\right)$
210	$\sin(ax^2)$	$-\sqrt{\frac{\pi}{a}}\sin\left(\frac{y^2}{4a}-\frac{\pi}{4}\right)$
211	$\frac{1}{x}$	$-\mathrm{i}\pi\,\mathrm{sgn}(y)$
212	$\frac{1}{x^k}$	$-\mathrm{i}\pi\frac{(-\mathrm{i}y)^{k-1}}{(k-1)!}\,\mathrm{sgn}(y)$
213	$\frac{1}{\sqrt{\lvert x\rvert}}$	$\sqrt{\frac{2\pi}{\lvert y\rvert}}$
214	$\mathrm{sgn}(x)$	$\frac{2}{\mathrm{i}y}$

表中的 a 是非零常数, $k=1,2,\cdots$. 表中出现的函数分别定义如下:

矩形函数

$$\mathrm{rect}(t)=\begin{cases}0, & |t|>\frac{1}{2},\\ \frac{1}{2}, & |t|=\frac{1}{2},\\ 1, & |t|<\frac{1}{2}.\end{cases}$$

辛格函数 (图 3.10)

$$\mathrm{sinc}(x)=\frac{\sin(\pi x)}{\pi x}.$$

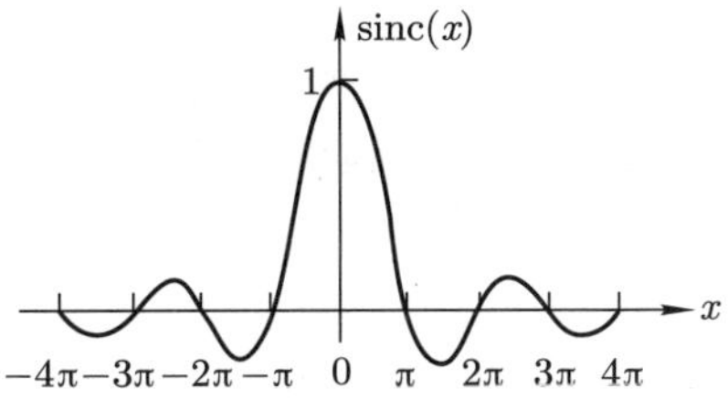

图 3.10 sinc(x) 的函数图像

三角形函数

$$\mathrm{tri}(t)=\begin{cases}1-|t|, & |t|<1,\\ 0, & |t|\geqslant 1.\end{cases}$$

单位阶跃函数

$$u(x)=\begin{cases}1, & x>0,\\ \dfrac{1}{2}, & x=0,\\ 0, & x<0.\end{cases}$$

双曲余割函数

$$\operatorname{sech}(x)=\frac{2}{\mathrm{e}^{x}+\mathrm{e}^{-x}}.$$

§3.5 习题解答

习题 3.1.1 设 $\varphi\in C^0(\partial_pQ_T)$, c 是一个常数. 若 $u\in C^{2,1}(Q_T)\cap C^0(\overline{Q_T})$ 是问题

$$\begin{cases}u_t-\Delta u-cu=0, & (\boldsymbol{x},t)\in Q_T,\\ u=\varphi(\boldsymbol{x},t), & (\boldsymbol{x},t)\in\partial_pQ_T\end{cases}$$

的解, 证明在 $\overline{Q_T}$ 上,

$$|u(\boldsymbol{x},t)|\leqslant \mathrm{e}^{ct}\max_{\partial_pQ_T}|\varphi|.$$

证明 令 $u_1=\mathrm{e}^{-ct}u$, 则 $u=\mathrm{e}^{ct}u_1$.

$$u_t-\Delta u-cu=c\mathrm{e}^{ct}u_1+\mathrm{e}^{ct}u_{1t}-\mathrm{e}^{ct}\Delta u_1-c\mathrm{e}^{ct}u_1=\mathrm{e}^{ct}\Big(u_{1t}-\Delta u_1\Big).$$

所以, $u_1\in C^{2,1}(Q_T)\cap C^0(\overline{Q_T})$ 是问题

$$\begin{cases}u_{1t}-\Delta u_1=0, & (\boldsymbol{x},t)\in Q_T,\\ u_1=\mathrm{e}^{-ct}\varphi(\boldsymbol{x},t), & (\boldsymbol{x},t)\in\partial_pQ_T\end{cases}$$

的解.

由弱极值原理, u_1 在 $\overline{Q_T}$ 上的最大值在 ∂_pQ_T 上达到, 即

$$\max_{\overline{Q_T}}|u_1(\boldsymbol{x},t)|=\max_{\partial_pQ_T}|\mathrm{e}^{-ct}\varphi|.$$

因此, 对任意的 $(\boldsymbol{x},t)\in\overline{Q_T}$,

$$|u_1(\boldsymbol{x},t)|\leqslant\max_{\partial_pQ_T}|\mathrm{e}^{-ct}\varphi|,$$

$$|u(\boldsymbol{x},t)|\leqslant \mathrm{e}^{ct}\max_{\partial_pQ_T}|\mathrm{e}^{-ct}\varphi|.$$

□

习题 3.1.2 设 l, T, b, u_0 是正常数. 若 $u \in C^{2,1}((0,l)\times(0,T))$, $u_x \in C^0([0,l]\times[0,T])$, u 是问题

$$\begin{cases} u_t - u_{xx} = 0, & 0<x<l,\ 0<t\leqslant T, \\ u(x,0)=0, & 0\leqslant x\leqslant l, \\ u_x(0,t)+b\Big(u_0-u(0,t)\Big)=0, \quad u(l,t)=0, & 0\leqslant t\leqslant T \end{cases}$$

的解, 证明在 $[0,l]\times[0,T]$ 上, $0\leqslant u(x,t)\leqslant u_0$.

证明 由于 u 满足

$$u_t - u_{xx} = 0, \qquad 0<x<l, \quad 0<t\leqslant T,$$

则由极值原理, u 在 $[0,l]\times[0,T]$ 上的最大值和最小值都在边界上达到.

若 u 在 P_1 点取负最小值. 显然, 不会在 $t=0$ 或 $x=l$ 处. 即 P_1 点只能在 $x=0$ 处. 此时, $u_x(P_1)\geqslant 0$, $u(P_1)<0$. 于是有 $u_x(P_1)+b(u_0-u(P_1))>0$, 矛盾. 因此, 在 $[0,l]\times[0,T]$ 上, $u(x,t)\geqslant 0$.

若 u 在 P_2 点取最大值, 且有 $u(P_2)>u_0$. 同理, P_2 点只能在 $x=0$ 处. 此时, $u_x(P_2)\leqslant 0$, $u(P_2)>u_0$. 于是有 $u_x(P_2)+b(u_0-u(P_2))<0$, 矛盾. 因此, 在 $[0,l]\times[0,T]$ 上, $u(x,t)\leqslant u_0$.

综上, 在 $[0,l]\times[0,T]$ 上, $0\leqslant u(x,t)\leqslant u_0$. □

习题 3.1.3 详细叙述并证明定理 3.1.6.

叙述: (1) Cauchy 问题 (3.1.3) 的解在有界函数类中是唯一的. 即若 $u_1,u_2\in C^{2,1}(\mathbf{R}_T)\cap C^0(\overline{\mathbf{R}_T})$ 是问题 (3.1.3) 的有界解, 则 $u_1\equiv u_2$.

(2) Cauchy 问题 (3.1.3) 在 $C^{2,1}(\mathbf{R}_T)\cap C^0(\overline{\mathbf{R}_T})$ 中的有界解按最大模距离连续依赖于非齐次项 f 和初值 φ. 即如果 $u_i\in C^{2,1}(\mathbf{R}_T)\cap C^0(\overline{\mathbf{R}_T})$ 是问题 (3.1.3) 具有非齐次项 f_i 和初值 φ_i 的相应有界解, $i=1,2$, 那么对于任意的 $\varepsilon>0$, 存在 $\delta>0$, 只要

$$\sup_{\mathbf{R}_T}|f_1(\boldsymbol{x},t)-f_2(\boldsymbol{x},t)|<\delta,\ \sup_{\mathbf{R}^n}|\varphi_1(\boldsymbol{x},t)-\varphi_2(\boldsymbol{x},t)|<\delta,$$

就有

$$\sup_{\mathbf{R}_T}|u_1(\boldsymbol{x},t)-u_2(\boldsymbol{x},t)|<\varepsilon.$$

证明 (1) 令 $u=u_1-u_2$, 满足

$$\begin{cases} u_t-\Delta u=0, & (\boldsymbol{x},t)\in\mathbf{R}_T, \\ u(\boldsymbol{x},0)=0, & \boldsymbol{x}\in\mathbf{R}^n. \end{cases}$$

由定理 3.1.5 (最大模估计) 知 $\sup\limits_{\mathbf{R}_T}|u|\leqslant 0$, 即 $u\equiv 0$. 从而 $u_1\equiv u_2$.

(2) 由于 $u_1-u_2\in C^{2,1}(\mathbf{R}_T)\cap C^0(\overline{\mathbf{R}_T})$ 是与非齐次项 f_1-f_2 和初值 $\varphi_1-\varphi_2$ 对应的 Cauchy 问题 (3.1.3) 的解. 由定理 3.1.5 的估计, 得

$$\sup_{\mathbf{R}_T}|u_1-u_2|\leqslant T\sup_{\mathbf{R}_T}|f_1-f_2|+\sup_{\mathbf{R}^n}|\varphi_1-\varphi_2|.$$

那么对于任意的 $\varepsilon>0$, 取 $\delta=\dfrac{\varepsilon}{T+2}$, 只要

$$\sup_{\mathbf{R}_T}|f_1(\boldsymbol{x},t)-f_2(\boldsymbol{x},t)|<\delta,\qquad \sup_{\mathbf{R}^n}|\varphi_1(\boldsymbol{x},t)-\varphi_2(\boldsymbol{x},t)|<\delta,$$

就有

$$\sup_{\mathbf{R}_T}|u_1(\boldsymbol{x},t)-u_2(\boldsymbol{x},t)|\leqslant T\delta+\delta=(T+1)\frac{\varepsilon}{T+2}<\varepsilon.$$ □

习题 3.2.1 叙述并证明一阶方程 Cauchy 问题

$$\begin{cases}u_t+u_x=f(x,t), & -\infty<x<+\infty,\ t>0,\\ u(x,0)=0, & -\infty<x<+\infty\end{cases}$$

的齐次化原理.

叙述: 一阶方程 Cauchy 问题

$$\begin{cases}u_t+u_x=f(x,t), & -\infty<x<+\infty,\ t>0,\\ u(x,0)=0, & -\infty<x<+\infty\end{cases}$$

的解为

$$u(x,t)=\int_0^t w(x,t;\tau)\,\mathrm{d}\tau,$$

其中 $w(x,t;\tau)$ 满足 Cauchy 问题

$$\begin{cases}w_t+w_x=0, & -\infty<x<+\infty,\ t>\tau,\\ w(x,\tau;\tau)=f(x,\tau), & -\infty<x<+\infty.\end{cases}$$

证明 取

$$u(x,t)=\int_0^t w(x,t;\tau)\,\mathrm{d}\tau,$$

求导, 得

$$\begin{aligned}u_t+u_x&=w(x,t;t)+\int_0^t w_t(x,t;\tau)\,\mathrm{d}\tau+\int_0^t w_x(x,t;\tau)\,\mathrm{d}\tau\\&=f(x,t)+\int_0^t\Big(w_t(x,t;\tau)+w_x(x,t;\tau)\Big)\,\mathrm{d}\tau\\&=f(x,t),\qquad -\infty<x<+\infty,\ t>0,\end{aligned}$$

初始条件

$$u(x,0)=\int_0^0 w(x,0;\tau)\,\mathrm{d}\tau=0, \qquad -\infty<x<+\infty.$$

所以, u 是一阶方程 Cauchy 问题的解. □

习题 3.2.2 用分离变量法求解初边值问题

$$\begin{cases} u_t-a^2u_{xx}=0, & 0<x<l,\ t>0,\\ u(x,0)=0, & 0\leqslant x\leqslant l,\\ u(0,t)=0,\quad u(l,t)=At, & t\geqslant 0,\end{cases}$$

其中 A 是常数.

解 设 $v(x,t)=\dfrac{x}{l}At$, $\overline{u}=u-v$, 则

$$\begin{cases} \overline{u}_t-a^2\overline{u}_{xx}=-\dfrac{A}{l}x, & 0<x<l,t>0,\\ \overline{u}(x,0)=0, & 0\leqslant x\leqslant l,\\ \overline{u}(0,t)=\overline{u}(l,t)=0, & t\geqslant 0.\end{cases} \tag{3.5.1}$$

由 Duhamel 原理, 问题 (3.5.1) 的解

$$\overline{u}(x,t)=\int_0^t w(x,t;\tau)\,\mathrm{d}\tau,$$

其中 $w(x,t;\tau)$ 满足初边值问题

$$\begin{cases} w_t-a^2w_{xx}=0, & 0<x<l,t>\tau,\\ w(x,\tau;\tau)=-\dfrac{A}{l}x, & 0\leqslant x\leqslant l,\\ w(0,t;\tau)=w(l,t;\tau)=0, & t\geqslant\tau.\end{cases} \tag{3.5.2}$$

下面求解问题 (3.5.2). 设 $w(x,t;\tau)=X(x)T(t)$, 则

$$\begin{cases} XT'-a^2X''T=0, & 0<x<l,t>\tau,\\ X(0)T(t)=X(l)T(t)=0, & t\geqslant\tau.\end{cases}$$

将上述方程分离变量, 有

$$\frac{X''}{X}=\frac{T'}{a^2T}=-\lambda,$$

其中 λ 为待定常数. 从而, 得到

$$\begin{cases} X''+\lambda X=0, & 0<x<l,\\ X(0)=X(l)=0,\end{cases} \tag{3.5.3}$$

和

$$T'+a^2\lambda T=0, \qquad t>\tau. \tag{3.5.4}$$

解特征值问题 (3.5.3) 与方程 (3.5.4), 得

$$\lambda_k=\left(\frac{k\pi}{l}\right)^2,\quad X_k(t)=\sin\frac{k\pi}{l}x,\quad T_k(t)=A_k\mathrm{e}^{-\left(\frac{k\pi a}{l}\right)^2 t},\quad k=1,2,\cdots,$$

所以

$$w(x,t;\tau)=\sum_{k=1}^{\infty}A_k\mathrm{e}^{-\left(\frac{k\pi a}{l}\right)^2 t}\sin\frac{k\pi}{l}x.$$

由初始条件

$$w(x,\tau;\tau)=\sum_{k=1}^{\infty}A_k\mathrm{e}^{-\left(\frac{k\pi a}{l}\right)^2 \tau}\sin\frac{k\pi}{l}x=-\frac{A}{l}x,$$

结合 $\left\{\sin\frac{k\pi}{l}x\right\}$ 的正交性, 有

$$\begin{aligned}\int_0^l-\frac{A}{l}x\sin\frac{k'\pi}{l}x\,\mathrm{d}x&=\int_0^l\sum_{k=1}^{\infty}A_k\mathrm{e}^{-\left(\frac{k\pi a}{l}\right)^2 \tau}\sin\frac{k\pi}{l}x\sin\frac{k'\pi}{l}x\,\mathrm{d}x\\&=\sum_{k=1}^{\infty}A_k\mathrm{e}^{-\left(\frac{k\pi a}{l}\right)^2 \tau}\int_0^l\sin\frac{k\pi}{l}x\sin\frac{k'\pi}{l}x\,\mathrm{d}x\\&=\begin{cases}\frac{l}{2}\mathrm{e}^{-\left(\frac{k\pi a}{l}\right)^2 \tau}A_{k'}, & k'=k,\\0, & k'\neq k.\end{cases}\end{aligned}$$

从而

$$A_k=\frac{2}{l}\mathrm{e}^{a^2\left(\frac{k\pi}{l}\right)^2\tau}\int_0^l-\frac{A}{l}x\sin\frac{k\pi}{l}x\,\mathrm{d}x=(-1)^k\frac{2A}{k\pi}\mathrm{e}^{a^2\left(\frac{k\pi}{l}\right)^2\tau},k=1,2,\cdots.$$

故

$$\begin{aligned}u(x,t)&=\int_0^t\left(\sum_{k=1}^{\infty}(-1)^k\frac{2A}{k\pi}\mathrm{e}^{-a^2\left(\frac{k\pi}{l}\right)^2(t-\tau)}\sin\frac{k\pi}{l}x\right)\mathrm{d}\tau+\frac{A}{l}xt\\&=\frac{2A}{\pi}\left(\frac{l}{\pi a}\right)^2\sum_{k=1}^{\infty}\frac{(-1)^k}{k^3}\left(1-\mathrm{e}^{-\left(\frac{ak\pi}{l}\right)^2t}\right)\sin\frac{k\pi}{l}x+\frac{A}{l}xt.\end{aligned}$$ □

习题 3.3.1 求函数 $f(x)=\cos ax^2$ 的 Fourier 变换, 其中 a 是非零常数.

解　由定义, 直接计算有

$$\begin{aligned}&\mathcal{F}[\cos ax^2](y)\\&=\int_{-\infty}^{+\infty}\cos ax^2\mathrm{e}^{-\mathrm{i}xy}\,\mathrm{d}x\\&=\int_{-\infty}^{+\infty}\cos ax^2\cos xy\,\mathrm{d}x\\&=\frac{1}{2}\int_{-\infty}^{+\infty}\left[\cos(ax^2+xy)+\cos(ax^2-xy)\right]\mathrm{d}x\end{aligned}$$

$$= \frac{1}{2}\int_{-\infty}^{+\infty}\left[\cos\left(a\left(x+\frac{y}{2a}\right)^2-\frac{y^2}{4a}\right)+\cos\left(a\left(x-\frac{y}{2a}\right)^2-\frac{y^2}{4a}\right)\right]\mathrm{d}x$$
$$= \frac{1}{2}\int_{-\infty}^{+\infty}\left[\cos a\left(x+\frac{y}{2a}\right)^2\cos\frac{y^2}{4a}+\sin a\left(x+\frac{y}{2a}\right)^2\sin\frac{y^2}{4a}+\right.$$
$$\left.\cos a\left(x-\frac{y}{2a}\right)^2\cos\frac{y^2}{4a}+\sin a\left(x-\frac{y}{2a}\right)^2\sin\frac{y^2}{4a}\right]\mathrm{d}x$$
$$= \int_{-\infty}^{+\infty}\left(\cos ax^2\cos\frac{y^2}{4a}+\sin ax^2\sin\frac{y^2}{4a}\right)\mathrm{d}x$$
$$= \frac{1}{\sqrt{a}}\left(\cos\frac{y^2}{4a}\int_{-\infty}^{+\infty}\cos x^2\,\mathrm{d}x+\sin\frac{y^2}{4a}\int_{-\infty}^{+\infty}\sin x^2\,\mathrm{d}x\right)$$
$$= \frac{1}{\sqrt{a}}\left(\sqrt{\frac{\pi}{2}}\cos\frac{y^2}{4a}+\sqrt{\frac{\pi}{2}}\sin\frac{y^2}{4a}\right)$$
$$= \sqrt{\frac{\pi}{a}}\cos\left(\frac{y^2}{4a}-\frac{\pi}{4}\right).$$

□

习题 3.3.2 求函数 $g(y)=\mathrm{e}^{-b|y|}$ 的 Fourier 逆变换, 其中 b 是正常数.

解 由定义, 直接计算有

$$\begin{aligned}\mathcal{F}^{-1}[g](x) &= \frac{1}{2\pi}\int_{-\infty}^{+\infty}\mathrm{e}^{-b|y|}\mathrm{e}^{\mathrm{i}xy}\mathrm{d}y\\ &= \frac{1}{2\pi}\left(\int_{-\infty}^{0}\mathrm{e}^{(\mathrm{i}x+b)y}\mathrm{d}y+\int_{0}^{+\infty}\mathrm{e}^{(\mathrm{i}x-b)y}\mathrm{d}y\right)\\ &= \frac{1}{2\pi}\left(\frac{1}{\mathrm{i}x+b}-\frac{1}{\mathrm{i}x-b}\right)\\ &= \frac{b}{\pi(x^2+b^2)}.\end{aligned}$$

□

习题 3.3.3 应用 Fourier 变换求出 Cauchy 问题

$$\begin{cases}u_t-a^2u_{xx}-bu_x-cu=f(x,t), & -\infty<x<+\infty,\ t>0,\\ u(x,0)=\varphi(x), & -\infty<x<+\infty\end{cases}$$

的形式解, 其中 a, b, c 是常数.

解 (1) 设 $u=u_1+u_2$, 其中 u_1,u_2 分别满足问题

$$\begin{cases}u_{1t}-a^2u_{1xx}-bu_{1x}-cu_1=0, & -\infty<x<+\infty,\ t>0,\\ u_1(x,0)=\varphi(x), & -\infty<x<+\infty\end{cases}\tag{3.5.5}$$

和

$$\begin{cases}u_{2t}-a^2u_{2xx}-bu_{2x}-cu_2=f(x,t), & -\infty<x<+\infty,\ t>0,\\ u_2(x,0)=0, & -\infty<x<+\infty.\end{cases}\tag{3.5.6}$$

这里

$$u_2(x,t)=\int_0^t w(x,t;\tau)\,\mathrm{d}\tau,$$

其中 $w(x,t;\tau)$ 满足

$$\begin{cases} w_t - a^2 w_{xx} - b w_x - c w = 0, & -\infty < x < +\infty,\ t > \tau, \\ w(x,\tau;\tau) = f(x,\tau), & -\infty < x < +\infty. \end{cases}$$

下面求解问题 (3.5.5). 设 $\hat{u}_1(y,t) = \mathcal{F}[u_1(x,t)]$, $\hat{\varphi}(y) = \mathcal{F}[\varphi(x)]$, 则

$$\begin{cases} \hat{u}_{1t} + \left(a^2 y^2 - \mathrm{i}by - c\right)\hat{u}_1 = 0, & -\infty < x < +\infty,\ t > 0, \\ \hat{u}_1(y,0) = \hat{\varphi}(y), & -\infty < x < +\infty. \end{cases}$$

解得

$$\hat{u}_1(y,t) = \hat{\varphi}(y)\mathrm{e}^{-\left(a^2y^2 - \mathrm{i}by - c\right)t}.$$

而

$$\begin{aligned} \mathcal{F}^{-1}\left[\mathrm{e}^{-\left(a^2y^2-\mathrm{i}by-c\right)t}\right](x,t) &= \frac{1}{2\pi}\int_{-\infty}^{+\infty} \mathrm{e}^{-a^2y^2t+ct}\mathrm{e}^{(bt+x)\mathrm{i}y}\mathrm{d}y \\ &= \frac{1}{2\pi}\int_{-\infty}^{+\infty} \mathrm{e}^{-a^2y^2t+ct}\cos(bt+x)y\mathrm{d}y \\ &=: \frac{1}{2\pi}I(x+bt,t), \end{aligned}$$

其中

$$I(x,t) = \int_{-\infty}^{+\infty} \mathrm{e}^{-a^2y^2t+ct}\cos xy\mathrm{d}y.$$

所以

$$\begin{aligned} \frac{\partial}{\partial x}I(x,t) &= \int_{-\infty}^{+\infty} -y\mathrm{e}^{-a^2y^2t+ct}\sin xy\mathrm{d}y \\ &= \frac{1}{2a^2t}\mathrm{e}^{-a^2y^2t+ct}\sin xy\Big|_{y=-\infty}^{y=+\infty} - \frac{x}{2a^2t}\int_{-\infty}^{+\infty}\mathrm{e}^{-a^2y^2t+ct}\cos xy\mathrm{d}y \\ &= -\frac{x}{2a^2t}I(x,t), \end{aligned}$$

从而, 解得 $I(x,t) = I(0,t)\mathrm{e}^{-\frac{x^2}{4a^2t}}$, 其中

$$I(0,t) = \int_{-\infty}^{+\infty}\mathrm{e}^{-a^2y^2t+ct}\mathrm{d}y = \frac{\mathrm{e}^{ct}}{a\sqrt{t}}\int_{-\infty}^{+\infty}\mathrm{e}^{-y^2}\mathrm{d}y = \frac{\mathrm{e}^{ct}}{a}\sqrt{\frac{\pi}{t}}.$$

所以

$$I(x,t) = \frac{\mathrm{e}^{ct}}{a}\sqrt{\frac{\pi}{t}}\mathrm{e}^{-\frac{x^2}{4a^2t}},$$

故

$$u_1(x,t) = \frac{1}{2\pi}\varphi * I(x+bt,t) = \frac{\mathrm{e}^{ct}}{2a\sqrt{\pi t}}\int_{-\infty}^{+\infty}\varphi(\xi)\mathrm{e}^{-\frac{(bt+x-\xi)^2}{4a^2t}}\mathrm{d}\xi.$$

同理, 可求得

$$w(x,t;\tau)=\frac{\mathrm{e}^{c(t-\tau)}}{2a\sqrt{\pi(t-\tau)}}\int_{-\infty}^{+\infty}f(\xi;\tau)\mathrm{e}^{-\frac{(b(t-\tau)+x-\xi)^2}{4a^2(t-\tau)}}\,\mathrm{d}\xi.$$

因此

$$u(x,t)=\frac{\mathrm{e}^{ct}}{2a\sqrt{\pi t}}\int_{-\infty}^{+\infty}\varphi(\xi)\mathrm{e}^{-\frac{(bt+x-\xi)^2}{4a^2t}}\,\mathrm{d}\xi+\int_0^t\int_{-\infty}^{+\infty}\frac{\mathrm{e}^{c(t-\tau)}f(\xi;\tau)}{2a\sqrt{\pi(t-\tau)}}\mathrm{e}^{-\frac{(b(t-\tau)+x-\xi)^2}{4a^2(t-\tau)}}\,\mathrm{d}\xi\,\mathrm{d}\tau.$$

(2) 也可直接对非齐次方程应用 Fourier 变换. □

习题 3.3.4 求解 Cauchy 问题

$$\begin{cases}u_t-u_{xx}=0, & -\infty<x<+\infty,\ t>0,\\ u(x,0)=\sin x, & -\infty<x<+\infty.\end{cases}$$

解 由求解公式, 有

$$\begin{aligned}u(x,t)&=\frac{1}{\sqrt{\pi}}\int_{-\infty}^{+\infty}\sin\left(x+2\sqrt{t}\eta\right)\mathrm{e}^{-\eta^2}\,\mathrm{d}\eta\\&=\frac{1}{\sqrt{\pi}}\int_{-\infty}^{+\infty}\mathrm{e}^{-\eta^2}\left(\sin x\cos(2\sqrt{t}\eta)+\cos x\sin(2\sqrt{t}\eta)\right)\mathrm{d}\eta\\&=\frac{\sin x}{\sqrt{\pi}}\int_{-\infty}^{+\infty}\mathrm{e}^{-\eta^2}\cos(2\sqrt{t}\eta)\,\mathrm{d}\eta.\end{aligned}$$

记 $J(t)=\displaystyle\int_{-\infty}^{+\infty}\mathrm{e}^{-\eta^2}\cos(2t\eta)\,\mathrm{d}\eta$, 则

$$\begin{aligned}J'(t)&=\int_{-\infty}^{+\infty}\mathrm{e}^{-\eta^2}(-2\eta)\sin(2t\eta)\,\mathrm{d}\eta\\&=\mathrm{e}^{-\eta^2}\sin(2t\eta)\Big|_{\eta=-\infty}^{+\infty}-\int_{-\infty}^{+\infty}\mathrm{e}^{-\eta^2}(2t)\cos(2t\eta)\,\mathrm{d}\eta\\&=-2tJ(t),\end{aligned}$$

且

$$J(0)=\int_{-\infty}^{+\infty}\mathrm{e}^{-\eta^2}\,\mathrm{d}\eta=\sqrt{\pi}.$$

该常微分方程初值问题的解为

$$J(t)=\sqrt{\pi}\mathrm{e}^{-t^2}.$$

因此, 原 Cauchy 问题的解为

$$u(x,t)=\frac{\sin x}{\sqrt{\pi}}\sqrt{\pi}\mathrm{e}^{-t}=\mathrm{e}^{-t}\sin x.$$

□

§3.6 拓展习题与阅读

习题 3.6.1 证明 Laplace 方程的基本解

$$\Gamma(x)=\int_0^{+\infty}K(x,t)\mathrm{d}t,$$

其中 $K(x,t)$ 是热核.

习题 3.6.2 设 $f\in C^1(\overline{Q_T})$, $\varphi\in C^2(\overline{\Omega})$. 若 $u\in C^{2,1}(\overline{Q_T})$, $u_t\in C^{2,1}(Q_T)$, 并且 u 满足

$$\begin{cases}u_t-a^2\Delta u=f(\boldsymbol{x},t), & (\boldsymbol{x},t)\in Q_T,\\ u(\boldsymbol{x},0)=\varphi(\boldsymbol{x}), & \boldsymbol{x}\in\overline{\Omega},\\ u(\boldsymbol{x},t)=0, & \boldsymbol{x}\in S_T.\end{cases}$$

证明

$$\max_{\overline{Q_T}}\big|u_t\big|\leqslant C\Big(\|f\|_{C^1(\overline{Q_T})}+\|\mathrm{D}^2\varphi\|_{C^0(\overline{\Omega})}\Big),$$

其中 C 是仅依赖于 T 的常数.

习题 3.6.3 设

$$Lu=u_t-\Delta u+\big|\mathrm{D}u\big|.$$

证明对于算子 L 比较原理成立: 若 u, $v\in C^{2,1}(Q_T)\cap C^0(\overline{Q})$ 满足

$$\begin{cases}Lu\leqslant Lv, & (\boldsymbol{x},t)\in Q_T,\\ u\leqslant v, & (\boldsymbol{x},t)\in\partial_P Q_T,\end{cases}$$

则在 $\overline{Q_T}$ 上 $u\leqslant v$.

习题 3.6.4 证明半无界初边值问题

$$\begin{cases}u_t-u_{xx}=f(x,t), & x>0,\ t>0,\\ u(x,0)=\varphi(x), & x\geqslant 0,\\ u(0,t)=\mu(t), & t\geqslant 0\end{cases}$$

的有界解在 $C^{2,1}\Big((0,+\infty)\times(0,+\infty)\Big)\cap C^0\Big([0,+\infty)\times[0,+\infty)\Big)$ 中是唯一的.

习题 3.6.5 (齐次化原理) 设对于 $\tau\geqslant 0$, 初边值问题

$$\begin{cases}\dfrac{\partial^m w}{\partial t^m}-\Delta w=0, & \boldsymbol{x}\in\Omega,\ t>\tau,\\ \dfrac{\partial^j w}{\partial t^j}(\boldsymbol{x},\tau;\tau)=0,\quad j=0,1,2,\cdots,m-2, & \boldsymbol{x}\in\overline{\Omega},\\ \dfrac{\partial^{m-1}w}{\partial t^{m-1}}(\boldsymbol{x},\tau;\tau)=f(\boldsymbol{x},\tau), & \boldsymbol{x}\in\overline{\Omega},\\ w(\boldsymbol{x},t;\tau)=0, & \boldsymbol{x}\in\partial\Omega,\ t\geqslant\tau\end{cases}$$

有解 $w(\boldsymbol{x},t;\tau)$, 证明

$$u(\boldsymbol{x},t)=\int_0^t w(\boldsymbol{x},t;\tau)\,\mathrm{d}\tau$$

是问题

$$\begin{cases}\dfrac{\partial^m u}{\partial t^m}-\Delta u=f(\boldsymbol{x},t), & \boldsymbol{x}\in\Omega,\ t>0,\\ \dfrac{\partial^j u}{\partial t^j}(\boldsymbol{x},0)=0,\quad j=0,1,2,\cdots,m-1, & \boldsymbol{x}\in\overline{\Omega},\\ u(\boldsymbol{x},t)=0, & \boldsymbol{x}\in\partial\Omega,\ t\geqslant 0\end{cases}$$

的解.

习题 3.6.6 求解初边值问题

$$\begin{cases}u_t-a^2u_{xx}+b(u-u_0)=0, & 0<x<l,\ t>0,\\ u(x,0)=\varphi(x), & 0\leqslant x\leqslant l,\\ u(0,t)=U_0,\quad u(l,t)=U_1, & t\geqslant 0,\end{cases}$$

其中 b, U_0, U_1 是常数.

习题 3.6.7 设 $f(x)$ 在 $(-\infty,+\infty)$ 上分段连续, 绝对可积, 且

$$g(x)=\int_{-\infty}^x f(\xi)\,\mathrm{d}\xi$$

在 $(-\infty,+\infty)$ 上绝对可积, 证明

$$\mathcal{F}[g](y)=\frac{1}{\mathrm{i}y}\mathcal{F}[f](y).$$

习题 3.6.8 设 $h>0$, $u(x,t;h)$ 是 Cauchy 问题

$$\begin{cases}u_t-a^2u_{xx}=0, & -\infty<x<+\infty,\ t>0,\\ u(x,0)=\begin{cases}\dfrac{1}{h}, & |x|\leqslant h,\\ 0, & |x|>h\end{cases}\end{cases}$$

由 Poisson 公式给出的形式解. 证明

$$\lim_{h\to 0^+}u(x,t;h)=\frac{1}{a\sqrt{\pi t}}\mathrm{e}^{-\frac{x^2}{4a^2t}},\quad -\infty<x<+\infty,\ t>0.$$

习题 3.6.9 利用热传导方程 Cauchy 问题解的 Poisson 公式证明 Weierstrass 逼近定理: 对于 $f\in C^0[a,b]$, 存在一个多项式列 $\{P_n(x)\}$, 使得 $\{P_n(x)\}$ 在 $[a,b]$ 上一致收敛到 $f(x)$.

习题 3.6.10 阅读郭敦仁和孙小礼的《 Fourier 传记 》, 见吴文俊主编的《 世界著名数学家传记 》. 北京: 科学出版社, 1995.

习题 3.6.11 阅读 Aatish Bhatia 的《 Fourier 变换: MP3, JPEG 和 Siri 背后的数学 》, 伯乐在线, 2013 年 11 月 12 日.

§3.7 附注及参考文献

热传导是热能从高温向低温部分转移的过程, 是一个分子向另一个分子传递振动能的结果. 热传导方程是描述一个区域内的温度如何随时间变化的偏微分方程, 是 Fourier 定律的数学表达式. 1822 年 Fourier 在《热的解析理论》中指出, 一个变数的任意函数, 不论是否连续或不连续, 都可展开为正弦函数的级数. 虽然这个结果是不正确的, 但 Fourier 的这个观察是一个重大的数学突破. 1829 年 Dirichlet 给出了上述结论成立的充分条件. 同时, Fourier 给出了关于热能的传导扩散的偏微分方程. 热传导方程也可以作为某些金融现象的模型, 如 Black-Scholes-Merton 方程与 Fokker-Planck 方程. 热传导方程在 Riemann 几何中也有许多深入的应用.

在第三章中, 我们分别给出了求解偏微分方程初边值问题和 Cauchy 问题的重要方法: 分离变量和 Fourier 变换, 指出了求解一般问题 (如: 非齐次方程、非齐次边值问题等) 的步骤, 建立了热传导方程定解问题解的存在性、唯一性和稳定性理论. 为简捷地突出定解问题适定性的主线, 我们没有涉及多元 Fourier 变换、Laplace 变换、多元分离变量法、Sturm-Liouville 理论、其他边值问题、一般的抛物方程理论等相关内容. 有兴趣的读者可按照标注分别参考下列文献:

[1] (其他边值问题) 保继光, 朱汝金. 偏微分方程 (第三章). 北京: 北京师范大学出版社, 2011.

[2] (Sturm-Liouville 理论) 郇中丹, 黄海洋. 偏微分方程. 2 版 (第三章). 北京: 高等教育出版社, 2013.

[3] (其他边值问题) 姜礼尚, 陈亚浙, 刘西垣, 易法槐. 数学物理方程讲义. 3 版 (第三章). 北京: 高等教育出版社, 2007.

[4] (多元分离变量法和解的渐近行为) 谷超豪, 李大潜, 陈恕行, 郑宋穆, 谭永基. 数学物理方程. 3 版 (第二章). 北京: 高等教育出版社, 2012.

[5] (一般的抛物方程理论) Lieberman. Second order parabolic differential equations (第二、四、五章). Singapore: World Scientific Publishing, 1996.

[6] (金融偏微分方程) 姜礼尚. 期权定价的数学模型和方法. 2 版 (第七章). 北京: 高等教育出版社, 2008.

第四章

波动方程

图 4.1 d'Alembert

现实中, 许多的力学方程都是双曲型偏微分方程, 而波动方程是最简单、最典型的双曲型方程. 因此波动方程的研究具有重要的现实意义. 除了第一章介绍的弦振动问题外, 波动方程还可以描述电磁波及声波的传播现象. 偏微分方程这个学科方向就起源于 d'Alembert (图 4.1) 对弦振动的研究.

本章将研究波动方程的初边值问题

$$\begin{cases} u_{tt} - a^2\Delta u = f(\boldsymbol{x}, t), & \boldsymbol{x} \in \Omega,\ t > 0, \\ u(\boldsymbol{x}, 0) = \varphi(\boldsymbol{x}),\ \ u_t(\boldsymbol{x}, 0) = \psi(\boldsymbol{x}), & \boldsymbol{x} \in \overline{\Omega}, \\ u = \mu(\boldsymbol{x}, t), & \boldsymbol{x} \in \partial\Omega,\ t \geqslant 0 \end{cases}$$

和波动方程的 Cauchy 问题

$$\begin{cases} u_{tt} - a^2\Delta u = f(\boldsymbol{x}, t), & \boldsymbol{x} \in \mathbf{R}^n,\ t > 0, \\ u(\boldsymbol{x}, 0) = \varphi(\boldsymbol{x}),\ \ u_t(\boldsymbol{x}, 0) = \psi(\boldsymbol{x}), & \boldsymbol{x} \in \mathbf{R}^n \end{cases}$$

的适定性, 其中 Ω 是 $\mathbf{R}^n$ 中的有界区域, a 是正常数, f, φ, ψ, μ 是已知函数.

首先利用能量积分的方法证明波动方程的初边值问题和 Cauchy 问题解的唯一性与稳定性. 然后运用行波法、球面平均法和降维法导出波动方程 Cauchy 问题的求解公式, 利用分离变量法给出波动方程初边值问题的解法, 由此得到解的存在性.

不同于位势方程和热传导方程, 波动方程并不满足极值原理, 例如

例题 4.0.1 $u(x,t) = \sin x \sin t$ 是区域 $\Omega = (0,\pi) \times (0,+\infty)$ (图 4.2) 初边值问题

$$\begin{cases} u_{tt} - u_{xx} = 0, & x \in (0,\pi),\ t > 0, \\ u(x,0) = 0,\ u_t(x,0) = \sin x, & x \in [0,\pi], \\ u(0,t) = u(\pi,t) = 0, & t \geqslant 0 \end{cases}$$

的解, 在 Ω 的边界 $t = 0$ 或 $x = 0, \pi$ 上 $u = 0$, 但它在 Ω 的内点 $\left(\dfrac{\pi}{2}, \dfrac{\pi}{2}\right)$ 处达到最大值 $u = 1$.

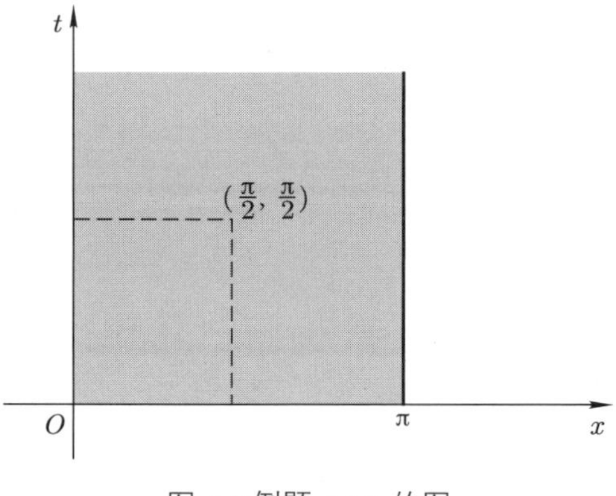

图 4.2 例题 4.0.1 的图

§4.1 解的唯一性与稳定性

对于前面讲过的位势方程和热传导方程, 可以利用极值原理证明定解问题解的唯一性和稳定性. 但由于波动方程没有极值原理, 本节将应用能量积分的方法依次获得波动方程初边值问题和 Cauchy 问题解的唯一性和稳定性. 能量方法是偏微分方程研究的基本方法之一. 值得指出的是, 本节的能量方法同样适用于位势方程和热传导方程.

4.1.1 初边值问题的能量方法

考虑波动方程的初边值问题

$$\begin{cases} u_{tt} - a^2 \Delta u = f(\boldsymbol{x}, t), & \boldsymbol{x} \in \Omega,\ t > 0, \\ u(\boldsymbol{x}, 0) = \varphi(\boldsymbol{x}),\ u_t(\boldsymbol{x}, 0) = \psi(\boldsymbol{x}), & \boldsymbol{x} \in \overline{\Omega}, \\ u(\boldsymbol{x}, t) = 0, & \boldsymbol{x} \in \partial\Omega,\ t \geqslant 0, \end{cases} \tag{4.1.1}$$

其中 Ω 是 $\mathbf{R}^n$ 中的有界区域. 假设 Ω, f, φ, ψ 具有充分的光滑性.

由 Green 公式, 有

$$-\int_\Omega u_t \Delta u \,\mathrm{d}\boldsymbol{x} = \int_\Omega \mathrm{D}u_t \cdot \mathrm{D}u \,\mathrm{d}\boldsymbol{x} - \int_{\partial\Omega} u_t \frac{\partial u}{\partial \boldsymbol{\nu}} \,\mathrm{d}S.$$

将问题 (4.1.1) 中的方程两边乘上 $2u_t$, 在 Ω 上关于 $\boldsymbol{x}$ 积分, 并注意到在 $\partial\Omega \times [0, +\infty)$ 上 $u_t = 0$, 有

$$\begin{aligned} 2\int_\Omega u_t f \,\mathrm{d}\boldsymbol{x} &= 2\int_\Omega u_t \Big(u_{tt} - a^2 \Delta u\Big) \mathrm{d}\boldsymbol{x} \\ &= 2\int_\Omega \Big(u_t u_{tt} + a^2 \mathrm{D}u \cdot \mathrm{D}u_t\Big) \mathrm{d}\boldsymbol{x} - 2a^2 \int_{\partial\Omega} u_t \frac{\partial u}{\partial \boldsymbol{\nu}} \,\mathrm{d}S \\ &= \int_\Omega \left(u_t^2 + a^2 |\mathrm{D}u|^2\right)_t \mathrm{d}\boldsymbol{x} \\ &= \frac{\mathrm{d}}{\mathrm{d}t} \int_\Omega \left(u_t^2 + a^2 |\mathrm{D}u|^2\right) \mathrm{d}\boldsymbol{x}. \end{aligned} \tag{4.1.2}$$

我们引入能量积分

$$E(t) = \int_\Omega \Big(u_t^2(\boldsymbol{x}, t) + a^2 |\mathrm{D}u(\boldsymbol{x}, t)|^2\Big) \mathrm{d}\boldsymbol{x}, \qquad t \geqslant 0.$$

不计常数因子, $\int_\Omega u_t^2(\boldsymbol{x}, t) \mathrm{d}\boldsymbol{x}$ 表示动能, $\int_\Omega |\mathrm{D}u(\boldsymbol{x}, t)|^2 \mathrm{d}\boldsymbol{x}$ 表示势能. 由 (4.1.2) 式,

并利用 Cauchy 不等式, 得

$$\begin{aligned}\frac{\mathrm{d}E(s)}{\mathrm{d}s}=2\int_{\Omega}u_s(\boldsymbol{x},s)f(\boldsymbol{x},s)\,\mathrm{d}\boldsymbol{x}&\leqslant\int_{\Omega}\Big(u_s^2(\boldsymbol{x},s)+f^2(\boldsymbol{x},s)\Big)\,\mathrm{d}\boldsymbol{x}\\&\leqslant E(s)+\int_{\Omega}f^2(\boldsymbol{x},s)\,\mathrm{d}\boldsymbol{x}.\end{aligned}$$

整理, 可得

$$\frac{\mathrm{d}}{\mathrm{d}s}\Big(\mathrm{e}^{-s}E(s)\Big)\leqslant\mathrm{e}^{-s}\int_{\Omega}f^2(\boldsymbol{x},s)\,\mathrm{d}\boldsymbol{x}.$$

因此, 两边关于 s 从 0 到 t 积分, 有

$$\mathrm{e}^{-t}E(t)-E(0)\leqslant\int_0^t\Big(\mathrm{e}^{-s}\int_{\Omega}f^2(\boldsymbol{x},s)\,\mathrm{d}\boldsymbol{x}\Big)\,\mathrm{d}s,$$

即

$$E(t)\leqslant E(0)\mathrm{e}^t+\int_0^t\mathrm{d}s\int_{\Omega}\mathrm{e}^{t-s}f^2(\boldsymbol{x},s)\,\mathrm{d}\boldsymbol{x},\tag{4.1.3}$$

其中

$$E(0)=\int_{\Omega}\Big(u_t^2(\boldsymbol{x},0)+a^2|\mathrm{D}u(\boldsymbol{x},0)|^2\Big)\,\mathrm{d}\boldsymbol{x}=\int_{\Omega}\big(\psi^2(\boldsymbol{x})+a^2|\mathrm{D}\varphi(\boldsymbol{x})|^2\big)\,\mathrm{d}\boldsymbol{x}.$$

有了能量积分 $E(t)$ 的估计, 就可以对 u 本身做出估计. 现在, 定义

$$E_0(t)=\int_{\Omega}u^2(\boldsymbol{x},t)\,\mathrm{d}\boldsymbol{x},\qquad t\geqslant 0.$$

如同 (4.1.2) 式, 再次利用 Cauchy 不等式, 有

$$\frac{\mathrm{d}E_0(s)}{\mathrm{d}s}=2\int_{\Omega}u(\boldsymbol{x},s)u_s(\boldsymbol{x},s)\,\mathrm{d}\boldsymbol{x}\leqslant\int_{\Omega}\Big(u^2(\boldsymbol{x},s)+u_s^2(\boldsymbol{x},s)\Big)\,\mathrm{d}\boldsymbol{x}\leqslant E_0(s)+E(s).$$

解之, 并将 (4.1.3) 式代入得

$$\begin{aligned}E_0(t)&\leqslant E_0(0)\mathrm{e}^t+\int_0^t\mathrm{e}^{t-s}E(s)\,\mathrm{d}s\\&\leqslant E_0(0)\mathrm{e}^t+\int_0^t\mathrm{e}^{t-s}\Big(E(0)\mathrm{e}^s+\int_0^s\mathrm{d}r\int_{\Omega}\mathrm{e}^{s-r}f^2(\boldsymbol{x},r)\,\mathrm{d}\boldsymbol{x}\Big)\,\mathrm{d}s\\&=\Big(E_0(0)+tE(0)\Big)\mathrm{e}^t+\int_0^t\mathrm{d}s\int_0^s\mathrm{d}r\int_{\Omega}\mathrm{e}^{t-r}f^2(\boldsymbol{x},r)\,\mathrm{d}\boldsymbol{x}.\end{aligned}$$

交换 r 和 s 的积分顺序, 有

$$\begin{aligned}E_0(t)&\leqslant\Big(E_0(0)+tE(0)\Big)\mathrm{e}^t+\int_0^t\mathrm{d}r\int_r^t\mathrm{d}s\int_{\Omega}\mathrm{e}^{t-r}f^2(\boldsymbol{x},r)\,\mathrm{d}\boldsymbol{x}\\&=\Big(E_0(0)+tE(0)\Big)\mathrm{e}^t+\int_0^t\mathrm{d}r\int_{\Omega}(t-r)\mathrm{e}^{t-r}f^2(\boldsymbol{x},r)\,\mathrm{d}\boldsymbol{x},\end{aligned}\tag{4.1.4}$$

其中

$$E_0(0)=\int_\Omega u^2(\boldsymbol{x},0)\,\mathrm{d}\boldsymbol{x}=\int_\Omega \varphi^2(\boldsymbol{x})\,\mathrm{d}\boldsymbol{x}.$$

(4.1.3) 式和 (4.1.4) 式均被称为**能量不等式**. 由它们易得问题 (4.1.1) 解的唯一性和稳定性.

定理 4.1.1 (初边值问题解的唯一性和稳定性) 初边值问题 (4.1.1) 的解在 $C^2\Big(\overline{\Omega}\times[0,+\infty)\Big)$ 中是唯一的, 且在下述意义下是稳定的: 给定 $T>0$, 对于任意的 $\varepsilon>0$, 存在 $\delta=\delta(\varepsilon,T)>0$, 当

$$\int_\Omega\Big(\psi^2+\varphi^2+a^2\left|\mathrm{D}\varphi\right|^2\Big)\,\mathrm{d}\boldsymbol{x}<\delta^2,\qquad \int_0^T\int_\Omega f^2\,\mathrm{d}\boldsymbol{x}\mathrm{d}t<\delta^2$$

时, 对于任意的 $t\in[0,T]$ 有

$$\int_\Omega\Big(u^2+u_t^2+a^2\left|\mathrm{D}u\right|^2\Big)\,\mathrm{d}\boldsymbol{x}<\varepsilon^2.$$

证明 (唯一性) 设 u_1,u_2 是问题 (4.1.1) 的解, 则 $u=u_1-u_2$ 满足

$$\begin{cases}u_{tt}-a^2\Delta u=0, & \boldsymbol{x}\in\Omega,\ t>0,\\ u(\boldsymbol{x},0)=0,\ u_t(\boldsymbol{x},0)=0, & \boldsymbol{x}\in\overline{\Omega},\\ u(\boldsymbol{x},t)=0, & \boldsymbol{x}\in\partial\Omega,\ t\geqslant 0.\end{cases}$$

由能量不等式 (4.1.4), 知

$$0\leqslant E_0(t)\leqslant(E_0(0)+tE(0))\mathrm{e}^t+\int_0^t\mathrm{d}r\int_\Omega(t-r)\mathrm{e}^{t-r}\cdot 0\,\mathrm{d}\boldsymbol{x}=0.$$

所以在 $[0,+\infty)$ 上 $E_0(t)\equiv 0$, 从而 $u\equiv 0$. 唯一性成立.

(稳定性) 由 (4.1.3) 式和 (4.1.4) 式知, 对于任意的 $t\in[0,T]$,

$$\begin{aligned}E_0(t)+E(t)&\leqslant\Big(E_0(0)+(1+t)E(0)\Big)\mathrm{e}^t+\int_0^t\mathrm{d}s\int_\Omega(1+t-s)\mathrm{e}^{t-s}f^2(\boldsymbol{x},s)\,\mathrm{d}\boldsymbol{x}\\ &\leqslant(1+T)\mathrm{e}^T\Big(E_0(0)+E(0)+\int_0^T\mathrm{d}s\int_\Omega f^2(\boldsymbol{x},s)\,\mathrm{d}\boldsymbol{x}\Big).\end{aligned}$$

所以, 对于任意的 $\varepsilon>0$, 存在 $\delta=\dfrac{\varepsilon}{\sqrt{2(1+T)\mathrm{e}^T}}>0$, 当

$$E_0(0)+E(0)<\delta^2,\qquad\int_0^T\mathrm{d}s\int_\Omega f^2(\boldsymbol{x},s)\,\mathrm{d}\boldsymbol{x}<\delta^2$$

时, 对于任意的 $t\in[0,T]$ 有

$$E_0(t)+E(t)<(1+T)\mathrm{e}^T(\delta^2+\delta^2)=\varepsilon^2.$$

稳定性得证. □

定理的稳定性刻画了初边值问题 (4.1.1) 的解对已知数据 f, φ 和 ψ 的连续依赖性, 即在 L^2 范数意义下, 数据 f, φ 和 ψ 的微小变化对解 u 及其偏导数产生的变化也很微小.

习题 4.1.1 设 u 是带一阶耗散项的波动方程初边值问题

$$\begin{cases} u_{tt} - a^2\Delta u + \alpha u_t = 0, & \boldsymbol{x} \in \Omega, t > 0, \\ u(\boldsymbol{x}, 0) = \varphi(\boldsymbol{x}), \quad u_t(\boldsymbol{x}, 0) = \psi(\boldsymbol{x}), & \boldsymbol{x} \in \overline{\Omega}, \\ u(\boldsymbol{x}, t) = 0, & \boldsymbol{x} \in \partial\Omega, t \geqslant 0 \end{cases}$$

的解, 其中 Ω 是 $\mathbf{R}^n$ 中的有界光滑区域, α 是正常数. 证明其能量积分

$$E(t) = \frac{1}{2}\int_{\Omega}\left(u_t^2 + a^2|\nabla u|^2\right)\mathrm{d}\boldsymbol{x} \qquad (t \geqslant 0)$$

单调不增. 进而证明该问题的解唯一.

4.1.2 Cauchy 问题的能量方法

能量方法对于证明波动方程的 Cauchy 问题解的唯一性和稳定性同样有效. 考虑如下波动方程的 Cauchy 问题

$$\begin{cases} u_{tt} - a^2\Delta u = f(\boldsymbol{x}, t), & \boldsymbol{x} \in \mathbf{R}^n,\ t > 0, \\ u(\boldsymbol{x}, 0) = \varphi(\boldsymbol{x}), \quad u_t(\boldsymbol{x}, 0) = \psi(\boldsymbol{x}), & \boldsymbol{x} \in \mathbf{R}^n. \end{cases} \tag{4.1.5}$$

对于克服无界区域带来积分发散的可能, 在 $\mathbf{R}^n$ 中定义一个球

$$\Omega_t := \left\{\boldsymbol{x} \in \mathbf{R}^n \big|\, |\boldsymbol{x}| \leqslant R - at\right\}, \qquad 0 \leqslant t \leqslant \frac{R}{a}, \quad R > 0,$$

并在 Ω_t 上引入两个能量积分, 其积分区域 (图 4.3 为 $n = 1$ 时的情形) 和被积函数均含有参量

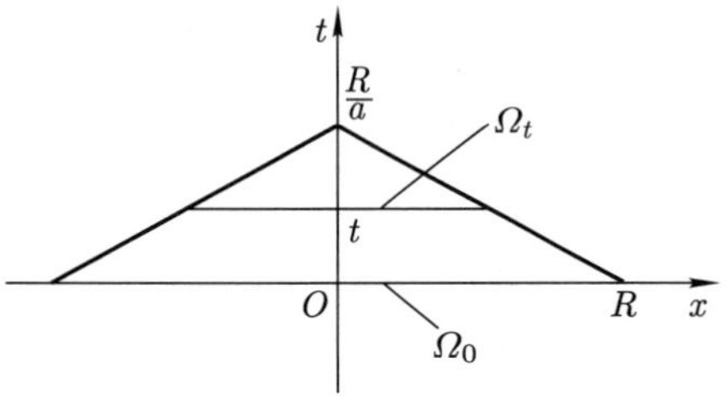

图 4.3 区域 Ω_t

$$E(t) = \int_{\Omega_t}\left(u_t^2 + a^2\,|\mathrm{D}u|^2\right)\mathrm{d}\boldsymbol{x}, \qquad E_0(t) = \int_{\Omega_t} u^2\,\mathrm{d}\boldsymbol{x}.$$

对 $E(t)$ 关于 t 求导, 得

$$\begin{aligned} \frac{\mathrm{d}E(t)}{\mathrm{d}t} &= \frac{\mathrm{d}}{\mathrm{d}t}\int_0^{R-at}\mathrm{d}r\int_{|\boldsymbol{x}|=r}\left(u_t^2 + a^2|\mathrm{D}u|^2\right)\mathrm{d}S \\ &= -a\int_{|\boldsymbol{x}|=R-at}\left(u_t^2 + a^2|\mathrm{D}u|^2\right)\mathrm{d}S + \\ &\quad \int_0^{R-at}\mathrm{d}r\int_{|\boldsymbol{x}|=r} 2\left(u_t u_{tt} + a^2\mathrm{D}u \cdot \mathrm{D}u_t\right)\mathrm{d}S \\ &= -a\int_{|\boldsymbol{x}|=R-at}\left(u_t^2 + a^2|\mathrm{D}u|^2\right)\mathrm{d}S + \int_{\Omega_t} 2\left(u_t u_{tt} + a^2\mathrm{D}u \cdot \mathrm{D}u_t\right)\mathrm{d}\boldsymbol{x}. \end{aligned}$$

对最后一项 $\int_{\Omega_t} a^2 \mathrm{D}u \cdot \mathrm{D}u_t \,\mathrm{d}\boldsymbol{x}$ 应用 Green 公式, 再借助方程, 有

$$
\begin{aligned}
\frac{\mathrm{d}E(t)}{\mathrm{d}t} &= -a \int_{|\boldsymbol{x}|=R-at} \Big(u_t^2 + a^2|\mathrm{D}u|^2\Big)\,\mathrm{d}S + \int_{\partial\Omega_t} 2a^2 u_t \frac{\partial u}{\partial \boldsymbol{\nu}}\,\mathrm{d}S + \\
&\quad \int_{\Omega_t} 2\Big(u_t u_{tt} - a^2 u_t \Delta u\Big)\,\mathrm{d}\boldsymbol{x} \\
&= -a \int_{|\boldsymbol{x}|=R-at} \Big(u_t^2 - 2au_t \frac{\partial u}{\partial \boldsymbol{\nu}} + a^2|\mathrm{D}u|^2\Big)\,\mathrm{d}S + 2\int_{\Omega_t} u_t f\,\mathrm{d}\boldsymbol{x} \\
&\leqslant 0 + \int_{\Omega_t} \Big(u_t^2 + f^2\Big)\,\mathrm{d}\boldsymbol{x} \\
&\leqslant E(t) + \int_{\Omega_t} f^2\,\mathrm{d}\boldsymbol{x}.
\end{aligned}
$$

所以

$$
E(t) \leqslant E(0)\mathrm{e}^t + \int_0^t \mathrm{d}s \int_{\Omega_s} \mathrm{e}^{t-s} f^2(\boldsymbol{x}, s)\,\mathrm{d}\boldsymbol{x}, \tag{4.1.6}
$$

其中

$$
E(0) = \int_{\Omega_0} \Big(u_t^2(\boldsymbol{x}, 0) + a^2|\mathrm{D}u(\boldsymbol{x}, 0)|^2\Big)\,\mathrm{d}\boldsymbol{x} = \int_{|\boldsymbol{x}|\leqslant R} \Big(\psi^2(\boldsymbol{x}) + a^2|\mathrm{D}\varphi(\boldsymbol{x})|^2\Big)\,\mathrm{d}\boldsymbol{x}.
$$

同样, 对 $E_0(t)$ 关于 t 求导

$$
\begin{aligned}
\frac{\mathrm{d}E_0(t)}{\mathrm{d}t} &= \frac{\mathrm{d}}{\mathrm{d}t} \int_0^{R-at} \mathrm{d}r \int_{|\boldsymbol{x}|=r} u^2(\boldsymbol{x}, t)\,\mathrm{d}S \\
&= -a \int_{|\boldsymbol{x}|=R-at} u^2\,\mathrm{d}S + \int_0^{R-at} \mathrm{d}r \int_{|\boldsymbol{x}|=r} 2uu_t\,\mathrm{d}S \\
&= -a \int_{|\boldsymbol{x}|=R-at} u^2\,\mathrm{d}S + 2\int_{\Omega_t} uu_t\,\mathrm{d}\boldsymbol{x} \\
&\leqslant 0 + \int_{\Omega_t} \Big(u^2 + u_t^2\Big)\,\mathrm{d}\boldsymbol{x} \\
&\leqslant E_0(t) + E(t).
\end{aligned}
$$

类似于 (4.1.4) 式的推导, 有

$$
E_0(t) \leqslant \Big(E_0(0) + tE(0)\Big)\mathrm{e}^t + \int_0^t \mathrm{d}s \int_{\Omega_s} (t-s)\mathrm{e}^{t-s} f^2(\boldsymbol{x}, s)\,\mathrm{d}\boldsymbol{x}, \tag{4.1.7}
$$

其中

$$
E_0(0) = \int_{\Omega_0} u^2(\boldsymbol{x}, 0)\,\mathrm{d}\boldsymbol{x} = \int_{|\boldsymbol{x}|\leqslant R} \varphi^2(\boldsymbol{x})\,\mathrm{d}\boldsymbol{x}.
$$

由能量不等式 (4.1.6) 和 (4.1.7) , 易得

定理 4.1.2 (Cauchy 问题的唯一性和稳定性)　Cauchy 问题 (4.1.5) 的解在 $C^2\Big(\mathbf{R}^n\times[0,+\infty)\Big)$ 中是唯一的, 且在下述意义下是稳定的: 给定 $T>0$, 对于任意的 $\varepsilon>0$, 存在 $\delta=\delta(\varepsilon,T)>0$, 当

$$\int_{\mathbf{R}^n}\left(\varphi^2(\boldsymbol{x})+\psi^2(\boldsymbol{x})+a^2\left|\mathrm{D}\varphi(\boldsymbol{x})\right|^2\right)\mathrm{d}\boldsymbol{x}<\delta^2,\quad \int_0^T\mathrm{d}t\int_{\Omega_t}f^2(\boldsymbol{x},t)\,\mathrm{d}\boldsymbol{x}<\delta^2$$

时, 对于任意的 $t\in[0,T]$ 有

$$\int_{\Omega_t}\left(u^2+u_t^2+a^2\left|\mathrm{D}u\right|^2\right)\mathrm{d}\boldsymbol{x}<\varepsilon^2.$$

习题 4.1.2 仿照定理 4.1.1 的证明, 试证定理 4.1.2.

习题 4.1.3 设 $u\in C^2\Big((-\infty,+\infty)\times[0,+\infty)\Big)$ 是 Cauchy 问题

$$\begin{cases}u_{tt}-a^2u_{xx}=0, & -\infty<x<+\infty, t>0,\\ u(x,0)=\varphi(x),\ u_t(x,0)=\psi(x), & -\infty<x<+\infty\end{cases}$$

的解, 其中 $a>0$ 是常数, $\varphi(x),\psi(x)\in C^\infty(-\infty,+\infty)$. 若 $x_1<x_2$, 证明能量估计

$$\int_{x_1}^{x_2}\left(u_t^2+a^2u_x^2\right)\mathrm{d}x\leqslant\int_{x_1-at}^{x_2+at}\left(\psi^2(x)+a^2\varphi'^2(x)\right)\mathrm{d}x,\quad t>0.$$

§4.2　Cauchy 问题的求解公式

本节, 我们依次介绍行波法、球面平均法和降维法, 导出不同维数的波动方程 Cauchy 问题的求解公式, 建立解的存在性. 其实这三种方法的基本思想在本质上是一样的, 行波法是基础, 球面平均法是升华, 降维法是特例.

4.2.1　行波法与弦振动方程

首先考虑描述无界弦的振动方程的初值问题, 即一维波动方程的 Cauchy 问题

$$\begin{cases}u_{tt}-a^2u_{xx}=f(x,t), & -\infty<x<+\infty,\ t>0,\\ u(x,0)=\varphi(x),\ u_t(x,0)=\psi(x), & -\infty<x<+\infty\end{cases}\tag{4.2.1}$$

的求解问题.

第一步: 应用叠加原理, 将上述问题分解为两个较简单的问题. 问题 (4.2.1) 的解 u 可分解为

$$u=u_1+u_2,$$

其中 u_1 满足非齐次方程的零初值问题

$$\begin{cases} u_{1tt} - a^2 u_{1xx} = f(x,t), & -\infty < x < +\infty,\ t > 0, \\ u_1(x,0) = u_{1t}(x,0) = 0, & -\infty < x < +\infty, \end{cases} \tag{4.2.2}$$

u_2 满足齐次方程的非零初值问题

$$\begin{cases} u_{2tt} - a^2 u_{2xx} = 0, & -\infty < x < +\infty,\ t > 0, \\ u_2(x,0) = \varphi(x),\ u_{2t}(x,0) = \psi(x), & -\infty < x < +\infty. \end{cases} \tag{4.2.3}$$

第二步: 使用齐次化原理, 将问题 (4.2.2) 中的方程也化为齐次方程. 令

$$u_1(x,t) = \int_0^t w(x,t;\tau)\,\mathrm{d}\tau,$$

其中 $\tau > 0$ 是一个正常数, 而 w 满足

$$\begin{cases} w_{tt} - a^2 w_{xx} = 0, & -\infty < x < +\infty,\ t > \tau, \\ w(x,\tau;\tau) = 0,\ w_t(x,\tau;\tau) = f(x,\tau), & -\infty < x < +\infty. \end{cases}$$

它与问题 (4.2.3) 一样, 同属于齐次方程的非零初值问题.

因此, 我们只需考虑如下 "核心" 问题

$$\begin{cases} u_{tt} - a^2 u_{xx} = 0, & -\infty < x < +\infty, t > 0, \quad (4.2.4) \\ u(x,0) = \varphi(x),\ u_t(x,0) = \psi(x), & -\infty < x < +\infty. \quad (4.2.5) \end{cases}$$

它称为无界弦的自由振动方程, 描述了由初始扰动所引起的振动将会一往无前地传播下去, 形成行进的波, 简称行波. 求解上述问题的方法称为行波法.

行波法的基本思想是将偏微分方程的 Cauchy 问题转化为常微分方程的相应问题, 通过求解常微分方程进而得到原来偏微分方程问题的解.

由第一章的例 1.4.1, 问题 (4.2.4) 的通解可写成

$$u(x,t) = F(x+at) + G(x-at), \tag{4.2.6}$$

其中 F, G 是任意的 C^2 函数. 由初始条件 (4.2.5) 有

$$\begin{cases} F(x) + G(x) = \varphi(x), \\ aF'(x) - aG'(x) = \psi(x). \end{cases} \tag{4.2.7}$$

对方程组 (4.2.7) 中的第一个方程关于 x 求导, 得

$$F'(x) + G'(x) = \varphi'(x).$$

联立第二个方程, 解之, 得

$$\begin{cases} F'(x) = \dfrac{1}{2a}\Big(a\varphi'(x) + \psi(x)\Big), \\ G'(x) = \dfrac{1}{2a}\Big(a\varphi'(x) - \psi(x)\Big). \end{cases}$$

两边积分得

$$
\begin{cases}
F(x)=\dfrac{1}{2a}\displaystyle\int_0^x \Big(a\varphi'(\xi)+\psi(\xi)\Big)\,\mathrm{d}\xi+F(0),\\
G(x)=\dfrac{1}{2a}\displaystyle\int_0^x \Big(a\varphi'(\xi)-\psi(\xi)\Big)\,\mathrm{d}\xi+G(0).
\end{cases}
$$

代入通解表达式 (4.2.6), 并利用 $F(0)+G(0)=\varphi(0)$, 有

$$
\begin{aligned}
&u(x,t)\\
=&\frac{1}{2a}\int_0^{x+at}\Big(a\varphi'(\xi)+\psi(\xi)\Big)\,\mathrm{d}\xi+F(0)+\frac{1}{2a}\int_0^{x-at}\Big(a\varphi'(\xi)-\psi(\xi)\Big)\,\mathrm{d}\xi+G(0)\\
=&\frac{1}{2}\Big(\int_0^{x+at}\varphi'(\xi)\,\mathrm{d}\xi+\int_0^{x-at}\varphi'(\xi)\,\mathrm{d}\xi\Big)+\\
&\frac{1}{2a}\Big(\int_0^{x+at}\psi(\xi)\,\mathrm{d}\xi-\int_0^{x-at}\psi(\xi)\,\mathrm{d}\xi\Big)+\varphi(0)\\
=&\frac{1}{2}\Big(\varphi(x+at)+\varphi(x-at)\Big)+\frac{1}{2a}\int_{x-at}^{x+at}\psi(\xi)\,\mathrm{d}\xi. \qquad (4.2.8)
\end{aligned}
$$

至此, 我们得到了 Cauchy 问题 (4.2.4) (4.2.5) 解的形式表达式. (4.2.8) 式称为 Cauchy 问题 (4.2.4) (4.2.5) 的 d'Alembert 公式.

通过直接验证, 可以证明

定理 4.2.1 *若 $\varphi\in C^2\big((-\infty,+\infty)\big)$, $\psi\in C^1\big((-\infty,+\infty)\big)$, 则由 (4.2.8) 式给出的 $u\in C^2\Big((-\infty,+\infty)\times[0,+\infty)\Big)$ 是问题 (4.2.4) (4.2.5) 的解.*

通解 (4.2.6) 表示弦上各点在振动过程中的位移 u 的变化规律. 先考虑 $G(x-at)$, 当 $t=0$ 时, $G(x-at)=G(x)$, 表示弦在 $t=0$ 时的波形 (位移). 初始时刻的状态经过时间 t_0 后, $G(x-at)=G(x-at_0)$, 表示 $t=0$ 时刻的波形向 x 轴的正方向平移了 at_0 的距离, 即这种波的传播形式是保持波形 (函数 $G(x)$) 不变地以速度 a 向右进行传播, 故 $G(x-at)$ 所描述的振动规律, 称为右行波 (或正行波); 同理, $F(x+at)$ 表示保持波形不变地向左传播, 称为左行波 (或逆行波). 故弦振动方程的通解是左右行波的叠加, 即弦上任意扰动总是向两个方向同时传播.

在 d'Alembert 公式 (4.2.8) 中, $\frac{1}{2}\Big(\varphi(x+at)+\varphi(x-at)\Big)$ 表示初始位移 $\varphi(x)$ 引起的波动左右行波的叠加, $t=0$ 时刻的波形 $\varphi(x)$ 分成两部分以独立的速度 a 向左、向右传播. $\dfrac{1}{2a}\displaystyle\int_{x-at}^{x+at}\psi(\xi)\,\mathrm{d}\xi$ 表示由初始速度引起的波动.

$$
\int_{x-at}^{x+at}\psi(\xi)\,\mathrm{d}\xi=\int_0^{x+at}\psi(\xi)\,\mathrm{d}\xi-\int_0^{x-at}\psi(\xi)\,\mathrm{d}\xi
$$

表示左右行波叠加, 由初始速度激发的行波 $\displaystyle\int_0^x\psi(\xi)\,\mathrm{d}\xi$, 在 t 时刻, 左右对称地

扩展到 $[x-at,x+at]$.

由此可知, 在 (x,t) 平面中的两族直线 $x\pm at=C$(常数) 对一维波动方程的研究起着重要的作用, 称这两族直线为一维波动方程的特征线, 所以行波法也称作特征线法.

习题 4.2.1 求解 Goursat 问题

$$\begin{cases}u_{tt}-a^2u_{xx}=0, & -\infty<x<+\infty,\ t>0,\\ u\Big|_{x=at}=\varphi(x),\quad u\Big|_{x=-at}=\psi(x), & -\infty<x<+\infty,\end{cases}$$

其中 $\varphi(0)=\psi(0)$.

平面上一点 (x,t) 的位移 $u(x,t)$ 到底与 x 轴上哪些初始值有关? 由 d'Alembert 公式 (4.2.8) 知, u 在 (x,t) 的值被 φ 在 $x\pm at$ 的值和 ψ 在 $[x-at,x+at]$ 上的值所确定. 因此, 我们给出如下定义

定义 4.2.1 x 轴上的区间 $[x_0-at_0,x_0+at_0]$ 称为解在 (x_0,t_0) 的依赖区间 (图 4.4), 即对于平面上的任意一点 (x_0,t_0), 其位移仅依赖于 x 轴上区间 $[x_0-at_0,x_0+at_0]$ 中的点的初始激发.

设 $x_1<x_2$. 由 x 轴和 $x=x_1+at$, $x=x_2-at$ 所围成的区域 $\Big\{(x,t)\Big|\ x_1+at\leqslant x\leqslant x_2-at,\ t\geqslant 0\Big\}$ 称为初值在 $[x_1,x_2]$ 的决定区域 (图 4.5), 即该区域内任意一点的位移一定由区间 $[x_1,x_2]$ 上的初始激发完全决定. 而区域 $\Big\{(x,t)\Big|\ x_1-at\leqslant x\leqslant x_2+at,\ t\geqslant 0\Big\}$ 称为初值在 $[x_1,x_2]$ 的影响区域 (图 4.6).

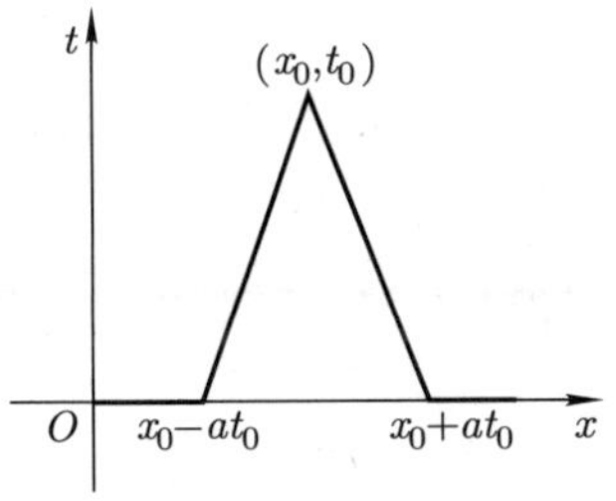

图 4.4 依赖区间

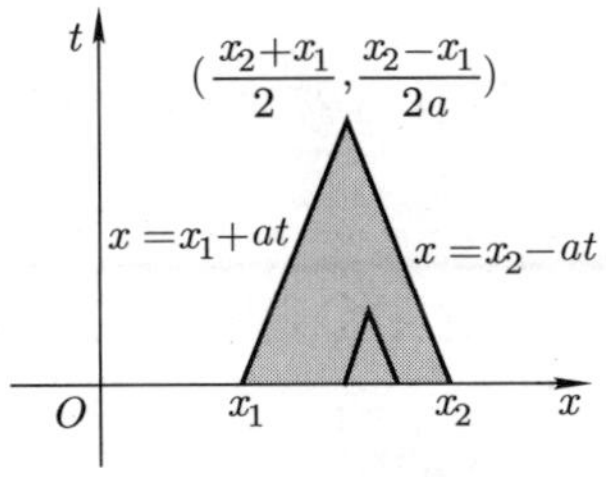

图 4.5 决定区域

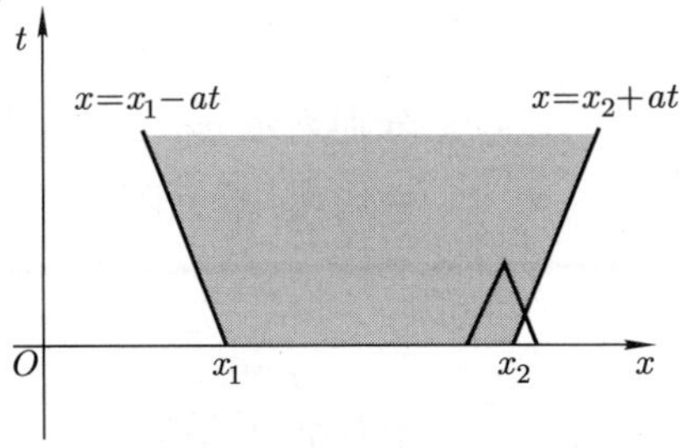

图 4.6 影响区域

在 d'Alembert 公式 (4.2.8) 和齐次化原理的基础上, 可以写出问题 (4.2.2) 的解

$$\begin{aligned}u_1(x,t)&=\int_0^t\left(\frac{1}{2a}\int_{x-a(t-\tau)}^{x+a(t-\tau)}f(\xi,\tau)\mathrm{d}\xi\right)\mathrm{d}\tau\\&=\frac{1}{2a}\int_0^t\mathrm{d}\tau\int_{x-a(t-\tau)}^{x+a(t-\tau)}f(\xi,\tau)\mathrm{d}\xi.\end{aligned}$$

从而问题 (4.2.1) 的求解公式是

$$u(x,t)=\frac{1}{2}\big(\varphi(x+at)+\varphi(x-at)\big)+\frac{1}{2a}\int_{x-at}^{x+at}\psi(\xi)\mathrm{d}\xi+\frac{1}{2a}\int_0^t\mathrm{d}\tau\int_{x-a(t-\tau)}^{x+a(t-\tau)}f(\xi,\tau)\mathrm{d}\xi.$$

习题 4.2.2 求解非齐次弦振动方程的 Cauchy 问题

$$\begin{cases}u_{tt}-a^2u_{xx}=\dfrac{xt}{(1+x^2)^2}, & -\infty<x<+\infty,\ t>0,\\ u(x,0)=0,\quad u_t(x,0)=\dfrac{1}{1+x^2}, & -\infty<x<+\infty.\end{cases}$$

4.2.2 球面平均法与三维波动方程

从物理上看, 不论是三维波动问题还是一维波动问题, 它们描述的都是波的传播现象和规律, 因此它们的求解方法也具有一定的共性.

一维波动问题的 d'Alembert 公式 (4.2.8) 可改写为

$$\begin{aligned}u(x,t)&=\frac{1}{2a}\frac{\partial}{\partial t}\Big(\int_{x-at}^{x+at}\varphi(\xi)\,\mathrm{d}\xi\Big)+\frac{1}{2a}\int_{x-at}^{x+at}\psi(\xi)\,\mathrm{d}\xi\\&=\frac{\partial}{\partial t}\Big(\frac{t}{2at}\int_{x-at}^{x+at}\varphi(\xi)\,\mathrm{d}\xi\Big)+\frac{t}{2at}\int_{x-at}^{x+at}\psi(\xi)\,\mathrm{d}\xi\\&=\frac{\partial}{\partial t}\Big(t\fint_{x-at}^{x+at}\varphi(\xi)\,\mathrm{d}\xi\Big)+t\fint_{x-at}^{x+at}\psi(\xi)\,\mathrm{d}\xi,\end{aligned}\tag{4.2.9}$$

其中

$$\fint_{x-at}^{x+at}\varphi(\xi)\,\mathrm{d}\xi \quad 和 \quad \fint_{x-at}^{x+at}\psi(\xi)\,\mathrm{d}\xi$$

分别表示 $\varphi(x)$ 和 $\psi(x)$ 在区间 $[x-at,x+at]$ (以 x 为中心, 以 at 为半径) 上的平均值. 然而不难验证

$$\overline{\varphi}(x,t):=t\fint_{x-at}^{x+at}\varphi(\xi)\,\mathrm{d}\xi,\quad 与\quad \overline{\psi}(x,t):=t\fint_{x-at}^{x+at}\psi(\xi)\,\mathrm{d}\xi$$

都是波动方程 $u_{tt}-a^2u_{xx}=0$ 的解.

根据这一思想, 本小节我们利用球面平均方法, 将三维波动方程的 Cauchy 问题归结为弦振动方程的 Cauchy 问题, 从而利用 d'Alembert 公式得到三维问题的求解公式.

对 $\boldsymbol{x}\in\mathbf{R}^3, r>0$, 记 $B_r(\boldsymbol{x})=\big\{\boldsymbol{\xi}\in\mathbf{R}^3\big||\boldsymbol{\xi}-\boldsymbol{x}|\leqslant r\big\}$.

定义 4.2.2 函数 $w\in C^0(\mathbf{R}^3)$ 的球面平均函数定义为

$$w_B(\boldsymbol{x},r):=\frac{1}{4\pi r^2}\int_{\partial B_r(\boldsymbol{x})}w(\boldsymbol{\xi})\,\mathrm{d}S.\tag{4.2.10}$$

令 $\boldsymbol{\xi}=\boldsymbol{x}+r\boldsymbol{\eta}$, 则

$$w_B(\boldsymbol{x},r)=\frac{1}{4\pi}\int_{\partial B_1(\mathbf{0})}w(\boldsymbol{x}+r\boldsymbol{\eta})\,\mathrm{d}S. \tag{4.2.11}$$

由 (4.2.11) 式, 不难发现

$$w_B(\boldsymbol{x},0)=\frac{1}{4\pi}\int_{\partial B_1(\mathbf{0})}w(\boldsymbol{x})\,\mathrm{d}S=w(\boldsymbol{x}),$$

且由含参量积分的可微性, 形式上有

$$\frac{\partial w_B}{\partial r}(\boldsymbol{x},r)=\frac{1}{4\pi}\int_{\partial B_1(\mathbf{0})}\frac{\partial w}{\partial r}(\boldsymbol{x}+r\boldsymbol{\eta})\,\mathrm{d}S=\frac{1}{4\pi}\int_{\partial B_1(\mathbf{0})}\boldsymbol{\eta}\cdot\mathrm{D}w(\boldsymbol{x}+r\boldsymbol{\eta})\,\mathrm{d}S.$$

为了应用弦振动方程的 d'Alembert 公式, 我们选择将 $w_B(\boldsymbol{x},r)$ 关于 r 偶延拓到 $(-\infty,0)$, 由 $\boldsymbol{\eta}\cdot\mathrm{D}w(\boldsymbol{x})$ 是 $\boldsymbol{\eta}$ 的奇函数, 我们有

$$\frac{\partial w_B}{\partial r}(\boldsymbol{x},0)=\frac{1}{4\pi}\int_{\partial B_1(\mathbf{0})}\boldsymbol{\eta}\cdot\mathrm{D}w(\boldsymbol{x})\,\mathrm{d}S=0,$$

且下面的引理成立.

引理 4.2.1 *若 $w\in C^2(\mathbf{R}^3)$, 则 $w_B\in C^2(\mathbf{R}^4)$, 且满足方程*

$$\frac{\partial^2}{\partial r^2}(rw_B)=\Delta_{\boldsymbol{x}}(rw_B),\qquad(\boldsymbol{x},r)\in\mathbf{R}^4, \tag{4.2.12}$$

以及初始条件

$$w_B(\boldsymbol{x},0)=w(\boldsymbol{x}),\qquad\frac{\partial w_B}{\partial r}(\boldsymbol{x},0)=0,\qquad\boldsymbol{x}\in\mathbf{R}^3.$$

证明 由含参量积分的可微性得 $w_B\in C^2(\mathbf{R}^4)$.

由于 $w_B(\boldsymbol{x},r)$ 是 r 的偶函数, 所以 $rw_B(\boldsymbol{x},r)$ 是 r 的奇函数, 于是

$$\left.\frac{\partial^2(rw_B)}{\partial r^2}\right|_{t=0}=0,$$

另一方面, 由 (4.2.11) 式, 有

$$\Delta_{\boldsymbol{x}}\Big(rw_B\Big)\Big|_{r=0}=\frac{r}{4\pi}\int_{\partial B_1(\mathbf{0})}\Delta_{\boldsymbol{x}}w(\boldsymbol{x}+r\boldsymbol{\eta})\,\mathrm{d}S\Big|_{r=0}=0.$$

即 rw_B 在超平面 $r=0$ 上满足 (4.2.12) 式.

下面只需证明当 $r>0$ 时, (4.2.12) 式成立. 根据散度定理, 并做变量代换 $\boldsymbol{\xi}=\boldsymbol{x}+r\boldsymbol{\eta}$,

$$\begin{aligned}\frac{\partial w_B}{\partial r}(\boldsymbol{x},r)&=\frac{1}{4\pi r}\int_{\partial B_1(\mathbf{0})}\frac{\partial w(\boldsymbol{x}+r\boldsymbol{\eta})}{\partial\boldsymbol{\eta}}\,\mathrm{d}S\\&=\frac{1}{4\pi r}\int_{B_1(\mathbf{0})}\Delta_{\boldsymbol{\eta}}w(\boldsymbol{x}+r\boldsymbol{\eta})\,\mathrm{d}\boldsymbol{\eta}\\&=\frac{1}{4\pi r^2}\int_{B_r(\boldsymbol{x})}\Delta_{\boldsymbol{\xi}}w(\boldsymbol{\xi})\,\mathrm{d}\boldsymbol{\xi}.\end{aligned} \tag{4.2.13}$$

利用 (4.2.13) 式, 二阶导数

$$
\begin{aligned}
\frac{\partial^2\big(rw_B\big)}{\partial r^2} &= \frac{\partial}{\partial r}\Big(w_B + r\frac{\partial w_B}{\partial r}\Big)\\
&= 2\frac{\partial w_B}{\partial r} + r\frac{\partial^2 w_B}{\partial r^2}\\
&= \frac{2}{4\pi r^2}\int_{B_r(\boldsymbol{x})}\Delta_{\boldsymbol{\xi}} w(\boldsymbol{\xi})\,\mathrm{d}\boldsymbol{\xi} + r\Big(\frac{-2}{4\pi r^3}\int_{B_r(\boldsymbol{x})}\Delta_{\boldsymbol{\xi}} w(\boldsymbol{\xi})\,\mathrm{d}\boldsymbol{\xi} +\\
&\quad \frac{1}{4\pi r^2}\int_{\partial B_r(\boldsymbol{x})}\Delta_{\boldsymbol{\xi}} w(\boldsymbol{\xi})\,\mathrm{d}S\Big)\\
&= \frac{1}{4\pi r}\int_{\partial B_r(\boldsymbol{x})}\Delta_{\boldsymbol{\xi}} w(\boldsymbol{\xi})\,\mathrm{d}S.
\end{aligned}
$$

作变量代换 $\boldsymbol{\xi} = \boldsymbol{x} + r\boldsymbol{\eta}$,

$$
\frac{\partial^2\big(rw_B\big)}{\partial r^2} = \frac{r}{4\pi}\int_{\partial B_1(\mathbf{0})}\Delta_{\boldsymbol{x}} w(\boldsymbol{x}+r\boldsymbol{\eta})\,\mathrm{d}S = \Delta_{\boldsymbol{x}}\Big(rw_B\Big).
$$

证毕. □

习题 4.2.3 证明球面波问题

$$
\begin{cases}
u_{tt} - a^2\Delta u = 0, & \boldsymbol{x}\in\mathbf{R}^3,\ t>0,\\
u(\boldsymbol{x},0) = \varphi(r),\quad u_t(\boldsymbol{x},0) = \psi(r), & \boldsymbol{x}\in\mathbf{R}^3
\end{cases}
$$

的解为

$$
u(r,t) = \begin{cases}
\dfrac{1}{2r}\Big((r+at)\varphi(r+at) + (r-at)\varphi(r-at)\Big) + \\
\qquad \dfrac{1}{2ar}\displaystyle\int_{r-at}^{r+at} s\psi(s)\mathrm{d}s, \quad r > at,\\
\dfrac{1}{2r}\Big((r+at)\varphi(r+at) - (r-at)\varphi(at-r)\Big) + \\
\qquad \dfrac{1}{2ar}\displaystyle\int_{at-r}^{at+r} s\psi(s)\mathrm{d}s, \quad r < at,
\end{cases}
$$

其中 $r = |\boldsymbol{x}|$.

现考虑三维齐次波动方程的 Cauchy 问题

$$
\begin{cases}
u_{tt} - a^2\Delta u = 0, & \boldsymbol{x}\in\mathbf{R}^3,\ t>0,\\
u(\boldsymbol{x},0) = \varphi(\boldsymbol{x}),\ u_t(\boldsymbol{x},0) = \psi(\boldsymbol{x}), & \boldsymbol{x}\in\mathbf{R}^3.
\end{cases} \tag{4.2.14}
$$

它可以用来描述声波在三维无限空间中的传播现象. 记函数 $u(\boldsymbol{x},t)$ 关于 $\boldsymbol{x}$ 的球面平均函数

$$
u_B(\boldsymbol{x},r,t) := \frac{1}{4\pi}\int_{\partial B_1(\mathbf{0})} u(\boldsymbol{x}+r\boldsymbol{\eta},t)\,\mathrm{d}S, \qquad \boldsymbol{x}\in\mathbf{R}^3,\ r\in\mathbf{R},\ t>0,
$$

引理 4.2.2 设 u 是问题 (4.2.14) 的解, 则以 $\boldsymbol{x}$ 为参数, (r,t) 为自变量的函数 $w(r,t;\boldsymbol{x})=ru_B(\boldsymbol{x},r,t)$ 满足弦振动方程的 Cauchy 问题

$$\begin{cases} w_{tt}-a^2w_{rr}=0, & -\infty<r<+\infty,\ t>0,\\ w(r,0;\boldsymbol{x})=r\varphi_B(\boldsymbol{x},r),\quad w_t(r,0;\boldsymbol{x})=r\psi_B(\boldsymbol{x},r), & -\infty<r<+\infty, \end{cases}$$

其中 φ_B,ψ_B 分别是 φ,ψ 的球面平均函数.

证明 由 (4.2.14) 式中的方程和引理 4.2.1, 有

$$\begin{aligned} w_{tt}&=\frac{r}{4\pi}\int_{\partial B_1(\mathbf{0})}u_{tt}(\boldsymbol{x}+r\boldsymbol{\eta},t)\,\mathrm{d}S\\ &=\frac{r}{4\pi}\int_{\partial B_1(\mathbf{0})}a^2\Delta_{\boldsymbol{x}}u(\boldsymbol{x}+r\boldsymbol{\eta},t)\,\mathrm{d}S\\ &=a^2\Delta_{\boldsymbol{x}}\Big(ru_B\Big)\\ &=a^2w_{rr}. \end{aligned}$$

由初始条件, 有

$$\begin{aligned} w(r,0;\boldsymbol{x})&=\frac{r}{4\pi}\int_{\partial B_1(\mathbf{0})}u(\boldsymbol{x}+r\boldsymbol{\eta},0)\,\mathrm{d}S\\ &=\frac{r}{4\pi}\int_{\partial B_1(\mathbf{0})}\varphi(\boldsymbol{x}+r\boldsymbol{\eta})\,\mathrm{d}S=r\varphi_B(\boldsymbol{x},r),\\ w_t(r,0;\boldsymbol{x})&=\frac{r}{4\pi}\int_{\partial B_1(\mathbf{0})}u_t(\boldsymbol{x}+r\boldsymbol{\eta},0)\,\mathrm{d}S\\ &=\frac{r}{4\pi}\int_{\partial B_1(\mathbf{0})}\psi(\boldsymbol{x}+r\boldsymbol{\eta})\,\mathrm{d}S=r\psi_B(\boldsymbol{x},r). \end{aligned}$$

证毕. □

下面给出 Cauchy 问题 (4.2.14) 的求解公式.

定理 4.2.2 若 $\varphi\in C^3(\mathbf{R}^3)$, $\psi\in C^2(\mathbf{R}^3)$, 则问题 (4.2.14) 的解

$$u(\boldsymbol{x},t)=\frac{\partial}{\partial t}\Big(\frac{1}{4\pi a^2t}\int_{\partial B_{at}(\boldsymbol{x})}\varphi(\boldsymbol{\xi})\,\mathrm{d}S\Big)+\frac{1}{4\pi a^2t}\int_{\partial B_{at}(\boldsymbol{x})}\psi(\boldsymbol{\xi})\,\mathrm{d}S. \tag{4.2.15}$$

这个公式称为 **Poisson 公式**. 它也可改写为

$$u(\boldsymbol{x},t)=\frac{\partial}{\partial t}\Big(t⨍_{\partial B_{at}(\boldsymbol{x})}\varphi(\boldsymbol{\xi})\,\mathrm{d}S\Big)+t⨍_{\partial B_{at}(\boldsymbol{x})}\psi(\boldsymbol{\xi})\,\mathrm{d}S. \tag{4.2.16}$$

这与公式 (4.2.9) 在均值的意义下是一致的.

证明 由引理 4.2.2 和 d'Alembert 公式 (4.2.8), 得

$$\begin{aligned} ru_B(\boldsymbol{x},r,t)=&\frac{1}{2}\Big((r+at)\varphi_B(\boldsymbol{x},r+at)+(r-at)\varphi_B(\boldsymbol{x},r-at)\Big)+\\ &\frac{1}{2a}\int_{r-at}^{r+at}s\psi_B(\boldsymbol{x},s)\,\mathrm{d}s. \end{aligned}$$

注意到 $\varphi_B(\boldsymbol{x},s),\psi_B(\boldsymbol{x},s)$ 是 s 的偶函数, 且 $\displaystyle\int_{r-at}^{at-r} s\psi_B(\boldsymbol{x},s)\,\mathrm{d}s=0$, 我们有

$$u_B(\boldsymbol{x},r,t)=\frac{1}{2r}\Big((at+r)\varphi_B(\boldsymbol{x},at+r)-(at-r)\varphi_B(\boldsymbol{x},at-r)\Big)+\frac{1}{2ar}\int_{at-r}^{at+r} s\psi_B(\boldsymbol{x},s)\,\mathrm{d}s.$$

所以

$$\begin{aligned}u(\boldsymbol{x},t)&=\lim_{r\to0}u_B(\boldsymbol{x},r,t)=\frac{\partial}{\partial t}\Big(t\varphi_B(\boldsymbol{x},at)\Big)+t\psi_B(\boldsymbol{x},at)\\&=\frac{\partial}{\partial t}\Big(\frac{1}{4\pi a^2t}\int_{\partial B_{at}(\boldsymbol{x})}\varphi(\boldsymbol{\xi})\,\mathrm{d}S\Big)+\frac{1}{4\pi a^2t}\int_{\partial B_{at}(\boldsymbol{x})}\psi(\boldsymbol{\xi})\,\mathrm{d}S.\end{aligned}$$

这里的第二个等号使用了

$$\lim_{r\to0}\frac{1}{2r}\int_{t-r}^{t+r}f(s)\,\mathrm{d}s=f(t),\qquad \lim_{r\to0}\frac{f(t+r)-f(t-r)}{2r}=f'(t).$$

□

例题 4.2.1 求解 Cauchy 问题

$$\begin{cases}u_{tt}-\Delta u=0, & \boldsymbol{x}\in\mathbf{R}^3,\ t>0,\\ u(\boldsymbol{x},0)=0,\ \ u_t(\boldsymbol{x},0)=x_1^2+x_2x_3, & \boldsymbol{x}\in\mathbf{R}^3.\end{cases}$$

解　由求解公式 (4.2.15), 并作积分变换 $\boldsymbol{\xi}=\boldsymbol{\eta}+\boldsymbol{x}$,

$$\begin{aligned}u(\boldsymbol{x},t)&=\frac{1}{4\pi t}\int_{|\boldsymbol{\xi}-\boldsymbol{x}|=t}\Big(\xi_1^2+\xi_2\xi_3\Big)\,\mathrm{d}S\\&=\frac{1}{4\pi t}\int_{|\boldsymbol{\eta}|=t}\Big((\eta_1+x_1)^2+(\eta_2+x_2)(\eta_3+x_3)\Big)\,\mathrm{d}S.\end{aligned}$$

由对称性, 知

$$\int_{|\boldsymbol{\eta}|=t}\eta_1\,\mathrm{d}S=\int_{|\boldsymbol{\eta}|=t}\eta_2\eta_3\,\mathrm{d}S=0.$$

所以

$$\begin{aligned}u(\boldsymbol{x},t)&=\frac{1}{4\pi t}\int_{|\boldsymbol{\eta}|=t}\Big(\eta_1^2+x_1^2+x_2x_3\Big)\,\mathrm{d}S\\&=\frac{1}{4\pi t}\Big(\frac{1}{3}\cdot4\pi t^2\cdot t^2+4\pi t^2(x_1^2+x_2x_3)\Big)\\&=\frac{t^3}{3}+t\Big(x_1^2+x_2x_3\Big).\end{aligned}$$

解毕.　□

习题 4.2.4 求解三维波动方程的 Cauchy 问题

$$\begin{cases}u_{tt}-a^2\Delta u=0, & \boldsymbol{x}\in\mathbf{R}^3, t>0,\\ u(\boldsymbol{x},0)=x_1^3+x_2^2x_3,\ \ u_t(\boldsymbol{x},0)=0, & \boldsymbol{x}\in\mathbf{R}^3.\end{cases}$$

Poisson 公式的物理意义: 由公式 (4.2.16) 可以看出, 三维空间任意一点 $\boldsymbol{x}$ 在某一时刻 t 的状态值完全由以该点为球心, at 为半径的球面 $\partial B_{at}(\boldsymbol{x})$ 上的初始状态 (或初始扰动) φ 和 ψ 所决定. 这是由于初值的影响是以速度 a 在时间 t 内从球面 $\partial B_{at}(\boldsymbol{x})$ 上传播到 $\boldsymbol{x}$ 的缘故.

由求解公式 (4.2.15), 可以看出: 只有与 $(\boldsymbol{x}^0,0)$ 相距为 at^0 的点上的初始扰动能够影响 $u(\boldsymbol{x}^0,t^0)$ 的值, 故称球面 $|\boldsymbol{x}-\boldsymbol{x}^0|=at^0, t=0$ 为 $(\boldsymbol{x}^0,t^0)$ 的依赖区域 (图 4.7). 而 $|\boldsymbol{x}-\boldsymbol{x}^0|\leqslant at^0, t=0$ 的决定区域是: 四维圆锥体 $|\boldsymbol{x}-\boldsymbol{x}^0|\leqslant a(t^0-t)$ (图 4.8); 点 $(\boldsymbol{x}^0,0)$ 的影响区域是: 四维倒圆锥面 $|\boldsymbol{x}-\boldsymbol{x}^0|=at$ (图 4.9).

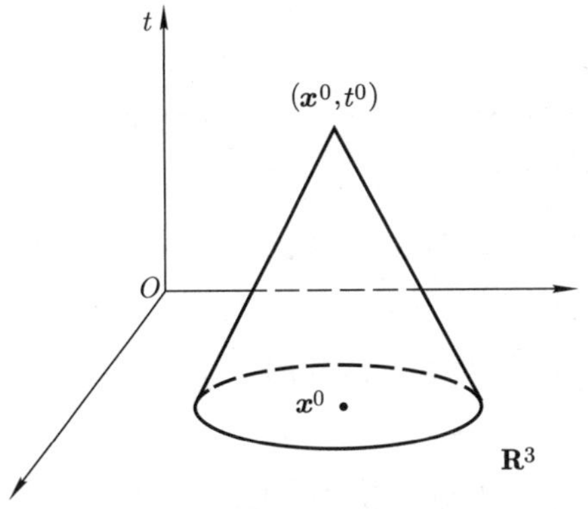

图 4.7 三维波的依赖区域

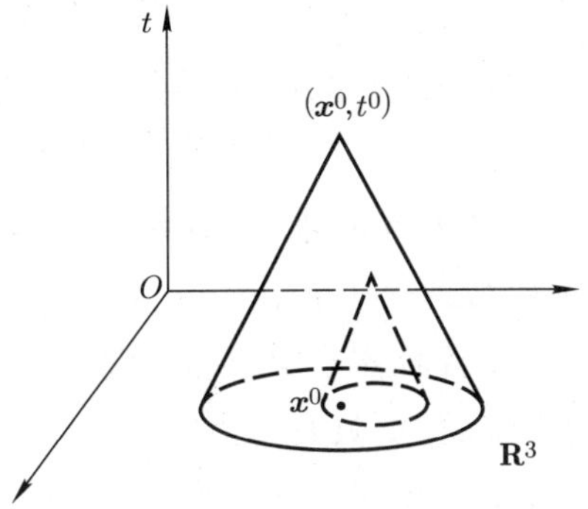

图 4.8 三维波的决定区域

下面具体分析三维波的传播情况. 如图 4.10 所示, 设初始扰动仅出现在区域 Ω 内, 空间中的任意一点 $\boldsymbol{x}$ 到 Ω 的最小距离为 d_1, 最大距离为 d_2. 我们不妨设 φ 和 ψ 在 Ω 上恒大于零.

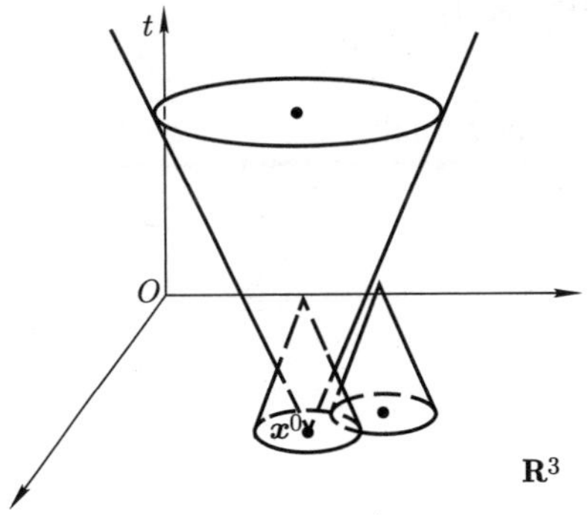

图 4.9 三维波的影响区域

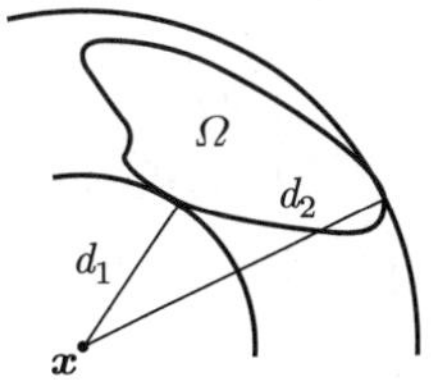

图 4.10 三维波的传播

(1) 当 $t<d_1/a$ 时, 此时球面 $\partial B_{at}(\boldsymbol{x})$ 与 Ω 不相交, 即 φ 和 ψ 在球面 $\partial B_{at}(\boldsymbol{x})$ 上均为 0. 因而 Poisson 公式 (4.2.16) 中的两个积分均为 0, 所以 $u(\boldsymbol{x},t)=0$. 这表示扰动的 "前锋" 尚未到达.

(2) 当 $d_1/a < t < d_2/a$ 时, 此时球面 $\partial B_{at}(\boldsymbol{x})$ 与 Ω 相交, φ 和 ψ 在球面 $\partial B_{at}(\boldsymbol{x})$ 上的值均不为 0. 因而 Poisson 公式 (4.2.16) 中的两个积分也不为 0, 所以 $u(\boldsymbol{x},t)$ 也可能不为 0. 这表示扰动已经到达 $\boldsymbol{x}$ 点, 并引起了 $\boldsymbol{x}$ 的振动.

(3) 当 $t > d_2/a$ 时, 此时球面 $\partial B_{at}(\boldsymbol{x})$ 与 Ω 又不相交, φ 和 ψ 在球面 $\partial B_{at}(\boldsymbol{x})$ 上的值均为 0. 因而 Poisson 公式 (4.2.16) 中的两个积分也为 0, 所以 $u(\boldsymbol{x},t)=0$. 这表示扰动的 “后峰” 已经通过 $\boldsymbol{x}$ 点.

三维空间局部初始扰动的传播有清晰的 “前峰” 和 “后峰”, “前峰” 和 “后峰” 也称为 “波前” 和 “波后”. 扰动的传播有清晰的 “波前” 和 “波后”, 空间中的任意一点, 振动过后, 仍恢复到平衡状态, 这种只在有限时间内引起振动的现象称为无后效现象 (或 Huygens 原理).

例如, 在与你分别相距 d_1, d_2 的 A, B 两处各站一个人, 同时发同一个字母的音. 经过 $t_1 = d_1/a$ 时间, 你站在 $\boldsymbol{x}$ 处听到 A 处的发音, 经过 $t_2 = d_2/a$ 时间, 你听到 B 处发的音. 而其他时间你听不到声响, 即处于静止状态. B 处的声音较 A 处的声音晚了 $(d_2-d_1)/a$ 时间传到 $\boldsymbol{x}$ 处, 正是因为这个时间差, 你在听两个人的发音时才不至于引起混淆. 立体声收音机也正是利用这个时间差, 使得声音更丰满, 更具有立体感.

设 $t=0$ 时在 $\boldsymbol{x}^0$ 处有一扰动, 则在时刻 t 这个扰动影响的范围是: 球面 $|\boldsymbol{x}-\boldsymbol{x}^0| = at$.

最后, 讨论三维非齐次波动方程的 Cauchy 问题

$$\begin{cases} u_{tt} - a^2 \Delta u = f(\boldsymbol{x},t), & \boldsymbol{x} \in \mathbf{R}^3,\ t>0, \\ u(\boldsymbol{x},0) = u_t(\boldsymbol{x},0) = 0, & \boldsymbol{x} \in \mathbf{R}^3. \end{cases} \tag{4.2.17}$$

与前面类似, 由齐次化原理, 它的解可以表示为

$$u(\boldsymbol{x},t) = \int_0^t w(\boldsymbol{x},t;\tau)\,\mathrm{d}\tau,$$

其中

$$\begin{cases} w_{tt} - a^2 \Delta w = 0, & \boldsymbol{x} \in \mathbf{R}^3,\ t>\tau, \\ w(\boldsymbol{x},\tau;\tau) = 0,\ w_t(\boldsymbol{x},\tau;\tau) = f(x,\tau), & \boldsymbol{x} \in \mathbf{R}^3. \end{cases}$$

由 Poisson 公式 (4.2.15) 得

$$w(\boldsymbol{x},t,\tau) = \frac{1}{4\pi a^2 (t-\tau)} \int_{\partial B_{a(t-\tau)}(\boldsymbol{x})} f(\boldsymbol{\xi},\tau)\,\mathrm{d}S,$$

所以

$$u(\boldsymbol{x},t) = \int_0^t \Big(\frac{1}{4\pi a^2 (t-\tau)} \int_{\partial B_{a(t-\tau)}(\boldsymbol{x})} f(\boldsymbol{\xi},\tau)\,\mathrm{d}S \Big)\,\mathrm{d}\tau. \tag{4.2.18}$$

设 $\tau = t - \dfrac{r}{a}$, 得到

$$u(\boldsymbol{x},t) = \frac{1}{4\pi a^2}\int_0^{at} \mathrm{d}r \int_{\partial B_r(\boldsymbol{x})} \frac{f(\boldsymbol{\xi}, t-\frac{r}{a})}{r}\mathrm{d}S \tag{4.2.19}$$
$$= \frac{1}{4\pi a^2}\int_{B_{at}(\boldsymbol{x})} \frac{f(\boldsymbol{\xi}, t-\frac{|\boldsymbol{\xi}-\boldsymbol{x}|}{a})}{|\boldsymbol{\xi}-\boldsymbol{x}|}\mathrm{d}\boldsymbol{\xi}.$$

习题 4.2.5 求解三维非齐次波动方程的 Cauchy 问题

$$\begin{cases} u_{tt} - a^2\Delta u = |\boldsymbol{x}|^2\mathrm{e}^t, & \boldsymbol{x}\in\mathbf{R}^3,\ t>0, \\ u(\boldsymbol{x},0) = u_t(\boldsymbol{x},0) = 0, & \boldsymbol{x}\in\mathbf{R}^3. \end{cases}$$

4.2.3 降维法与二维波动方程

由于二维波动方程的初值问题可以看作三维波动方程初值问题的特殊情形, 在本小节中, 我们将利用三维求解公式导出二维波动方程 Cauchy 问题

$$\begin{cases} u_{tt} - a^2\Delta u = 0, & \boldsymbol{x}\in\mathbf{R}^2,\ t>0, \\ u(\boldsymbol{x},0) = \varphi(\boldsymbol{x}),\ u_t(\boldsymbol{x},0) = \psi(\boldsymbol{x}), & \boldsymbol{x}\in\mathbf{R}^2 \end{cases} \tag{4.2.20}$$

解的表达式, 这种方法称为降维法.

若 $u = u(x_1,x_2,t)$ 是问题 (4.2.20) 的解, 则它必是

$$\begin{cases} u_{tt} - a^2(u_{x_1x_1} + u_{x_2x_2} + u_{x_3x_3}) = 0, & \boldsymbol{x}\in\mathbf{R}^3,\ t>0, \\ u(x_1,x_2,x_3,0) = \varphi(x_1,x_2),\quad u_t(x_1,x_2,x_3,0) = \psi(x_1,x_2), & \boldsymbol{x}\in\mathbf{R}^3 \end{cases}$$

的解, 所以由 Poisson 公式 (4.2.15), 有

$$u(\boldsymbol{x},t) = \frac{\partial}{\partial t}\Big(\frac{1}{4\pi a^2 t}\int_{\partial B_{at}(\boldsymbol{x})}\varphi(\boldsymbol{\xi})\,\mathrm{d}S\Big) + \frac{1}{4\pi a^2 t}\int_{\partial B_{at}(\boldsymbol{x})}\psi(\boldsymbol{\xi})\,\mathrm{d}S, \qquad \boldsymbol{x}\in\mathbf{R}^3,\ t>0. \tag{4.2.21}$$

下面化简表达式 (4.2.21). $\mathbf{R}^3$ 中的球面 $\partial B_{at}(\boldsymbol{x})$ 有如下表示

$$\xi_3 = x_3 \pm \sqrt{(at)^2 - (\xi_1-x_1)^2 - (\xi_2-x_2)^2}, \qquad (\xi_1-x_1)^2 + (\xi_2-x_2)^2 \leqslant (at)^2.$$

注意到 ψ 与 ξ_3 无关, 由第一类曲面积分的计算公式, 有

$$\int_{\partial B_{at}(\boldsymbol{x})}\psi(\boldsymbol{\xi})\,\mathrm{d}S$$
$$= 2\int_{B'_{at}(\boldsymbol{x})}\psi(\xi_1,\xi_2)\cdot$$
$$\sqrt{1 + \Big[\frac{\xi_1-x_1}{\sqrt{(at)^2-(\xi_1-x_1)^2-(\xi_2-x_2)^2}}\Big]^2 + \Big[\frac{\xi_2-x_2}{\sqrt{(at)^2-(\xi_1-x_1)^2-(\xi_2-x_2)^2}}\Big]^2}\,\mathrm{d}\xi_1\,\mathrm{d}\xi_2$$
$$= 2at\int_{B'_{at}(\boldsymbol{x})}\frac{\psi(\boldsymbol{\xi})}{\sqrt{(at)^2 - |\boldsymbol{\xi}-\boldsymbol{x}|^2}}\,\mathrm{d}\boldsymbol{\xi},$$

其中 $B'_r(\boldsymbol{x})=\{\boldsymbol{\xi}\in\mathbf{R}^2\big||\boldsymbol{\xi}-\boldsymbol{x}|\leqslant r\}$. 因此, 得到

定理 4.2.3 若 $\varphi\in C^3(\mathbf{R}^2)$, $\psi\in C^2(\mathbf{R}^2)$, 则 (4.2.20) 式的解

$$u(\boldsymbol{x},t)=\frac{\partial}{\partial t}\left(\frac{1}{2\pi a}\int_{B_{at}(\boldsymbol{x})}\frac{\varphi(\boldsymbol{\xi})}{\sqrt{(at)^2-|\boldsymbol{\xi}-\boldsymbol{x}|^2}}\,\mathrm{d}\boldsymbol{\xi}\right)+\frac{1}{2\pi a}\int_{B_{at}(\boldsymbol{x})}\frac{\psi(\boldsymbol{\xi})}{\sqrt{(at)^2-|\boldsymbol{\xi}-\boldsymbol{x}|^2}}\,\mathrm{d}\boldsymbol{\xi}. \tag{4.2.22}$$

例题 4.2.2 求解

$$\begin{cases}u_{tt}-\Delta u=0, & \boldsymbol{x}\in\mathbf{R}^2,\ t>0,\\ u(\boldsymbol{x},0)=x_1^2(x_1+x_2),\quad u_t(\boldsymbol{x},0)=0, & \boldsymbol{x}\in\mathbf{R}^2.\end{cases}$$

解 由求解公式 (4.2.22), 并做积分变换 $\boldsymbol{\xi}=\boldsymbol{\eta}+\boldsymbol{x}$,

$$\begin{aligned}u(\boldsymbol{x},t)&=\frac{\partial}{\partial t}\left(\frac{1}{2\pi}\int_{|\boldsymbol{\xi}-\boldsymbol{x}|\leqslant t}\frac{\xi_1^2(\xi_1+\xi_2)}{\sqrt{t^2-|\boldsymbol{\xi}-\boldsymbol{x}|^2}}\,\mathrm{d}\boldsymbol{\xi}\right)\\&=\frac{\partial}{\partial t}\left(\frac{1}{2\pi}\int_{|\boldsymbol{\eta}|\leqslant t}\frac{(\eta_1+x_1)^2(\eta_1+x_1+\eta_2+x_2)}{\sqrt{t^2-|\boldsymbol{\eta}|^2}}\,\mathrm{d}\boldsymbol{\eta}\right).\end{aligned}$$

由对称性, 知

$$\int_{|\boldsymbol{\eta}|\leqslant t}\eta_1^3\,\mathrm{d}\boldsymbol{\eta}=\int_{|\boldsymbol{\eta}|\leqslant t}\eta_1^2\eta_2\,\mathrm{d}\boldsymbol{\eta}=\int_{|\boldsymbol{\eta}|\leqslant t}\eta_1\eta_2\,\mathrm{d}\boldsymbol{\eta}=\int_{|\boldsymbol{\eta}|\leqslant t}\eta_1\,\mathrm{d}\boldsymbol{\eta}=\int_{|\boldsymbol{\eta}|\leqslant t}\eta_2\,\mathrm{d}\boldsymbol{\eta}=0.$$

所以

$$\begin{aligned}&u(\boldsymbol{x},t)\\&=\frac{\partial}{\partial t}\left(\frac{1}{2\pi}\int_{|\boldsymbol{\eta}|\leqslant t}\frac{x_1^2(x_1+x_2)+\eta_1^2(3x_1+x_2)}{\sqrt{t^2-|\boldsymbol{\eta}|^2}}\,\mathrm{d}\boldsymbol{\eta}\right)\\&=\frac{1}{2\pi}\cdot\frac{\partial}{\partial t}\left(x_1^2(x_1+x_2)\int_{|\boldsymbol{\eta}|\leqslant t}\frac{\mathrm{d}\boldsymbol{\eta}}{\sqrt{t^2-|\boldsymbol{\eta}|^2}}+\frac{1}{2}(3x_1+x_2)\int_{|\boldsymbol{\eta}|\leqslant t}\frac{|\boldsymbol{\eta}|^2}{\sqrt{t^2-|\boldsymbol{\eta}|^2}}\,\mathrm{d}\boldsymbol{\eta}\right)\\&=\frac{1}{2\pi}\cdot\frac{\partial}{\partial t}\left(x_1^2(x_1+x_2)t\int_{|\boldsymbol{\zeta}|\leqslant 1}\frac{\mathrm{d}\boldsymbol{\zeta}}{\sqrt{1-|\boldsymbol{\zeta}|^2}}+\frac{1}{2}(3x_1+x_2)t^3\int_{|\boldsymbol{\zeta}|\leqslant 1}\frac{|\boldsymbol{\zeta}|^2\mathrm{d}\boldsymbol{\zeta}}{\sqrt{1-|\boldsymbol{\zeta}|^2}}\right)\\&=\frac{1}{2\pi}\left(x_1^2(x_1+x_2)\int_{|\boldsymbol{\zeta}|\leqslant 1}\frac{\mathrm{d}\boldsymbol{\zeta}}{\sqrt{1-|\boldsymbol{\zeta}|^2}}+\frac{3}{2}(3x_1+x_2)t^2\int_{|\boldsymbol{\zeta}|\leqslant 1}\frac{|\boldsymbol{\zeta}|^2\mathrm{d}\boldsymbol{\zeta}}{\sqrt{1-|\boldsymbol{\zeta}|^2}}\right),\end{aligned}$$

其中使用的积分变量代换为 $\boldsymbol{\eta}=t\boldsymbol{\zeta}$. 用极坐标变换计算二重积分, 有

$$\begin{aligned}&u(\boldsymbol{x},t)\\&=\frac{1}{2\pi}\left(x_1^2(x_1+x_2)\int_0^{2\pi}\mathrm{d}\theta\int_0^1\frac{r\,\mathrm{d}r}{\sqrt{1-r^2}}+\frac{3}{2}(3x_1+x_2)t^2\int_0^{2\pi}\mathrm{d}\theta\int_0^1\frac{r^3\mathrm{d}r}{\sqrt{1-r^2}}\right)\\&=x_1^2(x_1+x_2)\int_0^1\frac{r\,\mathrm{d}r}{\sqrt{1-r^2}}+\frac{3}{2}(3x_1+x_2)\,t^2\int_0^1\frac{r^3\,\mathrm{d}r}{\sqrt{1-r^2}}\\&=x_1^2(x_1+x_2)+(3x_1+x_2)t^2.\end{aligned}$$

解毕. □

习题 4.2.6 求解二维波动方程的 Cauchy 问题

$$\begin{cases} u_{tt} - 2\Delta u = 0, & \boldsymbol{x} \in \mathbf{R}^2, t > 0, \\ u(\boldsymbol{x}, 0) = u_t(\boldsymbol{x}, 0) = 2x_1^2 - x_2^2, & \boldsymbol{x} \in \mathbf{R}^2. \end{cases}$$

由求解公式 (4.2.22), 可以看出: $(\boldsymbol{x}^0, t^0)$ 的依赖区域是圆盘 $|\boldsymbol{x} - \boldsymbol{x}^0| \leqslant at^0$, $t = 0$. $|\boldsymbol{x} - \boldsymbol{x}^0| \leqslant at^0$, $t = 0$ 的决定区域是圆锥体 $|\boldsymbol{x} - \boldsymbol{x}^0| \leqslant a(t^0 - t)$. $(\boldsymbol{x}^0, 0)$ 的影响区域是倒圆锥体 $|\boldsymbol{x} - \boldsymbol{x}^0| \leqslant at$. 见图 4.11.

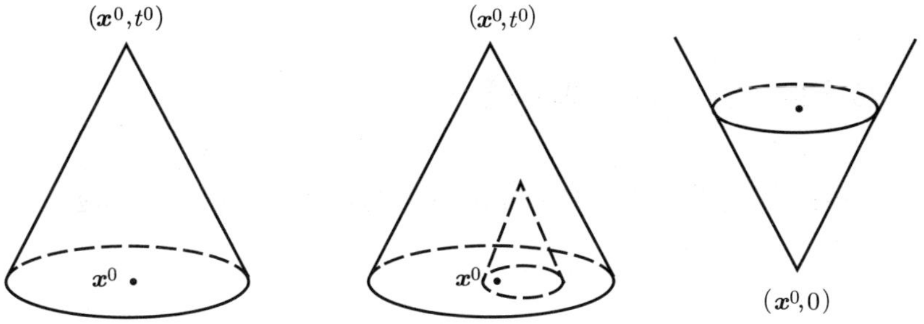

图 4.11 二维波的依赖区域、决定区域和影响区域

设 $t = 0$ 时 $\boldsymbol{x}^0$ 处有一扰动, 则在时刻 t 这个扰动影响的范围是: 圆盘 $|\boldsymbol{x} - \boldsymbol{x}^0| \leqslant at$. 这与三维情形有明显的和本质的不同. 在二维情形, 波只有 "波前", 没有 "波后", Huygens 原理不再成立. 这种现象称为波的弥散, 或者说, 这种波具有后效现象.

最后给出二维非齐次方程 Cauchy 问题

$$\begin{cases} u_{tt} - a^2 \Delta u = f(\boldsymbol{x}, t), & \boldsymbol{x} \in \mathbf{R}^2, \ t > 0, \\ u(\boldsymbol{x}, 0) = u_t(\boldsymbol{x}, 0) = 0, & \boldsymbol{x} \in \mathbf{R}^2 \end{cases} \tag{4.2.23}$$

的求解公式

$$u(\boldsymbol{x}, t) = \frac{1}{2\pi a^2} \int_0^{at} \mathrm{d}r \int_{B_r(\boldsymbol{x})} \frac{f(\boldsymbol{\xi}, t - \frac{r}{a})}{\sqrt{r^2 - |\boldsymbol{\xi} - \boldsymbol{x}|^2}} \mathrm{d}\boldsymbol{\xi}. \tag{4.2.24}$$

习题 4.2.7 模仿求解公式 (4.2.18) 的推导过程, 证明公式 (4.2.24).

§4.3 初边值问题的求解

在上一章学习热传导方程时, 我们已经注意到, 采用分离变量法求解偏微分方程要求方程齐次、边界条件也齐次. 如果上述条件不满足, 我们首先需要齐次化: 包括齐次化方程和齐次化边界. 要求边界条件齐次, 是因为运用分离变量法时要将特征函数进行叠加, 如果边界条件非齐次, 则通过叠加后的函数就不可能满足原来的边界条件.

在上一节我们主要考虑了全空间上的波动方程 Cauchy 初值问题解的表达式, 了解了其初始条件对解产生的影响. 现实中, 许多问题都是在有限空间发生的, 比如我们弹奏的吉他、拉的二胡, 它们的弦的长度就都是有限的. 这就需要进一步研究有限弦振动方程的初边值问题. 我们将会看到弦的两个端点 (即边界条件) 对弦的振动所产生的影响.

4.3.1 弦振动方程的初边值问题

考虑一般的带有非零边界条件的非齐次弦振动方程初边值问题

$$\begin{cases} u_{tt}-a^2u_{xx}=f(x,t), & 0<x<l,\ t>0,\\ u(x,0)=\varphi(x),\quad u_t(x,0)=\psi(x), & 0\leqslant x\leqslant l,\\ u(0,t)=\mu_1(t),\quad u(l,t)=\mu_2(t), & t\geqslant 0\end{cases}$$

的求解问题. 首先进行齐次化.

第一步: 齐次化边界条件.

取 $v\in C^2\Big((0,l)\times(0,+\infty)\Big)\cap C^0\Big([0,l]\times[0,+\infty)\Big)$, 使得

$$v(0,t)=\mu_1(t),\quad v(l,t)=\mu_2(t),\quad t\geqslant 0.$$

引入新的未知函数

$$\overline{u}(x,t)=u(x,t)-v(x,t),$$

得到

$$\begin{cases} \overline{u}_{tt}-a^2\overline{u}_{xx}=f(x,t)-v_{tt}+a^2v_{xx}=:\overline{f}(x,t), & 0<x<l,\ t>0,\\ \overline{u}(x,0)=\varphi(x)-v(x,0)=:\overline{\varphi}(x), & 0\leqslant x\leqslant l,\\ \overline{u}_t(x,0)=\psi(x)-v_t(x,0)=:\overline{\psi}(x), & 0\leqslant x\leqslant l,\\ \overline{u}(0,t)=\overline{u}(l,t)=0, & t\geqslant 0.\end{cases}\tag{4.3.1}$$

这个函数 v 通常可选为

$$v(x,t)=\Big(1-\frac{x}{l}\Big)\mu_1(t)+\frac{x}{l}\mu_2(t).$$

如有可能, 可使 v 也同时满足原方程 $v_{tt}-a^2v_{xx}=f(x,t)$, 此时 $\overline{f}\equiv 0$. 这样, 在齐次化边界条件的同时, 方程也变成了齐次方程.

第二步: 分解问题 (4.3.1) (叠加原理).

将问题 (4.3.1) 的解分解为

$$\overline{u} = \overline{u}_1 + \overline{u}_2,$$

其中 $\overline{u}_1, \overline{u}_2$ 分别满足

$$\begin{cases} \overline{u}_{1tt} - a^2\overline{u}_{1xx} = \overline{f}(x,t), & 0 < x < l,\ t > 0, \\ \overline{u}_1(x,0) = \overline{u}_{1t}(x,0) = 0, & 0 \leqslant x \leqslant l, \\ \overline{u}_1(0,t) = \overline{u}_1(l,t) = 0, & t \geqslant 0, \end{cases} \tag{4.3.2}$$

和

$$\begin{cases} \overline{u}_{2tt} - a^2\overline{u}_{2xx} = 0, & 0 < x < l,\ t > 0, \\ \overline{u}_2(x,0) = \overline{\varphi}(x), \quad \overline{u}_{2t}(x,0) = \overline{\psi}(x), & 0 \leqslant x \leqslant l, \\ \overline{u}_2(0,t) = \overline{u}_2(l,t) = 0, & t \geqslant 0. \end{cases} \tag{4.3.3}$$

注意: 此时问题 (4.3.2) 中的边界条件和初始条件都是齐次的, 但方程是非齐次的; 而问题 (4.3.3) 中的方程和边界条件都是齐次的, 但初始条件是非齐次的. 问题 (4.3.3) 可以采用分离变量法求解, 现需将问题 (4.3.2) 也变成问题 (4.3.3) 的形式.

第三步: 齐次化问题 (4.3.2) 中的方程 (齐次化原理). 问题 (4.3.2) 的解可表示为

$$\overline{u}_1(x,t) = \int_0^t w(x,t;\tau)\,\mathrm{d}\tau, \tag{4.3.4}$$

其中

$$\begin{cases} w_{tt} - a^2 w_{xx} = 0, & 0 < x < l,\ t > \tau, \\ w(x,\tau;\tau) = 0, \quad w_t(x,\tau;\tau) = \overline{f}(x,\tau), & 0 \leqslant x \leqslant l, \\ w(0,t;\tau) = w(l,t;\tau) = 0, & t \geqslant \tau, \end{cases}$$

这里 $\tau > 0$. 事实上, 由含参量积分的求导公式, 有

$$\overline{u}_{1t} = \int_0^t w_t(x,t;\tau)\,\mathrm{d}\tau + w(x,t;t) = \int_0^t w_t(x,t;\tau)\,\mathrm{d}\tau, \tag{4.3.5}$$

$$\overline{u}_{1tt} = \int_0^t w_{tt}(x,t;\tau)\,\mathrm{d}\tau + w_t(x,t;t) = \int_0^t w_{tt}(x,t;\tau)\,\mathrm{d}\tau + \overline{f}(x,t).$$

从而, $\overline{u}_1$ 满足问题 (4.3.2) 中的方程

$$\overline{u}_{1tt} - a^2\overline{u}_{1xx} = \int_0^t w_{tt}(x,t;\tau)\,\mathrm{d}\tau + \overline{f}(x,t) - a^2\int_0^t w_{xx}(x,t;\tau)\,\mathrm{d}\tau = \overline{f}(x,t).$$

根据 w 满足的初边值条件和 (4.3.5) 式, 得

$$\overline{u}_1(0,t) = \int_0^t w(0,t;\tau)\,\mathrm{d}\tau = 0, \qquad \overline{u}_1(l,t) = \int_0^t w(l,t;\tau)\,\mathrm{d}\tau = 0.$$

特别地

$$\overline{u}_1(x,0)=0, \qquad \overline{u}_{1t}(x,0)=0.$$

所以, 由 (4.3.4) 式定义的 u_1 是问题 (4.3.2) 的解.

综合以上讨论, 为求解问题 (4.3.1), 我们只需求解如下方程齐次、边界齐次的初边值问题

$$\begin{cases} u_{tt}-a^2u_{xx}=0, & 0<x<l,\ t>0, \quad (4.3.6a)\\ u(x,0)=\varphi(x),\quad u_t(x,0)=\psi(x), & 0\leqslant x\leqslant l, \quad (4.3.6b)\\ u(0,t)=u(l,t)=0, & t\geqslant 0. \quad (4.3.6c)\end{cases}$$

它描述了两端固定的理想弦的自由振动, 这是研究有界区间上振动方程初边值问题的核心问题.

与第三章类似, 下面我们使用分离变量法, 将偏微分方程问题 (4.3.6) 化为常微分方程问题, 进行求解.

设 $u(x,t)=X(x)T(t)$ 是问题 (4.3.6a) (4.3.6c) 分离变量形式的非零解, 则 X, T 满足

$$XT''-a^2X''T=0, \tag{4.3.7}$$

$$X(0)T(t)=X(l)T(t)=0. \tag{4.3.8}$$

将方程 (4.3.7) 分离变量, 得

$$\frac{T''(t)}{a^2T(t)}=\frac{X''(x)}{X(x)}=-\lambda,$$

其中 λ 为待定常数. 从而, 分别得到 T 和 X 满足的方程

$$T''+a^2\lambda T=0, \quad t>0, \tag{4.3.9}$$

$$X''+\lambda X=0, \quad 0<x<l. \tag{4.3.10}$$

由边界条件 (4.3.8) 和 $T(t)\neq 0$, 可知

$$X(0)=X(l)=0. \tag{4.3.11}$$

求解特征值问题 (4.3.10) (4.3.11), 得到特征值和特征函数

$$\lambda_k=\left(\frac{k\pi}{l}\right)^2, \qquad X_k=\sin\frac{k\pi}{l}x,\quad k=1,2,\cdots.$$

将 $\lambda=\lambda_k$ 代入方程 (4.3.9), 解得

$$T_k=A_k\cos\frac{k\pi a}{l}t+B_k\sin\frac{k\pi a}{l}t,$$

其中 A_k, B_k 是待定常数. 至此, 我们得到了一列特解

$$u_k(x,t) := X_k(x)T_k(t) = \left(A_k \cos\frac{k\pi a}{l}t + B_k \sin\frac{k\pi a}{l}t\right)\sin\frac{k\pi}{l}x, \quad k=1,2,\cdots.$$

它们满足齐次方程 (4.3.6a) 和齐次边界条件 (4.3.6c).

最后, 我们将这一列特解叠加起来, 利用初始条件 (4.3.6b) 来确定 A_k, B_k. 为了使

$$u(x,t) = \sum_{k=1}^{\infty} u_k(x,t) = \sum_{k=1}^{\infty}\left(A_k \cos\frac{k\pi a}{l}t + B_k \sin\frac{k\pi a}{l}t\right)\sin\frac{k\pi}{l}x \tag{4.3.12}$$

是问题 (4.3.6) 的形式解, 令 (4.3.12) 式满足初始条件 (4.3.6b), 即

$$\varphi(x) = \sum_{k=1}^{\infty} A_k \sin\frac{k\pi}{l}x, \qquad \psi(x) = \sum_{k=1}^{\infty}\frac{k\pi a}{l}B_k \sin\frac{k\pi}{l}x.$$

由 $\left\{\sin\frac{k\pi}{l}x\right\}_{k=1}^{\infty}$ 在 $L^2(0,l)$ 空间中的正交性, 有

$$A_k = \frac{2}{l}\int_0^l \varphi(\xi)\sin\frac{k\pi}{l}\xi\,\mathrm{d}\xi, \quad B_k = \frac{2}{k\pi a}\int_0^l \psi(\xi)\sin\frac{k\pi}{l}\xi\,\mathrm{d}\xi. \tag{4.3.13}$$

至此, (4.3.12) 式和 (4.3.13) 式合起来给出了初边值问题 (4.3.6) 的形式解.

下面简单解释一下公式 (4.3.12) (4.3.13) 给出的解的物理意义. 特解

$$u_k(x,t) = \left(A_k \cos\frac{k\pi a}{l}t + B_k \sin\frac{k\pi a}{l}t\right)\sin\frac{k\pi}{l}x = C_k \sin\left(\omega_k t + \delta_k\right)\sin\alpha_k x$$

代表一个**驻波** (弦的两端固定, 自由振动会形成驻波), 其中 $\omega_k = \frac{k\pi}{l}a = \frac{k\pi}{l}\sqrt{\frac{T}{\rho}}$ 为两端固定弦的本征频率, $\alpha_k = \frac{k\pi}{l}$ 为单位长度内的波数, $C_k = \sqrt{A_k^2 + B_k^2}$, $C_k \sin\alpha_k x$ 表示弦上各点的振幅分布, $\sin\left(\omega_k t + \delta_k\right)$ 是相位因子, δ_k 表示初相位 (由初始条件决定).

当 $\alpha_k x = m\pi$, 即 $x = \frac{m\pi}{\alpha_k} = \frac{m}{k}l, m = 0,1,2,\cdots,k$ 处, 波的振幅为 0, 这些点称为波节, 波节共有 $k+1$ 个. 当 $\alpha_k x = (m+\frac{1}{2})\pi$, 即 $x = \frac{(2m+1)\pi}{2\alpha_k} = \frac{(2m+1)}{2k}l$, $m = 0,1,2,\cdots,k-1$ 处, 波的振幅的绝对值最大, 这些点称为波峰, 波峰共有 k 个. 整个问题的解 $u(x,t)$ 就是这些驻波 $u_k(x,t)$ 的叠加. 因而分离变量法也称为**驻波法**.

驻波没有波形传播现象, 即各点振动周期并不依次滞后, 它们按同一方式随时间 t 振动, 可以统一表示为 $Y(t)$, 但是各点的振幅 X 却随点 x 而异, 即振幅 X 是 x 的函数. 这样, 驻波的一般表示式为

$$u(x,t) = X(x)Y(t).$$

这也正是可以采用分离变量法求解弦振动方程初边值问题的原因所在.

就两端固定的弦来说, 本征频率 ω_k 中有一个最小值, $\omega_1=\dfrac{\pi}{l}a=\dfrac{\pi}{l}\sqrt{\dfrac{T}{\rho}}$, 它称为基频 (对应的驻波称为基波). 而其他的本征频率 $\omega_k=k\omega_1$, $k=2,3,\cdots$, 称为倍频 (对应的驻波称为谐波). 基频决定弦所发声音的音调, 所以当弦的质料 ρ 一定时, 改变弦的张力 T, 就可调节音调. 基频和倍频的叠加系数 A_k 和 B_k 的相对大小决定了声音的音频分布 (即音色).

习题 4.3.1 用分离变量法求解弦振动方程初边值问题

$$\begin{cases} u_{tt}-a^2u_{xx}=0, & 0<x<l,\ t>0,\\ u(x,0)=A\sin\dfrac{m\pi}{l}x,\quad u_t(x,0)=u_0, & 0\leqslant x\leqslant l,\\ u(0,t)=u(l,t)=0, & t\geqslant 0,\end{cases}$$

其中 m 是正整数, A,u_0 为常数.

习题 4.3.2 用分离变量法求解弦振动方程初边值问题

$$\begin{cases} u_{tt}-a^2u_{xx}=b\sinh x, & 0<x<l,\ t>0,\\ u(x,0)=u_t(x,0)=0, & 0\leqslant x\leqslant l,\\ u(0,t)=u(l,t)=0, & t\geqslant 0,\end{cases}$$

其中 b 是正常数.

严格地讲, 公式 (4.3.12) (4.3.13) 仅给出了初边值问题 (4.3.6) 的形式解, 下面的定理将保证公式 (4.3.12) (4.3.13) 确实是问题 (4.3.6) 的解.

定理 4.3.1 设 $\varphi''',\psi''\in L^2(0,l)$. 若 $\varphi\in C^2[0,l]$, $\psi\in C^1[0,l]$, 且满足

$$\varphi(0)=\varphi(l)=\varphi''(0)=\varphi''(l)=\psi(0)=\psi(l)=0, \tag{4.3.14}$$

则由公式 (4.3.12) (4.3.13) 给出的 $u\in C^2\Big([0,l]\times[0,+\infty)\Big)$ 是问题 (4.3.6) 的解.

注: 定理 4.3.1 中的条件 (4.3.14) 是必要的, 即古典解在初始时刻 $t=0$ 和角点 $(0,0)$, $(l,0)$ 处应满足一定的相容性条件. 由初始条件 (4.3.6b), 有

$$\varphi(x)=u(x,0)\in C^2[0,l],\quad \psi(x)=u_t(x,0)\in C^1[0,l],\quad \varphi''(x)=u_{xx}(x,0)\in C^0[0,l].$$

再由边界条件 (4.3.6c), 知

$$\varphi(0)=u(0,0)=0,\qquad \varphi(l)=u(l,0)=0,$$

$$\psi(0)=u_t(0,0)=0,\qquad \psi(l)=u_t(l,0)=0.$$

由方程 (4.3.6a), 还有

$$\varphi''(0)=u_{xx}(0,0)=\frac{1}{a^2}u_{tt}(0,0)=0,\qquad \varphi''(l)=u_{xx}(l,0)=\frac{1}{a^2}u_{tt}(l,0)=0.$$

即 (4.3.14) 式是必要的. 下面证明定理 4.3.1.

证明 由 A_k 的定义 (4.3.13) 和相容性条件 (4.3.14), 使用分部积分公式, 得

$$\begin{aligned}A_k &= \frac{2}{l}\int_0^l \varphi(\xi)\sin\frac{k\pi}{l}\xi\,\mathrm{d}\xi\\ &= -\frac{l}{k\pi}\cdot\frac{2}{l}\int_0^l \varphi(\xi)\,\mathrm{d}\cos\frac{k\pi}{l}\xi\\ &= -\frac{l}{k\pi}\cdot\frac{2}{l}\Big(\varphi(\xi)\cos\frac{k\pi}{l}\xi\Big|_{\xi=0}^l - \int_0^l \varphi'(\xi)\cos\frac{k\pi}{l}\xi\,\mathrm{d}\xi\Big)\\ &= \frac{l}{k\pi}\cdot\frac{2}{l}\int_0^l \varphi'(\xi)\cos\frac{k\pi}{l}\xi\,\mathrm{d}\xi.\end{aligned}$$

再使用两次分部积分公式, 有

$$\begin{aligned}A_k &= \Big(\frac{l}{k\pi}\Big)^2\frac{2}{l}\Big(\varphi'(\xi)\sin\frac{k\pi}{l}\xi\Big|_{\xi=0}^l - \int_0^l \varphi''(\xi)\sin\frac{k\pi}{l}\xi\,\mathrm{d}\xi\Big)\\ &= -\Big(\frac{l}{k\pi}\Big)^2\frac{2}{l}\int_0^l \varphi''(\xi)\sin\frac{k\pi}{l}\xi\,\mathrm{d}\xi\\ &= \Big(\frac{l}{k\pi}\Big)^3\cdot\frac{2}{l}\Big(\varphi''(\xi)\cos\frac{k\pi}{l}\xi\Big|_{\xi=0}^l - \int_0^l \varphi'''(\xi)\cos\frac{k\pi}{l}\xi\,\mathrm{d}\xi\Big)\\ &= -\Big(\frac{l}{k\pi}\Big)^3\cdot\frac{2}{l}\int_0^l \varphi'''(\xi)\cos\frac{k\pi}{l}\xi\,\mathrm{d}\xi\\ &=: -\Big(\frac{l}{k\pi}\Big)^3 a_k,\end{aligned}$$

其中

$$a_k := \frac{2}{l}\int_0^l \varphi'''(\xi)\cos\frac{k\pi}{l}\xi\,\mathrm{d}\xi, \qquad k=1,2,\cdots.$$

同理

$$B_k = -\frac{1}{a}\Big(\frac{l}{k\pi}\Big)^3 b_k, \qquad b_k := \frac{2}{l}\int_0^l \psi''(\xi)\sin\frac{k\pi}{l}\xi\,\mathrm{d}\xi, \qquad k=1,2,\cdots.$$

由 Paseval 等式, 有

$$\sum_{k=0}^{\infty} a_k^2 = \frac{2}{l}\int_0^l \big(\varphi'''(\xi)\big)^2\,\mathrm{d}\xi, \qquad \sum_{k=1}^{\infty} b_k^2 = \frac{2}{l}\int_0^l \big(\psi''(\xi)\big)^2\,\mathrm{d}\xi, \tag{4.3.15}$$

从而

$$|a_k| + |b_k| \leqslant \sqrt{\frac{2}{l}}\Big(\|\varphi'''\|_{L^2(0,l)} + \|\psi''\|_{L^2(0,l)}\Big), \qquad k=1,2,\cdots.$$

因此, 在 $[0,l]\times[0,+\infty)$ 上

$$\begin{aligned}\big|u_k(x,t)\big| &\leqslant |A_k| + |B_k| = \Big(\frac{l}{k\pi}\Big)^3\Big(|a_k| + \frac{1}{a}|b_k|\Big) \leqslant \frac{C}{k^3},\\ \big|u_{kt}(x,t)\big| &\leqslant \frac{k\pi a}{l}\Big(|A_k| + |B_k|\Big) = a\Big(\frac{l}{k\pi}\Big)^2\Big(|a_k| + \frac{1}{a}|b_k|\Big) \leqslant \frac{C}{k^2},\\ \big|u_{kx}(x,t)\big| &\leqslant \frac{k\pi}{l}\Big(|A_k| + |B_k|\Big) = \Big(\frac{l}{k\pi}\Big)^2\Big(|a_k| + \frac{1}{a}|b_k|\Big) \leqslant \frac{C}{k^2},\end{aligned}$$

其中 C 是仅依赖于 a, l, $\|\varphi'''\|_{L^2(0,l)}$ 和 $\|\psi''\|_{L^2(0,l)}$, 而与 k 无关的正常数. 同样, 在 $[0,l]\times[0,+\infty)$ 上

$$\begin{aligned}
\left|u_{ktt}(x,t)\right| &\leqslant \left(\frac{k\pi a}{l}\right)^2\Big(|A_k|+|B_k|\Big)=\frac{la^2}{k\pi}\Big(|a_k|+\frac{1}{a}|b_k|\Big)\leqslant\frac{l}{\pi}\Big(\frac{a^2}{k^2}+a^2a_k^2+b_k^2\Big),\\
\left|u_{kxx}(x,t)\right| &\leqslant \left(\frac{k\pi}{l}\right)^2\Big(|A_k|+|B_k|\Big)=\frac{l}{k\pi}\Big(|a_k|+\frac{1}{a}|b_k|\Big)\leqslant\frac{l}{\pi}\Big(\frac{1}{k^2}+a_k^2+\frac{1}{a^2}b_k^2\Big),\\
\left|u_{kxt}(x,t)\right| &\leqslant a\left(\frac{k\pi}{l}\right)^2\Big(|A_k|+|B_k|\Big)=\frac{la}{k\pi}\Big(|a_k|+\frac{1}{a}|b_k|\Big)\leqslant\frac{l}{\pi}\Big(\frac{1}{k^2}+a^2a_k^2+b_k^2\Big).
\end{aligned}$$

应用 (4.3.15) 式和函数项级数的优级数判别法, 可知

$$\sum_{k=1}^{\infty}u_k(x,t),\ \sum_{k=1}^{\infty}u_{kt}(x,t),\ \sum_{k=1}^{\infty}u_{kx}(x,t),\ \sum_{k=1}^{\infty}u_{ktt}(x,t),\ \sum_{k=1}^{\infty}u_{kxx}(x,t),\ \sum_{k=1}^{\infty}u_{kxt}(x,t)$$

在 $[0,l]\times[0,+\infty)$ 上一致收敛. 因此, 函数项级数 (4.3.12) 可以逐项微分两次, 从而 $u\in C^2\Big([0,l]\times[0,+\infty)\Big)$ 且满足方程 (4.3.6a). 显然 u 满足 (4.3.6c) 式.

由 Fourier 级数收敛定理, u 满足 (4.3.6b) 式. 证毕. □

4.3.2 高维波动方程的初边值问题

对于有界区域上的高维波动方程初边值问题, 我们并不想给出一个一般的结论, 而只想通过下面的例子说明求解高维问题也可使用分离变量法. 下面的例子描述了固定边界的均匀长方形薄膜的振动问题.

例题 4.3.1 *求解二维波动方程的初边值问题*

$$\begin{cases}
u_{tt}-(u_{xx}+u_{yy})=0, & 0<x<l,\ 0<y<h,\ t>0,\\
u(x,y,0)=0,\ u_t(x,y,0)=\psi(x,y), & 0\leqslant x\leqslant l,\ 0\leqslant y\leqslant h,\\
u(0,y,t)=u(l,y,t)=0, & 0\leqslant y\leqslant h,\ t\geqslant 0,\\
u(x,0,t)=u(x,h,t)=0, & 0\leqslant x\leqslant l,\ t\geqslant 0,
\end{cases}\tag{4.3.16}$$

其中 l,h 是正常数.

解 设 $u(x,y,t)=R(x,y)T(t)$, 则方程变为

$$RT''=(R_{xx}+R_{yy})T,\tag{4.3.17}$$

初边值条件变为

$$R(0,y)T(t)=R(l,y)T(t)=0,$$

$$R(x,0)T(t)=R(x,h)T(t)=0.$$

现将方程 (4.3.17) 分离变量

$$\frac{T''}{T}=\frac{R_{xx}+R_{yy}}{R}=-\lambda,$$

其中 λ 是待定常数. 从而, $R(x,y)$ 满足特征值问题

$$\begin{cases}R_{xx}+R_{yy}+\lambda R=0, & 0<x<l,\ 0<y<h,\\ R(0,y)=R(l,y)=0, & 0\leqslant y\leqslant h,\\ R(x,0)=R(x,h)=0, & 0\leqslant x\leqslant l,\end{cases} \tag{4.3.18}$$

$T(t)$ 满足方程

$$T''+\lambda T=0,\qquad t>0. \tag{4.3.19}$$

进一步变量分离, 设 $R(x,y)=X(x)Y(y)$, 有

$$X''Y+XY''+\lambda XY=0, \tag{4.3.20}$$

$$X(0)Y(y)=X(l)Y(y)=0,$$

$$X(x)Y(0)=X(x)Y(h)=0.$$

整理, 将方程 (4.3.20) 变量分离,

$$\frac{X''}{X}=-\frac{Y''+\lambda Y}{Y}=-\mu,$$

其中 μ 是另一个待定常数. 得到 X 和 Y 满足的特征值问题

$$\begin{cases}X''+\mu X=0, & 0<x<l,\\ X(0)=X(l)=0,\end{cases}\qquad 和\qquad \begin{cases}Y''+(\lambda-\mu)Y=0, & 0<y<h.\\ Y(0)=Y(h)=0.\end{cases}$$

它们的特征值和特征函数分别为

$$\mu_k=\left(\frac{k\pi}{l}\right)^2,\qquad X_k=\sin\frac{k\pi}{l}x,$$

和

$$\lambda_{km}-\mu_k=\left(\frac{m\pi}{h}\right)^2,\qquad Y_m=\sin\frac{m\pi}{h}y,$$

这里 $k,m=1,2,\cdots$. 所以, 特征值问题 (4.3.18) 的解为

$$\lambda_{km}=\pi^2\left(\left(\frac{k}{l}\right)^2+\left(\frac{m}{h}\right)^2\right),\qquad R_{km}(x,y)=\sin\frac{k\pi}{l}x\,\sin\frac{m\pi}{h}y,\qquad k,m=1,2,\cdots.$$

方程 (4.3.19) 的相应解为

$$T_{km}=A_{km}\cos\sqrt{\lambda_{km}}t+B_{km}\sin\sqrt{\lambda_{km}}t.$$

由此, 得到问题 (4.3.16) 的形式解

$$u(x,y,t)=\sum_{k,m=1}^{\infty}\sin\frac{k\pi}{l}x\,\sin\frac{m\pi}{h}y\left(A_{km}\cos\sqrt{\lambda_{km}}t+B_{km}\sin\sqrt{\lambda_{km}}t\right).$$

为确定系数 A_{km} 和 B_{km}, 令 u 满足初值条件, 有

$$\begin{cases}\displaystyle\sum_{k,m=1}^{\infty}A_{km}\sin\frac{k\pi}{l}x\sin\frac{m\pi}{h}y=0,\\ \displaystyle\sum_{k,m=1}^{\infty}\sqrt{\lambda_{km}}B_{km}\sin\frac{k\pi}{l}x\sin\frac{m\pi}{h}y=\psi(x,y).\end{cases}$$

由此解得

$$\begin{cases}A_{km}=0,\\ B_{km}=\dfrac{4}{lh\sqrt{\lambda_{km}}}\displaystyle\int_0^l\int_0^h\psi(\xi,\eta)\sin\frac{k\pi}{l}\xi\sin\frac{m\pi}{h}\eta\,\mathrm{d}\xi\,\mathrm{d}\eta,\end{cases}$$

其中 $k,m=1,2,\cdots$.

不难证明: 当 $\psi\in C^2\Big([0,l]\times[0,h]\Big)$, 且

$$\psi(x,0)=\psi(x,h)=\psi(0,y)=\psi(l,y)=0,\quad x\in[0,l],\ y\in[0,h]$$

时, $u\in C^2\Big([0,l]\times[0,h]\times[0,+\infty)\Big)$ 是问题 (4.3.16) 的解. □

§4.4 习题解答

习题 4.1.1 设 u 是带一阶耗散项的波动方程初边值问题

$$\begin{cases}u_{tt}-a^2\Delta u+\alpha u_t=0, & \boldsymbol{x}\in\Omega,t>0,\\ u(\boldsymbol{x},0)=\varphi(\boldsymbol{x}),\quad u_t(\boldsymbol{x},0)=\psi(\boldsymbol{x}), & \boldsymbol{x}\in\overline{\Omega},\\ u(\boldsymbol{x},t)=0, & \boldsymbol{x}\in\partial\Omega,t\geqslant 0\end{cases}$$

的解, 其中 Ω 是 $\mathbf{R}^n$ 中的有界光滑区域, α 是正常数. 证明其能量积分

$$E(t)=\frac{1}{2}\int_{\Omega}\left(u_t^2+a^2|\nabla u|^2\right)\mathrm{d}\boldsymbol{x}\quad(t\geqslant 0)$$

单调不增. 进而证明该问题的解唯一.

证明 (1) 直接求导, 利用散度定理, 以及方程和边界条件 $u(\boldsymbol{x},t)=0$, 得

$$\begin{aligned}\frac{\mathrm{d}E(t)}{\mathrm{d}t}&=\int_{\Omega}\left(u_tu_{tt}+a^2\mathrm{D}u\cdot\mathrm{D}u_t\right)\mathrm{d}\boldsymbol{x}\\&=\int_{\Omega}u_tu_{tt}\,\mathrm{d}\boldsymbol{x}-a^2\int_{\Omega}u_t\Delta u\,\mathrm{d}\boldsymbol{x}+a^2\int_{\partial\Omega}u_t\frac{\partial u}{\partial\boldsymbol{\nu}}(\boldsymbol{x})\,\mathrm{d}S\\&=-\int_{\Omega}\alpha\,u_t^2\,\mathrm{d}\boldsymbol{x}\leqslant 0,\end{aligned}$$

所以该能量积分关于时间单调不增.

(2) 设 u_1, u_2 均为原问题的解, 则 $u := u_1 - u_2$ 满足

$$\begin{cases} u_{tt} - a^2\Delta u + \alpha u_t = 0, & \boldsymbol{x} \in \Omega,\ t > 0, \\ u(\boldsymbol{x}, 0) = u_t(\boldsymbol{x}, 0) = 0, & \boldsymbol{x} \in \overline{\Omega}, \\ u(\boldsymbol{x}, t) = 0, & \boldsymbol{x} \in \partial\Omega,\ t > 0. \end{cases}$$

由 (1) 知

$$0 \leqslant E(t) \leqslant E(0) = \frac{1}{2}\int_\Omega \Big(u_t(\boldsymbol{x},0)^2 + a^2\big|\mathrm{D}u(\boldsymbol{x},0)\big|^2\Big)\,\mathrm{d}\boldsymbol{x} = 0, \quad t \geqslant 0.$$

所以 u 在 $\overline{\Omega} \times [0, +\infty)$ 中恒为常数. 结合初始条件知, $u \equiv 0$. 故唯一性得证. □

习题 4.1.2 仿照定理 4.1.1 的证明, 试证定理 4.1.2.

证明 (唯一性) 设 u_1 和 u_2 是问题 (4.1.5) 的解, 则 $u = u_1 - u_2$ 满足

$$\begin{cases} u_{tt} - a^2\Delta u = 0, & \boldsymbol{x} \in \mathbf{R}^n,\ t > 0 \\ u(\boldsymbol{x}, 0) = 0,\ u_t(\boldsymbol{x}, 0) = 0, & \boldsymbol{x} \in \mathbf{R}^n. \end{cases}$$

由 (4.1.6) 式知

$$0 \leqslant E(t) \leqslant E(0)\mathrm{e}^t + \int_0^t \mathrm{d}s \int_{\Omega_s} \mathrm{e}^{t-s}0^2\,\mathrm{d}\boldsymbol{x} = 0,$$

所以在 $[0, +\infty)$ 上, $E(t)\big|_{\Omega_t} \equiv 0$. 从而 $u_t \equiv 0$, $\mathrm{D}u \equiv 0$, $u \equiv$ 常数. 再由初始条件, 有 $u \equiv 0$. 所以 $u_1 \equiv u_2$, 解的唯一性得证.

(稳定性) 由 (4.1.6) 式和 (4.1.7) 式, 对于任意的 $t \in (0, T]$,

$$\begin{aligned} E_0(t) + E(t) &\leqslant \Big(E_0(0) + (1+t)E(0)\Big)\mathrm{e}^t + \int_0^t \mathrm{d}s \int_{\Omega_s} (1+t-s)\mathrm{e}^{t-s} f^2(\boldsymbol{x}, s)\,\mathrm{d}\boldsymbol{x} \\ &\leqslant (1+T)\mathrm{e}^T\Big(E_0(0) + E(0) + \int_0^T \mathrm{d}s \int_{\Omega_s} f^2(\boldsymbol{x}, s)\,\mathrm{d}\boldsymbol{x}\Big). \end{aligned}$$

所以, 对于任意的 $\varepsilon > 0$, 存在 $\delta = \dfrac{\varepsilon}{\sqrt{2(1+T)\mathrm{e}^T}} > 0$, 当

$$E_0(0) + E(0) < \delta^2, \qquad \int_0^T \mathrm{d}t \int_{\Omega_t} f^2(\boldsymbol{x}, t)\,\mathrm{d}\boldsymbol{x} < \delta^2$$

时, 对于任意的 $t \in (0, T]$ 有

$$\int_{\Omega_t} \Big(u^2 + u_t^2 + a^2|\mathrm{D}u|^2\Big)\,\mathrm{d}\boldsymbol{x} < \varepsilon^2.$$

即定理 4.1.2 所述的稳定性成立. □

习题 4.1.3 设 $u \in C^2\big((-\infty,+\infty)\times[0,+\infty)\big)$ 是 Cauchy 问题

$$\begin{cases} u_{tt}-a^2u_{xx}=0, & -\infty<x<+\infty, t>0, \\ u(x,0)=\varphi(x),\ u_t(x,0)=\psi(x), & -\infty<x<+\infty \end{cases}$$

的解, 其中 $a>0$ 是常数, $\varphi(x),\psi(x)\in C^\infty(-\infty,+\infty)$. 若 $x_1<x_2$, 证明能量估计

$$\int_{x_1}^{x_2}\left(u_t^2+a^2u_x^2\right)\,\mathrm{d}x \leqslant \int_{x_1-at}^{x_2+at}\left(\psi(x)^2+a^2\varphi'(x)^2\right)\,\mathrm{d}x, \quad t>0.$$

证明 设 $y_2=x_2+at$, $y_1=x_1-at$, 则 $x_2=y_2-at$, $x_1=y_1+at$, 所以只需证得

$$\int_{y_1+at}^{y_2-at}\left(u_t^2+a^2u_x^2\right)\,\mathrm{d}x \leqslant \int_{y_1}^{y_2}\left(\psi(x)^2+a^2\varphi'(x)^2\right)\,\mathrm{d}x$$

即可.

记

$$E(t)=\int_{y_1+at}^{y_2-at}\left(u_t^2+a^2u_x^2\right)\,\mathrm{d}x,$$

则

$$\begin{aligned}\frac{\mathrm{d}}{\mathrm{d}t}E(t) &= -a\left(u_t^2(y_2-at,t)+a^2\ u_x^2(y_2-at,t)\right)- \\ &\quad a\left(u_t^2(y_1+at,t)+a^2\ u_x^2(y_1+at,t)\right)+2\int_{y_1+at}^{y_2-at}\left(u_tu_{tt}+a^2u_xu_{xt}\right)\,\mathrm{d}x,\end{aligned}$$

其中, 由方程知

$$\begin{aligned}&\int_{y_1+at}^{y_2-at}\left(u_tu_{tt}+a^2u_xu_{xt}\right)\,\mathrm{d}x \\ =&\int_{y_1+at}^{y_2-at}\Big(u_t\cdot\Big(u_{tt}-a^2u_{xx}\Big)+a^2\Big(u_tu_{xx}+u_xu_{xt}\Big)\Big)\,\mathrm{d}x \\ =&\ a^2\int_{y_1+at}^{y_2-at}\frac{\partial}{\partial x}\Big(u_tu_x\Big)\,\mathrm{d}x \\ =&\ a^2\Big(u_t(y_2-at,t)u_x(y_2-at,t)-u_t(y_1+at,t)u_x(y_1+at,t)\Big).\end{aligned}$$

所以

$$\begin{aligned}\frac{\mathrm{d}E(t)}{\mathrm{d}t} &= -a\Big(u_t(y_2-at,t)-au_x(y_2-at,t)\Big)^2- \\ &\quad a\Big(u_t(y_1+at,t)+au_x(y_1+at,t)\Big)^2\leqslant 0.\end{aligned}$$

从而, $E(t)\leqslant E(0)$. 结论成立. □

习题 4.2.1 求解 Goursat 问题

$$\begin{cases} u_{tt}-a^2u_{xx}=0, & -\infty<x<+\infty,\ t>0, \\ u\big|_{x=at}=\varphi(x), \quad u\big|_{x=-at}=\psi(x), & -\infty<x<+\infty, \end{cases}$$

其中 $\varphi(0)=\psi(0)$.

解 方程的通解为

$$u(x,t)=f_1(x+at)+f_2(x-at).$$

由第一初始条件, 得

$$f_1(2x)+f_2(0)=\varphi(x).$$

由第二初始条件, 得

$$f_1(0)+f_2(2x)=\psi(x).$$

令 $y=2x$, 则

$$\begin{cases}f_1(y)+f_2(0)=\varphi(\frac{y}{2}),\\ f_1(0)+f_2(y)=\psi(\frac{y}{2}),\end{cases}$$

即

$$\begin{cases}f_1(y)=\varphi(\frac{y}{2})-f_2(0),\\ f_2(y)=\psi(\frac{y}{2})-f_1(0).\end{cases}\tag{4.4.1}$$

因此

$$f_1(x+at)=\varphi\Big(\frac{x+at}{2}\Big)-f_2(0),\qquad f_2(x-at)=\psi\Big(\frac{x-at}{2}\Big)-f_1(0).$$

所以

$$u(x,t)=\varphi\Big(\frac{x+at}{2}\Big)+\psi\Big(\frac{x-at}{2}\Big)-f_1(0)-f_2(0).$$

又由 (4.4.1) 式得, 当 $y=0$ 时, 有

$$f_1(0)+f_2(0)=\frac{1}{2}\Big(\varphi(0)+\psi(0)\Big).$$

因此, 原定解问题的解为

$$u(x,t)=\varphi\Big(\frac{x+at}{2}\Big)+\psi\Big(\frac{x-at}{2}\Big)-\frac{\varphi(0)+\psi(0)}{2}.$$ □

习题 4.2.2 求解非齐次弦振动方程的 Cauchy 问题

$$\begin{cases}u_{tt}-a^2u_{xx}=\dfrac{xt}{(1+x^2)^2}, & -\infty<x<+\infty,\ t>0,\\ u(x,0)=0,\quad u_t(x,0)=\dfrac{1}{1+x^2}, & -\infty<x<+\infty.\end{cases}$$

解 应用 d'Alembert 公式和叠加原理, 得

$$\begin{aligned}u(x,t)&=\frac{1}{2a}\int_{x-at}^{x+at}\frac{1}{1+\xi^2}\,\mathrm{d}\xi+\int_0^t\Big(\frac{1}{2a}\int_{x-a(t-\tau)}^{x+a(t-\tau)}\frac{\xi\tau}{(1+\xi^2)^2}\,\mathrm{d}\xi\Big)\,\mathrm{d}\tau\\&=\frac{1}{2a}\Big(\arctan(x+at)-\arctan(x-at)\Big)+\\&\quad\frac{1}{4a}\int_0^t\tau\Big(\frac{1}{1+(x-at+a\tau)^2}-\frac{1}{1+(x+at-a\tau)^2}\Big)\,\mathrm{d}\tau.\end{aligned}$$

先计算

$$
\begin{aligned}
&\int_0^t \frac{\tau}{1+(x-at+a\tau)^2}\,\mathrm{d}\tau \\
=&\frac{1}{a}\int_0^t \frac{a\tau+x-at-(x-at)}{1+(x-at+a\tau)^2}\,\mathrm{d}\tau \\
=&\frac{1}{a}\int_0^t \frac{a\tau+x-at}{1+(x-at+a\tau)^2}\,\mathrm{d}\tau-\frac{x-at}{a}\int_0^t \frac{1}{1+(x-at+a\tau)^2}\,\mathrm{d}\tau \\
=&\frac{1}{2a^2}\cdot\ln\Big(1+(x-at+a\tau)^2\Big)\Big|_{\tau=0}^{t}-\frac{x-at}{a^2}\cdot\arctan(x-at+a\tau)\Big|_{\tau=0}^{t} \\
=&\frac{1}{2a^2}\Big(\ln(1+x^2)-\ln(1+(x-at)^2)\Big)-\frac{x-at}{a^2}\Big(\arctan x-\arctan(x-at)\Big),
\end{aligned}
$$

同样, 计算

$$
\begin{aligned}
&\int_0^t \frac{\tau}{1+(x+at-a\tau)^2}\,\mathrm{d}\tau \\
=&\frac{1}{2a^2}\Big(\ln(1+x^2)-\ln(1+(x+at)^2)\Big)+\frac{x+at}{a^2}\Big(\arctan(x+at)-\arctan x\Big).
\end{aligned}
$$

整理, 得

$$
\begin{aligned}
u(x,t)=&\frac{1}{8a^3}\Big(\ln(1+(x+at)^2)-\ln(1+(x-at)^2)\Big)+ \\
&\Big(\frac{1}{2a}-\frac{x}{4a^3}\Big)\Big(\arctan(x+at)-\arctan(x-at)\Big)+ \\
&\frac{t}{4a^2}\Big(2\arctan x-\arctan(x+at)-\arctan(x-at)\Big).
\end{aligned}
$$

□

习题 4.2.3 证明球面波问题

$$
\begin{cases}
u_{tt}-a^2\Delta u=0, & \boldsymbol{x}\in\mathbf{R}^3,\ t>0,\\
u(\boldsymbol{x},0)=\varphi(r),\quad u_t(\boldsymbol{x},0)=\psi(r), & \boldsymbol{x}\in\mathbf{R}^3
\end{cases}
$$

的解为

$$
\begin{aligned}
&u(r,t)\\
=&\begin{cases}
\dfrac{1}{2r}\Big((r+at)\varphi(r+at)+(r-at)\varphi(r-at)\Big)+\dfrac{1}{2ar}\displaystyle\int_{r-at}^{r+at}s\psi(s)\mathrm{d}s, & r>at,\\
\dfrac{1}{2r}\Big((r+at)\varphi(r+at)-(r-at)\varphi(at-r)\Big)+\dfrac{1}{2ar}\displaystyle\int_{at-r}^{at+r}s\psi(s)\mathrm{d}s, & r<at,
\end{cases}
\end{aligned}
$$

其中 $r=|\boldsymbol{x}|$.

证明 记 $\boldsymbol{x}=(x_1,x_2,x_3)$, 由于

$$
u_{x_i}=u_r\frac{x_i}{r},\qquad u_{x_ix_i}=\frac{1}{r}u_r+\Big(\frac{x_i}{r}\Big)^2u_{rr}-\frac{x_i^2}{r^3}u_r,
$$

所以

$$
\Delta u=u_{rr}+\frac{2}{r}u_r.
$$

设 $v(r,t)=ru(r,t)$, 则

$$\begin{cases}v_{tt}-a^2v_{rr}=0, & r>0,t>0,\\ v(r,0)=r\varphi(r),\ v_t(r,0)=r\psi(r), & r>0.\end{cases}$$

将 $r\varphi(r)$, $r\psi(r)$ 奇延拓到 $-\infty<r<0$, 记延拓后的函数为 $\varPhi(r)$, $\varPsi(r)$, 则

$$\varPhi(r)=\begin{cases}r\varphi(r), & r>0,\\ -r\varphi(-r), & r<0,\end{cases}\qquad \varPsi(r)=\begin{cases}r\psi(r), & r>0,\\ -r\psi(-r), & r<0.\end{cases}$$

由 d'Alembert 公式有

$$\begin{aligned}&v(r,t)\\ =&\frac{1}{2}\Big(\varPhi(r+at)+\varPhi(r-at)\Big)+\frac{1}{2a}\int_{r-at}^{r+at}\varPsi(s)\,\mathrm{d}s\\ =&\begin{cases}\dfrac{1}{2}\Big((r+at)\varphi(r+at)+(r-at)\varphi(r-at)\Big)+\dfrac{1}{2a}\displaystyle\int_{r-at}^{r+at}s\psi(s)\,\mathrm{d}s, & r>at,\\ \dfrac{1}{2}\Big((r+at)\varphi(r+at)-(r-at)\varphi(at-r)\Big)+\dfrac{1}{2a}\displaystyle\int_{at-r}^{at+r}s\psi(s)\,\mathrm{d}s, & r<at.\end{cases}\end{aligned}$$

即结论成立. □

习题 4.2.4 求解三维波动方程的 Cauchy 问题

$$\begin{cases}u_{tt}-a^2\Delta u=0, & \boldsymbol{x}\in\mathbf{R}^3,\ t>0,\\ u(\boldsymbol{x},0)=x_1^3+x_2^2x_3,\ u_t(\boldsymbol{x},0)=0, & \boldsymbol{x}\in\mathbf{R}^3.\end{cases}$$

解 记 $\boldsymbol{x}=(x_1,x_2,x_3)$, 则由求解公式 (4.2.15), 有

$$\begin{aligned}u(\boldsymbol{x},t)&=\frac{\partial}{\partial t}\Big(\frac{1}{4\pi a^2t}\int_{\partial B_{at}(\boldsymbol{x})}(\xi_1^3+\xi_2^2\xi_3)\,\mathrm{d}S\Big)\\ &=\frac{\partial}{\partial t}\Big(\frac{1}{4\pi a^2t}\int_{|\boldsymbol{\eta}|=at}\Big((\eta_1+x_1)^3+(\eta_2+x_2)^2(\eta_3+x_3)\Big)\,\mathrm{d}S\Big)\\ &=\frac{\partial}{\partial t}\Big(\frac{1}{4\pi a^2t}\int_{|\boldsymbol{\eta}|=at}(3\eta_1^2x_1+x_1^3+\eta_2^2x_3+x_2^2x_3)\,\mathrm{d}S\Big).\end{aligned}$$

利用对称性, 得到

$$\begin{aligned}u(\boldsymbol{x},t)&=\frac{\partial}{\partial t}\Big(\frac{1}{4\pi a^2t}\cdot4\pi a^2t^2\Big(a^2t^2x_1+x_1^3+\frac{1}{3}a^2t^2x_3+x_2^2x_3\Big)\Big)\\ &=\frac{\partial}{\partial t}\Big(a^2x_1t^3+x_1^3t+\frac{1}{3}a^2x_3t^3+x_2^2x_3t\Big)\\ &=3a^2x_1t^2+a^2x_3t^2+x_1^3+x_2^2x_3.\end{aligned}$$

□

习题 4.2.5 求解三维非齐次波动方程的 Cauchy 问题

$$\begin{cases}u_{tt}-a^2\Delta u=|\boldsymbol{x}|^2\mathrm{e}^t, & \boldsymbol{x}\in\mathbf{R}^3,\ t>0,\\ u(\boldsymbol{x},0)=u_t(\boldsymbol{x},0)=0, & \boldsymbol{x}\in\mathbf{R}^3.\end{cases}$$

解 记 $\boldsymbol{x}=(x_1,x_2,x_3)$. 由求解公式 (4.2.18), 有

$$u(\boldsymbol{x},t)=\int_0^t\Big(\frac{1}{4\pi a^2(t-\tau)}\iint_{\partial B_{a(t-\tau)}(\boldsymbol{x})}|y|^2\mathrm{e}^\tau\,\mathrm{d}S\Big)\,\mathrm{d}\tau,$$

其中, $\partial B_{a(t-\tau)}(\boldsymbol{x})=\big\{\boldsymbol{y}\in\mathbf{R}^3\big||\boldsymbol{y}-\boldsymbol{x}|=a(t-\tau)\big\}$. 令 $\boldsymbol{\eta}=\boldsymbol{y}-\boldsymbol{x}$, 则

$$\begin{aligned}&\iint_{\partial B_{a(t-\tau)}(\boldsymbol{x})}|\boldsymbol{y}|^2\mathrm{e}^\tau\,\mathrm{d}S\\&=\mathrm{e}^\tau\iint_{|\boldsymbol{\eta}|=a(t-\tau)}\Big((x_1+\eta_1)^2+(x_2+\eta_2)^2+(x_3+\eta_3)^2\Big)\,\mathrm{d}S\\&=\mathrm{e}^\tau\iint_{|\boldsymbol{\eta}|=a(t-\tau)}\Big({x_1}^2+{x_2}^2+{x_3}^2+{\eta_1}^2+{\eta_2}^2+{\eta_3}^2\Big)\,\mathrm{d}S\\&=\mathrm{e}^\tau\Big({x_1}^2+{x_2}^2+{x_3}^2+a^2(t-\tau)^2\Big)4\pi a^2(t-\tau)^2,\end{aligned}$$

因此

$$\begin{aligned}u(\boldsymbol{x},t)&=\int_0^t\Big(\mathrm{e}^\tau\big(|\boldsymbol{x}|^2+a^2(t-\tau)^2\big)\Big)(t-\tau)\,\mathrm{d}\tau\\&=\int_0^t\mathrm{e}^\tau|\boldsymbol{x}|^2\,\mathrm{d}\tau+\int_0^t a^2(t-\tau)^3\,\mathrm{d}\tau\\&=|\boldsymbol{x}|^2(\mathrm{e}^t-1)+\frac{1}{4}t^4a^2.\end{aligned}$$

□

习题 4.2.6 求解二维波动方程的 Cauchy 问题

$$\begin{cases}u_{tt}-2\Delta u=0, & \boldsymbol{x}\in\mathbf{R}^2,t>0,\\ u(\boldsymbol{x},0)=u_t(\boldsymbol{x},0)=2x_1^2-x_2^2, & \boldsymbol{x}\in\mathbf{R}^2.\end{cases}$$

解 记 $\boldsymbol{x}=(x_1,x_2)$, 则由求解公式 (4.2.22), 有

$$\begin{aligned}&\frac{1}{2\sqrt{2}\pi}\int_{|\boldsymbol{\xi}-\boldsymbol{x}|\leqslant\sqrt{2}t}\frac{2\xi_1^2-\xi_2^2}{\sqrt{2t^2-|\xi-x|^2}}\,\mathrm{d}\boldsymbol{\xi}\\&=\frac{1}{2\sqrt{2}\pi}\int_{|\boldsymbol{\eta}|\leqslant\sqrt{2}t}\frac{2(\eta_1+x_1)^2-(\eta_2+x_2)^2}{\sqrt{2t^2-|\boldsymbol{\eta}|^2}}\,\mathrm{d}\boldsymbol{\eta}\\&=\frac{1}{2\sqrt{2}\pi}\int_{|\boldsymbol{\eta}|\leqslant\sqrt{2}t}\frac{2\eta_1^2-\eta_2^2+2x_1^2-x_2^2}{\sqrt{2t^2-|\boldsymbol{\eta}|^2}}\,\mathrm{d}\boldsymbol{\eta}\\&=\frac{1}{2\sqrt{2}\pi}\Big(\int_{|\boldsymbol{\eta}|\leqslant\sqrt{2}t}\frac{1}{2}\frac{|\boldsymbol{\eta}|^2}{\sqrt{2t^2-|\boldsymbol{\eta}|^2}}\,\mathrm{d}\boldsymbol{\eta}+\int_{|\boldsymbol{\eta}|\leqslant\sqrt{2}t}\frac{2x_1^2-x_2^2}{\sqrt{2t^2-|\boldsymbol{\eta}|^2}}\,\mathrm{d}\boldsymbol{\eta}\Big)\\&=\frac{1}{2\sqrt{2}\pi}\Big(\frac{1}{2}\int_0^{2\pi}\mathrm{d}\theta\int_0^{\sqrt{2}t}\frac{r^3}{\sqrt{2t^2-r^2}}\,\mathrm{d}r+\Big(2x_1^2-x_2^2\Big)\int_0^{2\pi}\mathrm{d}\theta\int_0^{\sqrt{2}t}\frac{r}{\sqrt{2t^2-r^2}}\,\mathrm{d}r\Big)\\&=t^3\int_0^1\frac{s^3}{\sqrt{1-s^2}}\,\mathrm{d}s+\Big(2x_1^2-x_2^2\Big)t\int_0^1\frac{s}{\sqrt{1-s^2}}\,\mathrm{d}s\\&=\frac{2}{3}t^3+\Big(2x_1^2-x_2^2\Big)t,\end{aligned}$$

所以

$$\begin{aligned}u(\boldsymbol{x},t)&=\frac{\partial}{\partial t}\Big(\frac{2}{3}t^3+(2x_1^2-x_2^2)t\Big)+\frac{2}{3}t^3+\Big(2x_1^2-x_2^2\Big)t\\&=\frac{2}{3}t^3+2t^2+\Big(2x_1^2-x_2^2\Big)t+2x_1^2-x_2^2\\&=\frac{2}{3}t^3+2t^2+\Big(2x^2-y^2\Big)t+2x^2-y^2.\end{aligned}$$

□

习题 4.2.7 模仿求解公式 (4.2.18) 的推导过程, 证明公式 (4.2.24).

证明 对于二维非齐次方程 Cauchy 问题 (4.2.23)

$$\begin{cases}u_{tt}-a^2\Delta u=f(\boldsymbol{x},t), & \boldsymbol{x}\in\mathbf{R}^2,\ t>0,\\ u(\boldsymbol{x},0)=u_t(\boldsymbol{x},0)=0, & \boldsymbol{x}\in\mathbf{R}^2,\end{cases}$$

由齐次化原理, 它的解可以表示为

$$u(\boldsymbol{x},t)=\int_0^t w(\boldsymbol{x},t;\tau)\,\mathrm{d}\tau,$$

其中

$$\begin{cases}w_{tt}-a^2\Delta w=0, & \boldsymbol{x}\in\mathbf{R}^2,\ t>0,\\ w(\boldsymbol{x},\tau;\tau)=0,\ w_t(\boldsymbol{x},\tau;\tau)=f(\boldsymbol{x},\tau), & \boldsymbol{x}\in\mathbf{R}^2.\end{cases}$$

设 $s=t-\tau$, 则有

$$\begin{cases}w_{ss}-a^2\Delta w=0, & \boldsymbol{x}\in\mathbf{R}^2,\ s>0,\\ w\big|_{s=0}=0,\ w_s\big|_{s=0}=f(\boldsymbol{x},\tau), & \boldsymbol{x}\in\mathbf{R}^2.\end{cases}$$

由 Poisson 公式 (4.2.22) 得

$$w(\boldsymbol{x},t;\tau)=\frac{1}{2\pi a}\int_{B_{a(t-\tau)}(\boldsymbol{x})}\frac{f(\boldsymbol{\xi},\tau)}{\sqrt{a^2(t-\tau)^2-|\boldsymbol{\xi}-\boldsymbol{x}|^2}}\,\mathrm{d}\boldsymbol{\xi},$$

所以

$$\begin{aligned}u(\boldsymbol{x},t)&=\frac{1}{2\pi a}\int_0^t\mathrm{d}\tau\int_{B_{a(t-\tau)}(\boldsymbol{x})}\frac{f(\boldsymbol{\xi},\tau)}{\sqrt{a^2(t-\tau)^2-|\boldsymbol{\xi}-\boldsymbol{x}|^2}}\,\mathrm{d}\boldsymbol{\xi}\\&=\frac{1}{2\pi a^2}\int_0^{at}\mathrm{d}r\int_{B_r(\boldsymbol{x})}\frac{f(\boldsymbol{\xi},t-\frac{r}{a})}{\sqrt{r^2-|\boldsymbol{\xi}-\boldsymbol{x}|^2}}\,\mathrm{d}\boldsymbol{\xi}.\end{aligned}$$

□

习题 4.3.1 用分离变量法求解弦振动方程初边值问题

$$\begin{cases}u_{tt}-a^2u_{xx}=0, & 0<x<l,\ t>0,\\ u(x,0)=A\sin\dfrac{m\pi}{l}x,\quad u_t(x,0)=u_0, & 0\leqslant x\leqslant l,\\ u(0,t)=u(l,t)=0, & t\geqslant 0,\end{cases}$$

其中 m 是正整数, A, u_0 为常数.

解　设 $u(x,t)=X(x)T(t)$, 则

$$\begin{cases} XT''-a^2X''T=0, & 0<x<l,\ t>0, \\ X(0)T(t)=X(l)T(t)=0, & t\geqslant 0, \end{cases}$$

将上述方程分离变量有

$$\frac{X''}{X}=\frac{T''}{a^2T}=-\lambda,$$

其中 λ 为待定常数. 从而, 得到特征值问题

$$\begin{cases} X''+\lambda X=0, \quad 0<x<l, \\ X(0)=X(l)=0 \end{cases} \tag{4.4.2}$$

和方程

$$T''+a^2\lambda T=0, \quad t>0. \tag{4.4.3}$$

解特征值问题 (4.4.2) 与 (4.4.3), 得

$$\lambda_k=\left(\frac{k\pi}{l}\right)^2, \qquad X_k(t)=\sin\frac{k\pi}{l}x, \qquad T_k(t)=A_k\cos\frac{ak\pi}{l}t+B_k\sin\frac{ak\pi}{l}t,$$

其中 A_k, B_k 是待定常数, $k=1,2,\cdots$. 所以

$$u(x,t)=\sum_{k=1}^{\infty}\left(A_k\cos\frac{ak\pi}{l}t+B_k\sin\frac{ak\pi}{l}t\right)\sin\frac{k\pi}{l}x.$$

由初始条件有

$$\begin{cases} u(x,0)=\displaystyle\sum_{k=1}^{\infty}A_k\sin\frac{k\pi}{l}x=A\sin\frac{m\pi}{l}x, \\ u_t(x,0)=\displaystyle\sum_{k=1}^{\infty}\frac{ak\pi}{l}B_k\sin\frac{k\pi}{l}x=u_0. \end{cases}$$

由此解得

$$A_k=\frac{2A}{l}\int_0^l\sin\frac{m\pi}{l}x\sin\frac{k\pi}{l}x\,\mathrm{d}x=\begin{cases} A, & k=m, \\ 0, & k\neq m; \end{cases}$$

$$B_k=\frac{2}{ak\pi}\int_0^l u_0\sin\frac{k\pi}{l}x\,\mathrm{d}x=\frac{2u_0l}{ak^2\pi^2}\left(1+(-1)^{k+1}\right).$$

故

$$u(x,t)=A\cos\frac{am\pi}{l}t\sin\frac{m\pi}{l}x+\frac{2u_0l}{a\pi^2}\sum_{k=1}^{\infty}\frac{1+(-1)^{k+1}}{k^2}\sin\frac{ak\pi}{l}t\sin\frac{k\pi}{l}x. \qquad \square$$

习题 4.3.2 用分离变量法求解弦振动方程初边值问题

$$\begin{cases} u_{tt}-a^2u_{xx}=b\sinh x, & 0<x<l,\ t>0,\\ u(x,0)=u_t(x,0)=0, & 0\leqslant x\leqslant l,\\ u(0,t)=u(l,t)=0, & t\geqslant 0,\end{cases}$$

其中 b 是正常数.

解 由 Duhamel 齐次化原理, 记原问题的解

$$u(x,t)=\int_0^t w(x,t;\tau)\,\mathrm{d}\tau,$$

其中 $w(x,t;\tau)$ 满足初边值问题

$$\begin{cases} w_{tt}-a^2w_{xx}=0, & 0<x<l,t>\tau,\\ w(x,\tau;\tau)=0,\quad w_t(x,\tau;\tau)=b\sinh x, & 0\leqslant x\leqslant l,\\ w(0,t;\tau)=w(l,t;\tau)=0, & t\geqslant \tau.\end{cases}\tag{4.4.4}$$

下面求解问题 (4.4.4). 设 $w(x,t;\tau)=X(x)T(t)$, 则

$$\begin{cases} XT''-a^2X''T=0, & 0<x<l,t>\tau,\\ X(0)T(t)=X(l)T(t)=0, & t\geqslant\tau.\end{cases}$$

将上述方程分离变量, 有

$$\frac{X''}{X}=\frac{T''}{a^2T}=-\lambda,$$

其中 λ 为待定常数. 从而, 得特征值问题

$$\begin{cases} X''+\lambda X=0, & 0<x<l,\\ X(0)=X(l)=0\end{cases}\tag{4.4.5}$$

和方程

$$T''+a^2\lambda T=0,\quad t>\tau.\tag{4.4.6}$$

分别解特征值问题 (4.4.5) 与 (4.4.6), 得

$$\lambda_k=\left(\frac{k\pi}{l}\right)^2,\qquad X_k(t)=\sin\frac{k\pi}{l}x,\qquad T_k(t)=A_k\cos\frac{ak\pi}{l}t+B_k\sin\frac{ak\pi}{l}t,$$

其中 A_k,B_k 是待定常数, $k=1,2,\cdots$. 所以

$$w(x,t;\tau)=\sum_{k=1}^{\infty}\left(A_k\cos\frac{ak\pi}{l}t+B_k\sin\frac{ak\pi}{l}t\right)\sin\frac{k\pi}{l}x.$$

由初始条件, 有

$$\begin{cases} w(x,\tau;\tau)=\displaystyle\sum_{k=1}^{\infty}\left(A_k\cos\frac{ak\pi}{l}\tau+B_k\sin\frac{ak\pi}{l}\tau\right)\sin\frac{k\pi}{l}x=0,\\ w_t(x,\tau;\tau)=\displaystyle\sum_{k=1}^{\infty}\frac{ak\pi}{l}\left(B_k\cos\frac{ak\pi}{l}\tau-A_k\sin\frac{ak\pi}{l}\tau\right)\sin\frac{k\pi}{l}x\\ \qquad\qquad\quad =b\sinh x=\dfrac{b}{2}\left(\mathrm{e}^x-\mathrm{e}^{-x}\right).\end{cases}$$

所以

$$\begin{cases} A_k \cos\dfrac{ak\pi}{l}\tau + B_k \sin\dfrac{ak\pi}{l}\tau = 0, \\ B_k \cos\dfrac{ak\pi}{l}\tau - A_k \sin\dfrac{ak\pi}{l}\tau = \dfrac{(-1)^{k+1}bl}{a(k^2\pi^2+l^2)}\left(\mathrm{e}^l - \mathrm{e}^{-l}\right), \end{cases}$$

解之, 得

$$A_k = -\frac{(-1)^{k+1}bl}{a(k^2\pi^2+l^2)}\left(\mathrm{e}^l - \mathrm{e}^{-l}\right)\sin\frac{ak\pi}{l}\tau,$$

$$B_k = \frac{(-1)^{k+1}bl}{a(k^2\pi^2+l^2)}\left(\mathrm{e}^l - \mathrm{e}^{-l}\right)\cos\frac{ak\pi}{l}\tau.$$

故

$$\begin{aligned} u(x,t) &= \sum_{k=1}^{\infty}\frac{(-1)^{k+1}bl}{a(k^2\pi^2+l^2)}\left(\mathrm{e}^l - \mathrm{e}^{-l}\right)\sin\frac{k\pi}{l}x\int_0^t\Big(-\cos\frac{ak\pi}{l}t\sin\frac{ak\pi}{l}\tau + \\ &\quad \sin\frac{ak\pi}{l}t\cos\frac{ak\pi}{l}\tau\Big)\,\mathrm{d}\tau \\ &= \sum_{k=1}^{\infty}\frac{(-1)^{k+1}bl^2}{k\pi a^2(k^2\pi^2+l^2)}\left(\mathrm{e}^l - \mathrm{e}^{-l}\right)\left(1-\cos\frac{ak\pi}{l}t\right)\sin\frac{k\pi}{l}x. \end{aligned}$$

□

§4.5 拓展习题与阅读

习题 4.5.1 设 u 是弦振动方程

$$u_{tt} - a^2u_{xx} = 0$$

的古典解. 直线

$$x + at = c_i, \qquad x - at = d_i, \qquad i = 1, 2$$

构成一个平行四边形. 若 P_1, P_2, P_3, P_4 是平行四边形按逆时针排序的顶点, 求证

$$u(P_1) + u(P_3) = u(P_2) + u(P_4).$$

习题 4.5.2 求解半有界弦振动方程的定解问题

$$\begin{cases} u_{tt} - a^2u_{xx} = 0, & x > 0,\ t > 0, \\ u(x,0) = u_t(x,0) = 0, & x \geqslant 0, \\ u(0,t) = \sin t, & t \geqslant 0. \end{cases}$$

习题 4.5.3 设 h 是一个正常数. 证明方程

$$\frac{\partial}{\partial x}\Big(\big(1-\frac{x}{h}\big)^2 u_x\Big)=\frac{1}{a^2}\big(1-\frac{x}{h}\big)^2 u_{tt}$$

的通解可以写成

$$u(x,t)=\frac{F(x-at)+G(x+at)}{h-x},$$

其中 F,G 是任意的可微函数.

习题 4.5.4 用分离变量法求解弦振动方程的初边值问题

$$\begin{cases} u_{tt}-a^2u_{xx}=0, & 0<x<l,\ t>0,\\ u(x,0)=\dfrac{x}{l},\ u_t(x,0)=0, & 0\leqslant x\leqslant l,\\ u(0,t)=u_x(l,t)=0, & t\geqslant 0. \end{cases}$$

习题 4.5.5 试用降维法导出弦振动方程 Cauchy 问题的 d'Alembert 公式.

习题 4.5.6 求解四阶方程的 Cauchy 问题

$$\begin{cases} \Big(\partial_{tt}-a^2\partial_{xx}\Big)\Big(\partial_{tt}-b^2\partial_{xx}\Big)u=0, & x\in\mathbf{R},\ t>0,\\ u(x,0)=\varphi_0(x),\ u_t(x,0)=\varphi_1(x), & x\in\mathbf{R},\\ u_{tt}(x,0)=\varphi_2(x),\ u_{ttt}(x,0)=\varphi_3(x), & x\in\mathbf{R}. \end{cases}$$

习题 4.5.7 设 Ω 是 $\mathbf{R}^n$ 中的有界光滑区域, u_1,u_2 满足波动方程的 Cauchy 问题

$$\begin{cases} u_{tt}-a^2\Delta u=0, & (\boldsymbol{x},t)\in\Omega\times(0,+\infty),\\ u(\boldsymbol{x},0)=0, & \boldsymbol{x}\in\overline{\Omega}, \end{cases}$$

试证

$$\frac{\mathrm{d}}{\mathrm{d}t}\int_{\Omega}\Big(u_{1t}u_{2t}+a^2\mathrm{D}u_1\mathrm{D}u_2\Big)\,\mathrm{d}\boldsymbol{x}=0.$$

习题 4.5.8 通过未知函数的变换

$$v(\boldsymbol{x},t)=\mathrm{e}^{\frac{c}{a}x_3}u(\boldsymbol{x}',t),$$

试求解 Cauchy 问题

$$\begin{cases} u_{tt}-\Big(a^2\Delta_{\boldsymbol{x}'}u+c^2u\Big)=0, & x'\in\mathbf{R}^2,\ t>0,\\ u(\boldsymbol{x}',0)=\varphi(\boldsymbol{x}'),\quad u_t(\boldsymbol{x}',0)=\psi(\boldsymbol{x}'), & x'\in\mathbf{R}^2, \end{cases}$$

其中 $\Delta_{\boldsymbol{x}'}=\partial_{x_1x_1}+\partial_{x_2x_2}$, $\boldsymbol{x}'=(x_1,x_2)$, $\boldsymbol{x}=(\boldsymbol{x}',x_3)$.

习题 4.5.9 若 $\psi\in C^3(\mathbf{R}^5)$, 令

$$v(\boldsymbol{x},t)=\frac{3}{8\pi^2(at)^4}\int_{|\boldsymbol{y}-\boldsymbol{x}|=at}\psi(\boldsymbol{y})\,\mathrm{d}S q_{\boldsymbol{y}},$$

则

$$u(\boldsymbol{x},t)=\Big(\frac{1}{3}t^2\frac{\partial}{\partial t}+t\Big)v(\boldsymbol{x},t)$$

是五维波动方程 Cauchy 问题

$$\begin{cases}u_{tt}-a^2\Delta u=0, & \boldsymbol{x}\in\mathbf{R}^5, t>0,\\ u(\boldsymbol{x},0)=0,\ \ u_t(\boldsymbol{x},0)=\psi(\boldsymbol{x}), & \boldsymbol{x}\in\mathbf{R}^5\end{cases}$$

的解.

习题 4.5.10 设 u 是三维波动方程 Cauchy 问题

$$\begin{cases}u_{tt}-a^2\Delta u=0, & \boldsymbol{x}\in\mathbf{R}^3,\ t>0,\\ u(\boldsymbol{x},0)=\varphi(\boldsymbol{x}),\quad u_t(\boldsymbol{x},0)=\psi(\boldsymbol{x}), & \boldsymbol{x}\in\mathbf{R}^3\end{cases}$$

的古典解. 若 $\varphi,\psi\in C_0^\infty(\mathbf{R}^3)$, 则存在正常数 C, 使得

$$\big|u(\boldsymbol{x},t)\big|\leqslant\frac{C}{t},\quad \boldsymbol{x}\in\mathbf{R}^3,\ t\geqslant 0.$$

习题 4.5.11 阅读《d'Alembert 传记》, 见吴文俊主编的《世界著名数学家传记》. 北京: 科学出版社, 1995.

习题 4.5.12 阅读杨健的《走进琴弦的世界 —— 谈近三千年来人类对琴弦的研究及引发的思考》, 自然杂志, 2004, 26(3): 177-183.

习题 4.5.13 阅读蔡聪明的《音乐与数学: 从弦内之音到弦外之音》, 数学传播, 1994, 18(1): 1-20.

§4.6 附注及参考文献

波动方程是描述波动现象的偏微分方程, 有广泛的物理意义. 波动方程一个很重要的性质是传播速度有限 (与热传导方程不同). 这是导致狭义相对论建立的一个重要思想. 历史上许多科学家, 如 d'Alembert, Euler, Lagrange 和 Bernoulli 等在研究乐器等物体中的弦振动问题时, 都对波动方程理论做出过重要贡献. 弦振动方程是在 18 世纪由 d'Alembert 等人首先系统研究的.

在第四章中, 我们讲述了研究偏微分方程的能量积分方法, 给出了求解波动方程 Cauchy 问题的行波法、球面平均法和降维法, 以及求解初边值问题的分离变量法, 建立了波动方程定解问题解的存在性、唯一性和稳定性理论. 为简捷地突出定解问题适定性的主线, 我们没有涉及过多的高维初边值问题、其他边值

问题、一般的双曲方程理论等相关内容. 有兴趣的读者可按照标注分别参考下列文献:

[1] (其他边值问题) 保继光, 朱汝金. 偏微分方程 (第四章). 北京: 北京师范大学出版社, 2011.

[2] (高维初边值问题) 郇中丹, 黄海洋. 偏微分方程. 2 版. (第三章). 北京: 高等教育出版社, 2013.

[3] (一般的双曲方程理论) John F. Partial Differential Equations. 4th ed (第五章). New York: Springer, 1982.

第五章

二阶线性方程的化简与分类

第二、三、四章分别研究了位势方程、热传导方程、波动方程, 它们都是二阶线性偏微分方程中最典型、最基本的模型. 本章讨论一般的二阶线性方程的化简与分类问题. 为简单起见, 仅对两个变量情形进行分析.

考虑两个自变量的二阶线性方程

$$a(x,y)u_{xx}+2b(x,y)u_{xy}+c(x,y)u_{yy}+d(x,y)u_x+ \\ e(x,y)u_y+f(x,y)u=g(x,y), \tag{5.0.1}$$

其中 $(x,y)\in\Omega$, Ω 是 $\mathbf{R}^2$ 中的一个区域, a,b,c,d,e,f,g 是 Ω 上的已知光滑函数, 且 a,b,c 不同时为零. 我们希望通过自变量的局部可逆变换将 (5.0.1) 化简, 并在此基础上分类.

§5.1 方程的化简

设 $(x_0,y_0)\in\Omega$. 在 (x_0,y_0) 附近作自变量变换

$$\xi=\xi(x,y),\qquad \eta=\eta(x,y), \tag{5.1.1}$$

且使其 Jacobi 行列式

$$J=\begin{vmatrix}\xi_x & \xi_y\\ \eta_x & \eta_y\end{vmatrix}(x_0,y_0)\neq 0.$$

由隐函数定理, (5.1.1) 式在 $(\xi_0,\eta_0):=\Big(\xi(x_0,y_0),\eta(x_0,y_0)\Big)$ 附近有逆变换

$$x=x(\xi,\eta),\qquad y=y(\xi,\eta). \tag{5.1.2}$$

记 $U(\xi,\eta)=u\Big(x(\xi,\eta),y(\xi,\eta)\Big)$, 则

$$u(x,y)=U\Big(\xi(x,y),\eta(x,y)\Big).$$

直接计算, 有

$$u_x=U_\xi\xi_x+U_\eta\eta_x,\qquad u_y=U_\xi\xi_y+U_\eta\eta_y,$$

以及

$$\begin{aligned}
u_{xx}&=\big(U_{\xi\xi}\xi_x+U_{\xi\eta}\eta_x\big)\xi_x+U_\xi\xi_{xx}+\big(U_{\eta\xi}\xi_x+U_{\eta\eta}\eta_x\big)\eta_x+U_\eta\eta_{xx},\\
u_{xy}&=\big(U_{\xi\xi}\xi_y+U_{\xi\eta}\eta_y\big)\xi_x+U_\xi\xi_{xy}+\big(U_{\eta\xi}\xi_y+U_{\eta\eta}\eta_y\big)\eta_x+U_\eta\eta_{xy},\\
u_{yy}&=\big(U_{\xi\xi}\xi_y+U_{\xi\eta}\eta_y\big)\xi_y+U_\xi\xi_{yy}+\big(U_{\eta\xi}\xi_y+U_{\eta\eta}\eta_y\big)\eta_y+U_\eta\eta_{yy}.
\end{aligned}$$

代入 (5.0.1) 式, 得

$$A(\xi,\eta)U_{\xi\xi}+2B(\xi,\eta)U_{\xi\eta}+C(\xi,\eta)U_{\eta\eta}+ \\ D(\xi,\eta)U_{\xi}+E(\xi,\eta)U_{\eta}+F(\xi,\eta)U=G(\xi,\eta), \tag{5.1.3}$$

其中

$$\begin{cases} A(\xi,\eta)=\left(a\xi_x^2+2b\xi_x\xi_y+c\xi_y^2\right)\big|_{x=x(\xi,\eta),\ y=y(\xi,\eta)}, \\ B(\xi,\eta)=\left(a\xi_x\eta_x+b(\xi_x\eta_y+\xi_y\eta_x)+c\xi_y\eta_y\right)\big|_{x=x(\xi,\eta),\ y=y(\xi,\eta)}, \\ C(\xi,\eta)=\left(a\eta_x^2+2b\eta_x\eta_y+c\eta_y^2\right)\big|_{x=x(\xi,\eta),\ y=y(\xi,\eta)}. \end{cases} \tag{5.1.4}$$

关于变换 (5.1.1), 有

性质 5.1.1

$$\begin{vmatrix} \xi_x^2 & 2\xi_x\xi_y & \xi_y^2 \\ \xi_x\eta_x & \xi_x\eta_y+\xi_y\eta_x & \xi_y\eta_y \\ \eta_x^2 & 2\eta_x\eta_y & \eta_y^2 \end{vmatrix}=J^3,$$

从而 A,B,C 在 (ξ_0,η_0) 附近不同时为零, 即方程 (5.1.3) 仍是一个二阶方程.

证明 根据行列式的 Laplace 展开定理, 对等号左端按第一列展开, 得

$$\begin{aligned} &\xi_x^2\begin{vmatrix} \xi_x\eta_y+\xi_y\eta_x & \xi_y\eta_y \\ 2\eta_x\eta_y & \eta_y^2 \end{vmatrix}-\xi_x\eta_x\begin{vmatrix} 2\xi_x\xi_y & \xi_y^2 \\ 2\eta_x\eta_y & \eta_y^2 \end{vmatrix}+\eta_x^2\begin{vmatrix} 2\xi_x\xi_y & \xi_y^2 \\ \xi_x\eta_y+\xi_y\eta_x & \xi_y\eta_y \end{vmatrix} \\ =&\ \xi_x^2\left(\begin{vmatrix} \xi_x\eta_y & \xi_y\eta_y \\ \eta_x\eta_y & \eta_y^2 \end{vmatrix}+\begin{vmatrix} \xi_y\eta_x & \xi_y\eta_y \\ \eta_x\eta_y & \eta_y^2 \end{vmatrix}\right)-2\xi_x\eta_x\begin{vmatrix} \xi_x\xi_y & \xi_y^2 \\ \eta_x\eta_y & \eta_y^2 \end{vmatrix}+ \\ &\ \eta_x^2\left(\begin{vmatrix} \xi_x\xi_y & \xi_y^2 \\ \xi_x\eta_y & \xi_y\eta_y \end{vmatrix}+\begin{vmatrix} \xi_x\xi_y & \xi_y^2 \\ \xi_y\eta_x & \xi_y\eta_y \end{vmatrix}\right) \\ =&\ \xi_x^2\eta_y^2J-2\xi_x\eta_x\xi_y\eta_yJ+\eta_x^2\xi_y^2J \\ =&\ J(\xi_x\eta_y-\eta_x\xi_y)^2 \\ =&\ J^3. \end{aligned}$$

将方程组 (5.1.4) 看成以 a,b,c 为未知数的三元一次代数方程组, 其系数矩阵的行列式为 $J^3\neq 0$. 若 A,B,C 在 (ξ_0,η_0) 附近的某一点同时为零, 则由 Cramer 法则, a,b,c 在该点就同时为零, 与 (5.0.1) 式中的假设矛盾. 故 A,B,C 在 (ξ_0,η_0) 附近不同时为零. □

由 A,C 的表达式, 如果一阶方程

$$a\varphi_x^2+2b\varphi_x\varphi_y+c\varphi_y^2=0 \tag{5.1.5}$$

有两个解 $\varphi_1(x,y)$ 和 $\varphi_2(x,y)$, 且

$$\begin{vmatrix} \varphi_{1x} & \varphi_{1y} \\ \varphi_{2x} & \varphi_{2y} \end{vmatrix}(x_0,y_0)\neq 0,$$

那么取

$$\xi=\varphi_1(x,y),\qquad \eta=\varphi_2(x,y),$$

基于方程组 (5.1.4), 就可使 $A=C=0$, 方程 (5.0.1) 因此得以化简.

命题 5.1.1 若 $\varphi(x,y)=0$ 是常微分方程

$$a\,\mathrm{d}y^2-2b\mathrm{d}y\mathrm{d}x+c\,\mathrm{d}x^2=0 \tag{5.1.6}$$

的隐式解, 且 $\varphi_x^2+\varphi_y^2\neq 0$, 则 $\varphi(x,y)$ 是方程 (5.1.5) 的解.

证明 不妨设 $\varphi_y\neq 0$, 则

$$\varphi_x+\varphi_y\frac{\mathrm{d}y}{\mathrm{d}x}=0,\qquad \frac{\mathrm{d}y}{\mathrm{d}x}=-\frac{\varphi_x}{\varphi_y},$$

代入 (5.1.6) 式, 得

$$a\left(-\frac{\varphi_x}{\varphi_y}\right)^2-2b\left(-\frac{\varphi_x}{\varphi_y}\right)+c=0,$$

于是

$$a\varphi_x^2+2b\varphi_x\varphi_y+c\varphi_y^2=0.$$ □

定义 5.1.1 (5.1.6) 式称为方程 (5.0.1) 的特征方程.

现在来化简方程 (5.0.1), 即通过自变量的可逆变换 (5.1.1), 使得方程 (5.1.3) 中的二阶偏导数系数 A,B,C 尽可能多地为零. 由性质 5.1.1, A,B,C 不同时为零, 即在每一点 A,B,C 至少有一个不为零.

若 $a(x_0,y_0),c(x_0,y_0)$ 都为零, 则方程 (5.0.1) 已不用化简. 若 $a(x_0,y_0),c(x_0,y_0)$ 有一个不为零, 不妨设 $a(x_0,y_0)\neq 0$, 则在 (x_0,y_0) 附近方程 (5.1.6) 可化为

$$a\left(\frac{\mathrm{d}y}{\mathrm{d}x}\right)^2-2b\frac{\mathrm{d}y}{\mathrm{d}x}+c=0. \tag{5.1.7}$$

记 $\delta=b^2-ac$.

情形 1. 在 (x_0,y_0) 附近 $\delta>0$.

这时, 方程 (5.1.7) 可以化为两个方程

$$\frac{\mathrm{d}y}{\mathrm{d}x}=\frac{b\pm\sqrt{\delta}}{a}.$$

根据常微分方程解的存在定理, 方程 (5.1.7) 有两个解 $y=y_1(x)$, $y=y_2(x)$,

$$y_1'(x)=\frac{b(x,y_1(x))+\sqrt{\delta(x,y_1(x))}}{a(x,y_1(x))},\quad y_2'(x)=\frac{b(x,y_2(x))-\sqrt{\delta(x,y_2(x))}}{a(x,y_2(x))}.$$

由命题 5.1.1, $\varphi_1(x,y)=y-y_1(x)$, $\varphi_2(x,y)=y-y_2(x)$ 是方程 (5.1.5) 的解, 且

$$\begin{vmatrix}\varphi_{1x} & \varphi_{1y}\\ \varphi_{2x} & \varphi_{2y}\end{vmatrix}=\begin{vmatrix}-y_1'(x) & 1\\ -y_2'(x) & 1\end{vmatrix}=y_2'(x)-y_1'(x)=-2\frac{\sqrt{\delta}}{a}\neq 0.$$

作变换

$$\xi=\varphi_1(x,y),\quad \eta=\varphi_2(x,y).$$

由方程组 (5.1.4), 有 $A=C=0$, $B\neq 0$, 因此方程 (5.1.3) 化为

$$2BU_{\xi\eta}+DU_\xi+EU_\eta+FU=G,$$

$$U_{\xi\eta}=\text{低阶项}. \tag{5.1.8}$$

下面以例题来体会这个化简的过程.

例题 5.1.1 化简并求解

$$4u_{xx}+5u_{xy}+u_{yy}+u_x+u_y=2.$$

解 $\delta=\left(\frac{5}{2}\right)^2-4=\frac{9}{4}>0$. 它的特征方程是

$$4\left(\frac{\mathrm{d}y}{\mathrm{d}x}\right)^2-5\frac{\mathrm{d}y}{\mathrm{d}x}+1=0,$$

分解因式, 得

$$\left(\frac{\mathrm{d}y}{\mathrm{d}x}-1\right)\left(\frac{\mathrm{d}y}{\mathrm{d}x}-\frac{1}{4}\right)=0.$$

所以

$$\frac{\mathrm{d}y}{\mathrm{d}x}=1,\quad \frac{\mathrm{d}y}{\mathrm{d}x}=\frac{1}{4}.$$

对应的通解分别为 $y=x+C$ 和 $y=\frac{1}{4}x+C$.

作变换

$$\xi=y-x,\quad \eta=y-\frac{x}{4},$$

即

$$x=-\frac{4}{3}(\xi-\eta),\quad y=-\frac{1}{3}(\xi-4\eta).$$

令 $U(\xi,\eta)=u\left(-\frac{4}{3}(\xi-\eta),-\frac{1}{3}(\xi-4\eta)\right)$, 则 $u(x,y)=U(y-x,y-\frac{x}{4})$. 直接求导, 得

$$\begin{aligned}
&u_x=-U_\xi-\frac{1}{4}U_\eta,\qquad u_y=U_\xi+U_\eta,\\
&u_{xx}=-\Big(-U_{\xi\xi}-\frac{1}{4}U_{\xi\eta}\Big)-\frac{1}{4}\Big(-U_{\eta\xi}-\frac{1}{4}U_{\eta\eta}\Big)=U_{\xi\xi}+\frac{1}{2}U_{\xi\eta}+\frac{1}{16}U_{\eta\eta},\\
&u_{xy}=-\Big(U_{\xi\xi}+U_{\xi\eta}\Big)-\frac{1}{4}\Big(U_{\eta\xi}+U_{\eta\eta}\Big)=-U_{\xi\xi}-\frac{5}{4}U_{\xi\eta}-\frac{1}{4}U_{\eta\eta},\\
&u_{yy}=\Big(U_{\xi\xi}+U_{\xi\eta}\Big)+\Big(U_{\eta\xi}+U_{\eta\eta}\Big)=U_{\xi\xi}+2U_{\xi\eta}+U_{\eta\eta}.
\end{aligned}$$

代入原方程, 有

$$4\Big(U_{\xi\xi}+\frac{1}{2}U_{\xi\eta}+\frac{1}{16}U_{\eta\eta}\Big)+5\Big(-U_{\xi\xi}-\frac{5}{4}U_{\xi\eta}-\frac{1}{4}U_{\eta\eta}\Big)+$$
$$\Big(U_{\xi\xi}+2U_{\xi\eta}+U_{\eta\eta}\Big)+\Big(-U_{\xi}-\frac{1}{4}U_{\eta}\Big)+\Big(U_{\xi}+U_{\eta}\Big)=2.$$

化简, 得

$$-\frac{9}{4}U_{\xi\eta}+\frac{3}{4}U_{\eta}=2,$$

即

$$U_{\xi\eta}=\frac{1}{3}U_{\eta}-\frac{8}{9}.$$

将上面的方程变形为

$$\Big(U_{\eta}\mathrm{e}^{-\frac{\xi}{3}}\Big)_{\xi}=-\frac{8}{9}\mathrm{e}^{-\frac{\xi}{3}}.$$

两边关于 ξ 积分, 得

$$U_{\eta}\mathrm{e}^{-\frac{\xi}{3}}=\frac{8}{3}\mathrm{e}^{-\frac{\xi}{3}}+f(\eta),$$

即

$$U_{\eta}=\frac{8}{3}+\mathrm{e}^{\frac{\xi}{3}}f(\eta),$$

其中 f 是任意函数. 两边关于 η 积分, 得

$$U=\frac{8}{3}\eta+\mathrm{e}^{\frac{\xi}{3}}\int f(\eta)\mathrm{d}\eta+g(\xi)=\frac{8}{3}\eta+\mathrm{e}^{\frac{\xi}{3}}h(\eta)+g(\xi),$$

其中 h,g 是任意的 C^2 函数. 所以

$$u=\frac{8}{3}\Big(y-\frac{x}{4}\Big)+\mathrm{e}^{\frac{y-x}{3}}h\Big(y-\frac{x}{4}\Big)+g(y-x). \qquad \Box$$

情形 2. 在 (x_0,y_0) 附近 $\delta\equiv 0$. (注意: 在 δ 的零点附近未必能进行下面的化简!)

这时, 方程 (5.1.7) 是一个方程

$$\frac{\mathrm{d}y}{\mathrm{d}x}=\frac{b}{a}.$$

它有一个解 $y=y_0(x)$, 满足 $y_0'(x)=\dfrac{b}{a}(x,y_0(x))$. 由命题 5.1.1, $\varphi_1(x,y)=y-y_0(x)$ 是方程 (5.1.5) 的解. 取 $\varphi_2(x,y)=x$,

$$\begin{vmatrix}\varphi_{1x} & \varphi_{1y}\\ \varphi_{2x} & \varphi_{2y}\end{vmatrix}=\begin{vmatrix}-y_0'(x) & 1\\ 1 & 0\end{vmatrix}=-1\neq 0.$$

作变换

$$\xi=\varphi_1(x,y),\qquad \eta=\varphi_2(x,y),$$

由方程组 (5.1.4), 有 $A=0$. 注意到 $\eta_x=1,\eta_y=0$, 得 $B=a\varphi_{1x}+b\varphi_{1y}=-ay_0'(x)+b=0$, $C\neq 0$. 因此, 方程 (5.1.3) 化为

$$CU_{\eta\eta}+DU_\xi+EU_\eta+FU=G,$$

$$U_{\eta\eta}=\text{低阶项}. \tag{5.1.9}$$

情形 3. 在 (x_0,y_0) 附近 $\delta<0$.

这时, 方程 (5.1.7) 是一对共轭方程

$$\frac{\mathrm{d}y}{\mathrm{d}x}=\frac{b\pm\mathrm{i}\sqrt{-\delta}}{a}.$$

设 $y=y_1(x)+\mathrm{i}y_2(x)$, $y_1(x),y_2(x)$ 是实函数, 则

$$\frac{\mathrm{d}y_1}{\mathrm{d}x}+\mathrm{i}\frac{\mathrm{d}y_2}{\mathrm{d}x}=\left.\frac{b\pm\mathrm{i}\sqrt{-\delta}}{a}\right|_{(x,y_1+\mathrm{i}y_2):=f_1(x,y_1,y_2)+\mathrm{i}f_2(x,y_1,y_2)},$$

其中 $f_1(x,y_1,y_2),f_2(x,y_1,y_2)$ 是实函数. 考虑常微分方程组初值问题

$$\begin{cases}\dfrac{\mathrm{d}y_1}{\mathrm{d}x}=f_1(x,y_1,y_2),\\ \dfrac{\mathrm{d}y_2}{\mathrm{d}x}=f_2(x,y_1,y_2),\\ y_1(x_0)=y_0,\ \ y_2(x_0)=y_0,\end{cases}$$

由解的存在性定理, 它在 (x_0,y_0) 附近有实解 $y_1(x)$ 和 $y_2(x)$. 所以 $y=y_1(x)+\mathrm{i}y_2(x)$ 是方程 (5.1.7) 的解,

$$\varphi(x,y):=y-\Big(y_1(x)+\mathrm{i}y_2(x)\Big)=\Big(y-y_1(x)\Big)-\mathrm{i}y_2(x)$$

是方程 (5.1.5) 的一个复解. 作实变换

$$\xi=\varphi_1(x,y)=y-y_1(x),\quad \eta=\varphi_2(x,y)=-y_2(x),$$

其在 (x_0,y_0) 的 Jacobi 行列式为

$$\begin{vmatrix}\varphi_{1x}&\varphi_{1y}\\ \varphi_{2x}&\varphi_{2y}\end{vmatrix}=\begin{vmatrix}-y_1'(x_0)&1\\ -y_2'(x_0)&0\end{vmatrix}=y_2'(x_0)=\frac{\sqrt{-\delta(x_0,y_0)}}{a(x_0,y_0)}\neq 0.$$

则由方程 (5.1.5) 得

$$a\Big(\xi_x+\mathrm{i}\eta_x\Big)^2+2b\Big(\xi_x+\mathrm{i}\eta_x\Big)\Big(\xi_y+\mathrm{i}\eta_y\Big)+c\Big(\xi_y+\mathrm{i}\eta_y\Big)^2=0,$$

比较其实部和虚部, 得

$$a\xi_x^2+2b\xi_x\xi_y+c\xi_y^2=a\eta_x^2+2b\eta_x\eta_y+c\eta_y^2,$$

$$a\xi_x\eta_x + b(\xi_x\eta_y + \xi_y\eta_x) + c\xi_y\eta_y = 0,$$

由方程 (5.1.4), 有 $B = 0, A = C \neq 0$. 因此, 方程 (5.1.3) 化为

$$A\big(U_{\xi\xi} + U_{\eta\eta}\big) + DU_\xi + EU_\eta + FU = G,$$

$$U_{\xi\xi} + U_{\eta\eta} = \text{低阶项}. \tag{5.1.10}$$

习题 5.1.1 将下列方程化成标准形.

(1) $u_{xx} - 2\cos x \cdot u_{xy} - (3 + \sin^2 x)u_{yy} - yu_y = 0$;

(2) $x^2u_{xx} + 2xyu_{xy} + y^2u_{yy} = 0$;

(3) $u_{xx} + 2u_{xy} + 3u_{yy} + 5u_x + 2u_y + u = 0$.

习题 5.1.2 求方程

$$3u_{xx} + 10u_{xy} + 3u_{yy} = 0$$

的通解.

§5.2 方程的分类

本节在上节方程化简的基础上给出方程 (5.0.1) 的分类.

性质 5.2.1 设 $\delta = b^2 - ac$, $\Delta = B^2 - AC$, 则 $\Delta = \delta J^2$, 从而 δ 和 Δ 的符号在自变量可逆变换下不改变.

证明 由 (5.1.4) δ 和 Δ 的定义, 有

$$\begin{aligned}
\Delta = &\Big(a\xi_x\eta_x + b(\xi_x\eta_y + \xi_y\eta_x) + c\xi_y\eta_y\Big)^2 - \\
&\Big(a\xi_x^2 + 2b\xi_x\xi_y + c\xi_y^2\Big)\Big(a\eta_x^2 + 2b\eta_x\eta_y + c\eta_y^2\Big) \\
= &\, a^2\xi_x^2\eta_x^2 + b^2\Big(\xi_x\eta_y + \xi_y\eta_x\Big)^2 + c^2\xi_y^2\eta_y^2 + 2ab\xi_x\eta_x\Big(\xi_x\eta_y + \xi_y\eta_x\Big) + \\
&2bc\xi_y\eta_y\Big(\xi_x\eta_y + \xi_y\eta_x\Big) + 2ca\xi_y\eta_y\xi_x\eta_x - a^2\xi_x^2\eta_x^2 - 2ab\xi_x^2\eta_x\eta_y - ac\xi_x^2\eta_y^2 - \\
&2ab\xi_x\xi_y\eta_x^2 - 4b^2\xi_x\xi_y\eta_x\eta_y - 2bc\xi_x\xi_y\eta_y^2 - ac\xi_y^2\eta_x^2 - 2bc\xi_y^2\eta_x\eta_y - c^2\xi_y^2\eta_y^2 \\
= &\, b^2\Big(\xi_x\eta_y - \xi_y\eta_x\Big)^2 - ac\Big(\xi_x\eta_y - \xi_y\eta_x\Big)^2 \\
= &\, \delta J^2.
\end{aligned}$$

□

相应于平面二次曲线

$$ax^2 + 2bxy + cy^2 + dx + ey + f = 0$$

的几何形状, 对方程 (5.0.1) 做如下分类

定义 5.2.1 若 $\delta(x_0,y_0)>0\,(=0$ 或 $<0)$, 则称方程 (5.0.1) 在点 (x_0,y_0) 是双曲型 (抛物型或椭圆型) 的.

若方程 (5.0.1) 在 Ω 中的每一点都是双曲型 (抛物型或椭圆型) 的, 则称方程 (5.0.1) 在 Ω 中是双曲型 (抛物型或椭圆型) 的.

定义 5.2.2 称方程 (5.1.8), (5.1.9), (5.1.10) 分别为双曲型, 抛物型和椭圆型的标准形.

例题 5.2.1 根据上面的定义有

弦振动方程 $u_{tt}-u_{xx}=0$ 是双曲型的 $(\delta=0^2-1\cdot(-1)=1>0)$.

热传导方程 $u_t-u_{xx}=0$ 是抛物型的 $(\delta=0^2-0\cdot(-1)=0)$.

调和方程 $u_{xx}+u_{yy}=0$ 是椭圆型的 $(\delta=0^2-1\cdot 1=-1<0)$.

例题 5.2.2 判断 Tricomi 方程 $yu_{xx}+u_{yy}=0$ 类型, 并将其化简.

解 方程的系数 $a=y,b=0,c=1$, 从而

$$\delta(x,y)=0^2-y\cdot 1=-y.$$

方程当 $y<0$ 时是双曲型的, 当 $y=0$ 时是抛物型的, 当 $y>0$ 时是椭圆型的. 下面在 $y<0$ 和 $y>0$ 两个情形分别化简方程 (在 $y=0$ 上不能化简).

1° 当 $y<0$ 时, 特征方程是

$$\frac{\mathrm{d}y}{\mathrm{d}x}=\frac{0\pm\sqrt{-y}}{+y}=\mp\frac{1}{\sqrt{-y}},$$

即

$$\frac{\mathrm{d}x}{\mathrm{d}y}=\mp\sqrt{-y}.$$

通解为

$$x\pm\frac{2}{3}\sqrt{-y^3}=C.$$

作变换

$$\begin{cases}\xi=x+\dfrac{2}{3}(-y)^{\frac{3}{2}},\\[2mm] \eta=x-\dfrac{2}{3}(-y)^{\frac{3}{2}}.\end{cases}$$

令 $U(\xi,\eta)=u(x,y)$, 则

$$\begin{aligned}u_x&=U_\xi+U_\eta,\\ u_y&=U_\xi\cdot\frac{2}{3}\cdot\frac{3}{2}\cdot(-y)^{\frac{1}{2}}(-1)+U_\eta\cdot\left(-\frac{2}{3}\right)\cdot\frac{3}{2}\cdot(-y)^{\frac{1}{2}}(-1)\\ &=-(-y)^{\frac{1}{2}}(U_\xi-U_\eta).\end{aligned}$$

$$\begin{aligned}u_{xx}&=(U_\xi+U_\eta)_\xi+(U_\xi+U_\eta)_\eta\\ &=U_{\xi\xi}+2U_{\xi\eta}+U_{\eta\eta},\end{aligned}$$

$$
\begin{aligned}
u_{yy} &= -(-y)^{\frac{1}{2}}\left((U_\xi - U_\eta)_\xi(-(-y)^{\frac{1}{2}}) + (U_\xi - U_\eta)_\eta(-y)^{\frac{1}{2}}\right) + \frac{1}{2}(-y)^{-\frac{1}{2}}(U_\xi - U_\eta) \\
&= -y(U_{\xi\xi} - 2U_{\xi\eta} + U_{\eta\eta}) + \frac{1}{2}(-y)^{-\frac{1}{2}}(U_\xi - U_\eta).
\end{aligned}
$$

代入原方程, 化为

$$4yU_{\xi\eta} + \frac{1}{2}(-y)^{-\frac{1}{2}}(U_\xi - U_\eta) = 0.$$

注意到 $\xi - \eta = \dfrac{4}{3}(-y)^{\frac{3}{2}}$, 有

$$U_{\xi\eta} = \frac{U_\xi - U_\eta}{6(\xi - \eta)}.$$

2° 当 $y > 0$ 时, 一个特征方程是

$$\frac{\mathrm{d}y}{\mathrm{d}x} = \frac{0 + \mathrm{i}\sqrt{y}}{y} = \frac{\mathrm{i}}{\sqrt{y}}.$$

复通解是

$$x + \mathrm{i}\cdot\frac{2}{3}y^{\frac{3}{2}} = C.$$

作变换

$$\begin{cases} \xi = x, \\ \eta = \dfrac{2}{3}y^{\frac{3}{2}}. \end{cases}$$

方程化为

$$U_{\xi\xi} + U_{\eta\eta} = -\frac{U_\eta}{3\eta}.$$

□

习题 5.2.1 判断下列方程的类型, 并将它们化成标准形.

(1) $u_{xx} + xyu_{yy} = 0$;

(2) $y^2u_{xx} - \mathrm{e}^{2x}u_{yy} + u_x = 0$.

§5.3 习题解答

习题 5.1.1 将下列方程化成标准形.

(1) $u_{xx} - 2\cos x\cdot u_{xy} - (3 + \sin^2 x)u_{yy} - yu_y = 0$;

(2) $x^2u_{xx} + 2xyu_{xy} + y^2u_{yy} = 0$;

(3) $u_{xx} + 2u_{xy} + 3u_{yy} + 5u_x + 2u_y + u = 0$.

解 (1) $\delta = (-\cos x)^2 + 3 + \sin^2 x = 4 > 0$. 它的特征方程是

$$\left(\frac{\mathrm{d}y}{\mathrm{d}x}\right)^2 + 2\cos x\,\frac{\mathrm{d}y}{\mathrm{d}x} - (3 + \sin^2 x) = 0,$$

分解因式, 得

$$\left(\frac{\mathrm{d}y}{\mathrm{d}x}+\cos x+2\right)\left(\frac{\mathrm{d}y}{\mathrm{d}x}+\cos x-2\right)=0.$$

所以

$$\frac{\mathrm{d}y}{\mathrm{d}x}=-\cos x-2 \quad 或 \quad \frac{\mathrm{d}y}{\mathrm{d}x}=-\cos x+2.$$

对应的通解分别为 $y=-\sin x-2x+C$ 和 $y=-\sin x+2x+C$.

作变换

$$\begin{cases}\xi=y+\sin x+2x,\\ \eta=y+\sin x-2x,\end{cases}$$

即

$$\begin{cases}x=\dfrac{\xi-\eta}{4},\\[2mm] y=\dfrac{\xi+\eta}{2}-\sin\dfrac{\xi-\eta}{4}.\end{cases}$$

令 $U(\xi,\eta)=u\left(\dfrac{\xi-\eta}{4},\dfrac{\xi+\eta}{2}-\sin\dfrac{\xi-\eta}{4}\right)$, 则 $u(x,y)=U(y+\sin x+2x,y+\sin x-2x)$. 直接求导, 得

$$\begin{aligned}
u_x&=(\cos x+2)U_\xi+(\cos x-2)U_\eta, \qquad u_y=U_\xi+U_\eta,\\
u_{xx}&=(\cos^2 x+4\cos x+4)U_{\xi\xi}+(2\cos^2 x-8)U_{\xi\eta}+\\
&\quad(\cos^2 x-4\cos x+4)U_{\eta\eta}-\sin xU_\xi-\sin xU_\eta,\\
u_{xy}&=(2+\cos x)U_{\xi\xi}+2\cos xU_{\xi\eta}+(\cos x-2)U_{\eta\eta},\\
u_{yy}&=U_{\xi\xi}+2U_{\xi\eta}+U_{\eta\eta}.
\end{aligned}$$

代入原方程并化简, 有

$$16U_{\xi\eta}+\frac{\xi+\eta}{2}(U_\xi+U_\eta)=0,$$

即所求的标准形为

$$U_{\xi\eta}=-\frac{\xi+\eta}{32}(U_\xi+U_\eta).$$

(2) 当 $x=0$ 且 $y=0$ 时, 原方程变为恒等式. 当 $x=0$ 且 $y\neq 0$ 时, 原方程的标准形为 $u_{yy}=0$. 当 $x\neq 0$ 时, $\delta=(xy)^2-x^2y^2=0$. 原方程的特征方程是

$$x^2\mathrm{d}y^2-2xy\mathrm{d}y\mathrm{d}x+y^2\mathrm{d}x^2=0,$$

分解因式, 得

$$(x\mathrm{d}y-y\mathrm{d}x)^2=0.$$

所以

$$x\mathrm{d}y - y\mathrm{d}x = 0.$$

对应的通解为 $y = Cx$.

作变换

$$\begin{cases} \xi = \dfrac{y}{x}, \\ \eta = x, \end{cases}$$

即

$$\begin{cases} x = \eta, \\ y = \xi\eta. \end{cases}$$

令 $U(\xi,\eta) = u(\eta, \xi\eta)$, 则 $u(x,y) = U\left(\dfrac{y}{x}, x\right)$. 直接求导, 得

$$\begin{aligned} u_x &= -\frac{y}{x^2}U_\xi + U_\eta, \qquad u_y = \frac{1}{x}U_\xi, \\ u_{xx} &= \frac{y^2}{x^4}U_{\xi\xi} - \frac{2y}{x^2}U_{\xi\eta} + U_{\eta\eta} + \frac{2y}{x^3}U_\xi, \\ u_{xy} &= -\frac{y}{x^3}U_{\xi\xi} + \frac{1}{x}U_{\xi\eta} - \frac{1}{x^2}U_\xi, \\ u_{yy} &= \frac{1}{x^2}U_{\xi\xi}. \end{aligned}$$

代入原方程并化简, 得

$$x^2 U_{\eta\eta} = 0,$$

由 $x \neq 0$, 我们知道所求的标准形为

$$U_{\eta\eta} = 0.$$

(3) $\delta = 1 - 3 = -2 < 0$. 它的特征方程是

$$\left(\frac{\mathrm{d}y}{\mathrm{d}x}\right)^2 - 2\frac{\mathrm{d}y}{\mathrm{d}x} + 3 = 0,$$

我们考虑该特征方程中的一个方程

$$\frac{\mathrm{d}y}{\mathrm{d}x} = 1 + \mathrm{i}\sqrt{2}.$$

对应的复通解为 $y = x + \mathrm{i}\sqrt{2}x + C$.

作变换

$$\begin{cases} \xi = y - x, \\ \eta = -\sqrt{2}x, \end{cases}$$

即

$$\begin{cases} x = -\dfrac{\sqrt{2}}{2}\eta, \\ y = \xi - \dfrac{\sqrt{2}}{2}\eta. \end{cases}$$

令 $U(\xi,\eta) = u\left(-\dfrac{\sqrt{2}}{2}\eta, \xi - \dfrac{\sqrt{2}}{2}\eta\right)$, 则 $u(x,y) = U(y-x, -\sqrt{2}x)$. 直接求导, 得

$$\begin{aligned} u_x &= -U_\xi - \sqrt{2}U_\eta, \qquad u_y = U_\xi, \\ u_{xx} &= U_{\xi\xi} + 2\sqrt{2}U_{\xi\eta} + 2U_{\eta\eta}, \\ u_{xy} &= -U_{\xi\xi} - \sqrt{2}U_{\xi\eta}, \\ u_{yy} &= U_{\xi\xi}. \end{aligned}$$

代入原方程并化简, 有

$$2U_{\xi\xi} + 2U_{\eta\eta} - 3U_\xi - 5\sqrt{2}U_\eta + U = 0,$$

即所求的标准形为

$$U_{\xi\xi} + U_{\eta\eta} = \frac{3}{2}U_\xi + \frac{5\sqrt{2}}{2}U_\eta - \frac{1}{2}U.$$ □

习题 5.1.2 *求方程*

$$3u_{xx} + 10u_{xy} + 3u_{yy} = 0$$

的通解.

解　$\delta = 5^2 - 9 = 16 > 0$. 它的特征方程是

$$3\left(\frac{\mathrm{d}y}{\mathrm{d}x}\right)^2 - 10\frac{\mathrm{d}y}{\mathrm{d}x} + 3 = 0,$$

分解因式, 得

$$\left(3\frac{\mathrm{d}y}{\mathrm{d}x} - 1\right)\left(\frac{\mathrm{d}y}{\mathrm{d}x} - 3\right) = 0.$$

所以

$$\frac{\mathrm{d}y}{\mathrm{d}x} = \frac{1}{3} \quad 或 \quad \frac{\mathrm{d}y}{\mathrm{d}x} = 3.$$

对应的通解分别为 $y = \dfrac{1}{3}x + C$ 和 $y = 3x + C$.

作变换

$$\begin{cases} \xi = y - \dfrac{1}{3}x, \\ \eta = y - 3x, \end{cases}$$

即

$$\begin{cases} x = \dfrac{3}{8}(\xi - \eta), \\ y = \dfrac{1}{8}(9\xi - \eta). \end{cases}$$

令 $U(\xi,\eta) = u\left(\dfrac{3}{8}(\xi-\eta), \dfrac{1}{8}(9\xi-\eta)\right)$, 则 $u(x,y) = U\left(y - \dfrac{1}{3}x, y-3x\right)$. 直接求导, 得

$$\begin{aligned} u_x &= -\frac{1}{3}U_\xi - 3U_\eta, \qquad u_y = U_\xi + U_\eta, \\ u_{xx} &= \frac{1}{9}U_{\xi\xi} + 2U_{\xi\eta} + 9U_{\eta\eta}, \\ u_{xy} &= -\frac{1}{3}U_{\xi\xi} - \frac{10}{3}U_{\xi\eta} - 3U_{\eta\eta}, \\ u_{yy} &= U_{\xi\xi} + 2U_{\xi\eta} + U_{\eta\eta}. \end{aligned}$$

代入原方程并化简, 得

$$U_{\xi\eta} = 0.$$

将上面的方程变形为

$$(U_\eta)_\xi = 0.$$

两边关于 ξ 积分, 得

$$U_\eta = f(\eta),$$

其中 f 是任意函数. 两边关于 η 积分, 得

$$U = \int f(\eta)\mathrm{d}\eta + g(\xi) = h(\eta) + g(\xi),$$

其中 h, g 是任意的 C^2 函数. 所以

$$u = h(y-3x) + g\left(y - \frac{1}{3}x\right). \qquad \square$$

习题 5.2.1 判断下列方程的类型, 并将它们化成标准形.

(1) $u_{xx} + xyu_{yy} = 0$;

(2) $y^2u_{xx} - \mathrm{e}^{2x}u_{yy} + u_x = 0$.

解 (1) 方程的系数 $a = 1, b = 0, c = xy$, 从而

$$\delta(x,y) = 0^2 - 1\cdot xy = -xy.$$

方程当 $xy < 0$ 时是双曲型的, 当 $xy = 0$ 时是抛物型的, 当 $xy > 0$ 时是椭圆型的. 下面分四个情形化简方程 (在 $xy = 0$ 上不能化简).

1° 当 $x>0,\ y<0$ 时, 特征方程是

$$\frac{\mathrm{d}y}{\mathrm{d}x}=\pm\sqrt{x}\cdot\sqrt{-y},$$

通解为

$$\frac{2}{3}\sqrt{x^3}\pm 2\sqrt{-y}=C.$$

作变换

$$\begin{cases}\xi=\dfrac{2}{3}x^{\frac{3}{2}}+2(-y)^{\frac{1}{2}},\\ \eta=\dfrac{2}{3}x^{\frac{3}{2}}-2(-y)^{\frac{1}{2}}.\end{cases}$$

令 $U(\xi,\eta)=u(x,y)$, 则

$$\begin{aligned}u_x&=x^{\frac{1}{2}}(U_\xi+U_\eta),\\ u_y&=-(-y)^{-\frac{1}{2}}(U_\xi-U_\eta),\\ u_{xx}&=x\left(U_{\xi\xi}+2U_{\xi\eta}+U_{\eta\eta}\right)+\frac{1}{2}x^{-\frac{1}{2}}(U_\xi+U_\eta),\\ u_{yy}&=-\frac{1}{y}(U_{\xi\xi}-2U_{\xi\eta}+U_{\eta\eta})-\frac{1}{2}(-y)^{-\frac{3}{2}}(U_\xi-U_\eta).\end{aligned}$$

代入原方程, 化为

$$4xU_{\xi\eta}+\frac{1}{2}\left(x^{-\frac{1}{2}}+x(-y)^{-\frac{1}{2}}\right)U_\xi+\frac{1}{2}\left(x^{-\frac{1}{2}}-x(-y)^{-\frac{1}{2}}\right)U_\eta=0.$$

注意到 $x^{\frac{3}{2}}=\dfrac{3}{4}(\xi+\eta),\ (-y)^{\frac{1}{2}}=\dfrac{1}{4}(\xi-\eta)$, 有

$$U_{\xi\eta}=-\frac{U_\xi+U_\eta}{6(\xi+\eta)}-\frac{U_\xi-U_\eta}{2(\xi-\eta)}.$$

2° 当 $x<0,\ y>0$ 时, 特征方程是

$$\frac{\mathrm{d}y}{\mathrm{d}x}=\pm\sqrt{-x}\cdot\sqrt{y},$$

通解为

$$\frac{2}{3}\sqrt{(-x)^3}\pm 2\sqrt{y}=C.$$

作变换

$$\begin{cases}\xi=\dfrac{2}{3}(-x)^{\frac{3}{2}}+2y^{\frac{1}{2}},\\ \eta=\dfrac{2}{3}(-x)^{\frac{3}{2}}-2y^{\frac{1}{2}}.\end{cases}$$

令 $U(\xi,\eta)=u(x,y)$, 则

$$\begin{aligned}u_{xx}&=-x\left(U_{\xi\xi}+2U_{\xi\eta}+U_{\eta\eta}\right)+\frac{1}{2}(-x)^{-\frac{1}{2}}(U_\xi+U_\eta),\\ u_{yy}&=\frac{1}{y}(U_{\xi\xi}-2U_{\xi\eta}+U_{\eta\eta})-\frac{1}{2}y^{-\frac{3}{2}}(U_\xi-U_\eta).\end{aligned}$$

代入原方程, 化为

$$-4xU_{\xi\eta}+\frac{1}{2}(-x)^{-\frac{1}{2}}(U_\xi+U_\eta)-\frac{x}{2}y^{-\frac{1}{2}}(U_\xi-U_\eta)=0.$$

注意到 $(-x)^{\frac{3}{2}}=\frac{3}{4}(\xi+\eta)$, $y^{\frac{1}{2}}=\frac{1}{4}(\xi-\eta)$, 有

$$U_{\xi\eta}=-\frac{U_\xi+U_\eta}{6(\xi+\eta)}-\frac{U_\xi-U_\eta}{2(\xi-\eta)}.$$

3° 当 $x>0$, $y>0$ 时, 一个特征方程是

$$\frac{\mathrm{d}y}{\mathrm{d}x}=\mathrm{i}\sqrt{xy},$$

复通解为

$$\mathrm{i}\frac{2}{3}x^{\frac{3}{2}}-2y^{\frac{1}{2}}=C.$$

作变换

$$\begin{cases}\xi=\dfrac{2}{3}x^{\frac{3}{2}},\\ \eta=2y^{\frac{1}{2}}.\end{cases}$$

方程化为

$$U_{\xi\xi}+U_{\eta\eta}=-\frac{U_\xi}{3\xi}+\frac{U_\eta}{\eta}.$$

4° 当 $x<0$, $y<0$ 时, 一个特征方程是

$$\frac{\mathrm{d}y}{\mathrm{d}x}=\mathrm{i}\sqrt{xy},$$

复通解为

$$\mathrm{i}\frac{2}{3}(-x)^{\frac{3}{2}}-2(-y)^{\frac{1}{2}}=C.$$

作变换

$$\begin{cases}\xi=\dfrac{2}{3}(-x)^{\frac{3}{2}},\\ \eta=2(-y)^{\frac{1}{2}}.\end{cases}$$

方程化为

$$U_{\xi\xi}+U_{\eta\eta}=-\frac{U_\xi}{3\xi}+\frac{U_\eta}{\eta}.$$

(2) 方程的系数 $a=y^2, b=0, c=-\mathrm{e}^{2x}$, 从而

$$\delta(x,y)=0^2-y^2\cdot(-\mathrm{e}^{2x})=y^2\mathrm{e}^{2x}.$$

方程当 $y\neq0$ 时是双曲型的, 当 $y=0$ 时是抛物型的. 下面就 $y\neq0$ 情形分别化简方程 (在 $y=0$ 时已是标准形).

当 $y \neq 0$ 时, 特征方程是

$$\frac{\mathrm{d}y}{\mathrm{d}x} = \mp\frac{\mathrm{e}^x}{y},$$

通解为

$$\frac{1}{2}y^2 \pm \mathrm{e}^x = C.$$

作变换

$$\begin{cases} \xi = \dfrac{1}{2}y^2 + \mathrm{e}^x, \\ \eta = \dfrac{1}{2}y^2 - \mathrm{e}^x. \end{cases}$$

令 $U(\xi,\eta) = u(x,y)$, 则

$$\begin{aligned} u_x &= \mathrm{e}^x(U_\xi - U_\eta), \\ u_y &= y(U_\xi + U_\eta) \\ u_{xx} &= \mathrm{e}^{2x}(U_{\xi\xi} - 2U_{\xi\eta} + U_{\eta\eta}) + \mathrm{e}^x(U_\xi - U_\eta), \\ u_{yy} &= y^2(U_{\xi\xi} + 2U_{\xi\eta} + U_{\eta\eta}) + (U_\xi + U_\eta). \end{aligned}$$

代入原方程, 化为

$$U_{\xi\eta} = \frac{U_\xi - U_\eta}{2(\xi - \eta)} + \frac{U_\xi - U_\eta}{2(\xi^2 - \eta^2)} - \frac{U_\xi + U_\eta}{4(\xi + \eta)}.$$ □

§5.4 拓展习题与阅读

习题 5.4.1 设 $u(x,y)$ 是二阶拟线性方程

$$a(u_x,u_y)u_{xx} + 2b(u_x,u_y)u_{xy} + c(u_x,u_y)u_{yy} = 0$$

的解. 引入 Legendre 变换

$$\xi = u_x(x,y), \quad \eta = u_y(x,y),$$

$$\varphi = xu_x(x,y) + yu_y(x,y) - u(x,y).$$

证明: φ 作为 (ξ,η) 的函数有

(1) $x = \varphi_\xi, \quad y = \varphi_\eta$;

(2) $a(\xi,\eta)\varphi_{\eta\eta} - 2b(\xi,\eta)\varphi_{\xi\eta} + c(\xi,\eta)\varphi_{\xi\xi} = 0$.

习题 5.4.2 求出所有这样的 α, 对它存在着线性变换 $(x,y) \mapsto (t,r)$, 使得方程 $u_{xx} + 4u_{xy} - \alpha u_{yy} = 0$ 分别变为弦振动方程 $u_{tt} = u_{rr}$ 和热传导方程 $u_t = u_{rr}$.

§5.5 附注及参考文献

在第五章中, 我们给出了两个自变量的二阶线性方程的化简与分类, 没有涉及 n 个自变量的情形及其特征理论. 有兴趣的读者可按照标注分别参考下列文献:

[1] (n 元方程) 保继光, 朱汝金. 偏微分方程 (第二章). 北京: 北京师范大学出版社, 2011.

[2] (n 元方程) 郇中丹, 黄海洋. 偏微分方程. 2 版 (第二章). 北京: 高等教育出版社, 2013.

[3] (n 元方程和特征理论) 姜礼尚, 陈亚浙, 刘西垣, 易法槐. 数学物理方程讲义. 3 版 (第五章). 北京: 高等教育出版社, 2007.

[4] (n 元方程和特征理论) 谷超豪, 李大潜, 陈恕行, 郑宋穆, 谭永基. 数学物理方程. 3 版 (第二章). 北京: 高等教育出版社, 2012.

第六章

一阶方程

不同于第二、三、四章分别讨论三类有代表性的二阶线性方程定解问题的适定性, 本章考虑一阶非线性方程 Cauchy 问题解的存在性和求解方法.

§6.1 解的存在性

本节证明一阶方程 Cauchy 问题幂级数解的存在唯一性. 为了简单起见, 我们仅考虑一维空间变量的情形

$$\begin{cases} u_t = f(x,t,u,u_x), \\ u(x,0) = 0, \end{cases} \tag{6.1.1}$$

其中 $f(x,t,z,p)$ 是定义在 $\mathbf{R}^4$ 中的已知函数. 主要结果是

定理 6.1.1 (Cauchy–Kovalevskaya 定理) *若 $f(x,t,z,p)$ 在 $(0,0,0,0) \in \mathbf{R}^4$ 点附近有幂级数展开, 则问题 (6.1.1) 在 $(0,0) \in \mathbf{R}^2$ 点附近有唯一的幂级数解.*

注 1: Cauchy–Kovalevskaya 定理是一阶偏微分方程 Cauchy 问题幂级数解的局部存在性和唯一性的主要定理. 当 $f = f(t,u)$ 时, Cauchy–Kovalevskaya 定理就是常微分方程中的 Cauchy 定理, 即关于

$$\begin{cases} u'(t) = f(t,u), \\ u(0) = 0 \end{cases}$$

的幂级数解的存在唯一性定理.

注 2: Wolf 奖得主 Lewy (1904—1988, 美国) 在 1957 年给出的反例表明: 在 Cauchy–Kovalevskaya 定理中, 不能将 f 的解析性减弱为 $f \in C^\infty$.

注 3: 定理 6.1.1 的论述是 Cauchy–Kovalevskaya (图 6.1, 图 6.2) 定理的最简单情形. 该定理可推广到更一般的情形, 如多元空间变量、非零初始条件、隐方程、一阶方程组、高阶方程、初值不在超平面 $t=0$ 上给定等问题.

证明 (Cauchy–Kovalevskaya 定理的证明) 设

$$f(x,t,z,p) = \sum_{\boldsymbol{\alpha} \in \mathbf{N}^4} a_{\boldsymbol{\alpha}} (x,t,z,p)^{\boldsymbol{\alpha}}, \tag{6.1.2}$$

其中 $|x|, |t|, |z|, |p| \leqslant R$, $\boldsymbol{\alpha} = (\alpha_1, \alpha_2, \alpha_3, \alpha_4) \in \mathbf{N}^4$, $(x,t,z,p)^{\boldsymbol{\alpha}} = x^{\alpha_1} t^{\alpha_2} z^{\alpha_3} p^{\alpha_4}$. 下面想证明问题 (6.1.1) 有唯一解

$$u(x,t) = \sum_{i,\ j=0}^{\infty} C_{ij} x^i t^j. \tag{6.1.3}$$

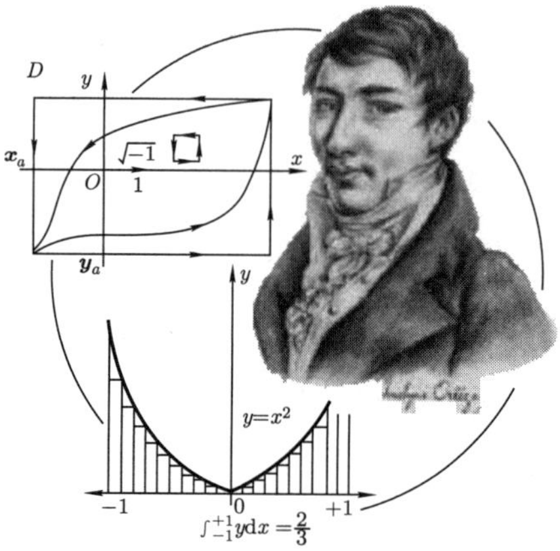

图 6.1 首日封上的 Cauchy

图 6.2 Google 涂鸦上的 Kovalevskaya

第一步: 形式地求出 C_{ij}, 构造出幂级数 (6.1.3), 从而解的唯一性得证 (方法: 幂级数的系数公式).

首先, 由 u 在 $(0,0)\in\mathbf{R}^2$ 点附近的幂级数的系数公式 (见附录: 二元函数的 Taylor 公式), 知

$$C_{ij}=\frac{1}{i!j!}\frac{\partial^{i+j}u}{\partial x^i\partial t^j}(0,0).$$

为得到 $\dfrac{\partial^{i+j}u}{\partial x^i\partial t^j}$ 的表达式, 直接计算, 得

$$\frac{\partial u}{\partial t}=f,\qquad \frac{\partial^2 u}{\partial x\partial t}=f_x+f_z\frac{\partial u}{\partial x}+f_p\frac{\partial^2 u}{\partial x^2},$$

$$\begin{aligned}\frac{\partial^3 u}{\partial x^2\partial t}=&f_{xx}+f_{xz}\frac{\partial u}{\partial x}+f_{xp}\frac{\partial^2 u}{\partial x^2}+\Big(f_{zx}+f_{zz}\frac{\partial u}{\partial x}+f_{zp}\frac{\partial^2 u}{\partial x^2}\Big)\frac{\partial u}{\partial x}+f_z\frac{\partial^2 u}{\partial x^2}+\\&\Big(f_{px}+f_{px}\frac{\partial u}{\partial x}+f_{pp}\frac{\partial^2 u}{\partial x^2}\Big)\frac{\partial^2 u}{\partial x^2}+f_p\frac{\partial^3 u}{\partial x^3},\end{aligned}$$

$$\begin{aligned}\frac{\partial^3 u}{\partial x\partial t^2}=&f_{xt}+f_{xz}\frac{\partial u}{\partial t}+f_{xp}\frac{\partial^2 u}{\partial x\partial t}+\Big(f_{zt}+f_{zz}\frac{\partial u}{\partial t}+f_{zp}\frac{\partial^2 u}{\partial x\partial t}\Big)\frac{\partial u}{\partial x}+f_z\frac{\partial^2 u}{\partial x\partial t}+\\&\Big(f_{pt}+f_{pz}\frac{\partial u}{\partial t}+f_{pp}\frac{\partial^2 u}{\partial x\partial t}\Big)\frac{\partial^2 u}{\partial x^2}+f_p\frac{\partial^3 u}{\partial x^2\partial t}.\end{aligned}$$

将前面三个式子代入上式, 整理得

$$\begin{aligned}\frac{\partial^3 u}{\partial x\partial t^2}=&f_{xt}+f_{xz}f+f_{xp}\Big(f_x+f_z\frac{\partial u}{\partial x}+f_p\frac{\partial^2 u}{\partial x^2}\Big)+\\&\Big(f_{zt}+f_{zz}f+f_{zp}\Big(f_x+f_z\frac{\partial u}{\partial x}+f_p\frac{\partial^2 u}{\partial x^2}\Big)\Big)\frac{\partial u}{\partial x}+f_z\Big(f_x+f_z\frac{\partial u}{\partial x}+f_p\frac{\partial^2 u}{\partial x^2}\Big)+\\&\Big(f_{pt}+f_{pz}f+f_{pp}\Big(f_x+f_z\frac{\partial u}{\partial x}+f_p\frac{\partial^2 u}{\partial x^2}\Big)\Big)\frac{\partial^2 u}{\partial x^2}+f_p\frac{\partial^3 u}{\partial x^2\partial t}.\end{aligned}$$

由此可发现, $\dfrac{\partial^3 u}{\partial x\partial t^2}$ 只与 f 及其一、二阶偏导数和 u 及其关于 x 的一、二、三阶偏导数有关. 用归纳法可以证明

$$\frac{\partial^{i+j}u}{\partial x^i\partial t^j}=P_{ij}\left(\frac{\partial^{|\boldsymbol{\alpha}|}f}{\partial(x,t,z,p)^{\boldsymbol{\alpha}}},\ \frac{\partial^k u}{\partial x^k}\Big||\boldsymbol{\alpha}|<i+j,\ k\leqslant i+j\right),\tag{6.1.4}$$

其中 P_{ij} 是一个多元多项式, 且系数是非负的.

其次, 由 (6.1.2) 式的系数公式, 知

$$a_{\boldsymbol{\alpha}}=\frac{1}{\boldsymbol{\alpha}!}\frac{\partial^{|\boldsymbol{\alpha}|}f}{\partial(x,t,z,p)^{\boldsymbol{\alpha}}}(0,0,0,0).$$

注意到 $\dfrac{\partial^k u(x,0)}{\partial x^k}=0$, 有

$$\begin{aligned}C_{ij}&=\frac{1}{i!j!}P_{ij}\left(\frac{\partial^{|\alpha|}f}{\partial(x,t,z,p)^{\alpha}}(0,0,0,0),\quad \frac{\partial^k u}{\partial x^k}(0,0)\Big||\boldsymbol{\alpha}|<i+j,k\leqslant i+j\right)\\&=\frac{1}{i!j!}P_{ij}\Big(\boldsymbol{\alpha}!\ a_{\boldsymbol{\alpha}},\quad 0\Big||\boldsymbol{\alpha}|<i+j\Big)\\&=Q_{ij}\Big(a_{\boldsymbol{\alpha}}\Big||\boldsymbol{\alpha}|<i+j\Big),\end{aligned}\tag{6.1.5}$$

其中 Q_{ij} 是一个多元多项式, 且系数为非负的.

第二步: 证明幂级数 (6.1.3) 在 $(0,0)$ 点附近的收敛性, 从而解的存在性得证 (方法: 优级数法).

欲找一个幂级数

$$\hat{u}(x,t)=\sum_{i,j=0}^{\infty}\hat{C}_{ij}x^i t^j,\tag{6.1.6}$$

使得 $|C_{ij}|\leqslant\hat{C}_{ij}$, 且级数 (6.1.6) 收敛. 在 (6.1.2) 式中取 $x=t=z=p=R$, 则

$$\sum_{\boldsymbol{\alpha}\in\mathbf{N}^4}a_{\boldsymbol{\alpha}}(R,R,R,R)^{\boldsymbol{\alpha}}=\sum_{\boldsymbol{\alpha}\in\mathbf{N}^4}a_{\boldsymbol{\alpha}}R^{|\boldsymbol{\alpha}|}$$

收敛, 从而存在 $M>0$, 使得对于任意的 $\boldsymbol{\alpha}\in\mathbf{N}^4$, 有

$$\left|a_{\boldsymbol{\alpha}}R^{|\boldsymbol{\alpha}|}\right|\leqslant M.$$

于是, 对于任意的 $\varepsilon\in(0,1)$,

$$|a_{\boldsymbol{\alpha}}|\leqslant MR^{-|\boldsymbol{\alpha}|}\leqslant MR^{-|\boldsymbol{\alpha}|}\varepsilon^{-\boldsymbol{\alpha}_2}\frac{|\boldsymbol{\alpha}|!}{\boldsymbol{\alpha}!}=:\hat{a}_{\boldsymbol{\alpha}}.$$

由于 Q_{ij} 是一个非负系数的多元多项式函数, 所以

$$\hat{C}_{ij}:=Q_{ij}(\hat{a}_{\boldsymbol{\alpha}})\geqslant Q_{ij}\Big(|a_{\boldsymbol{\alpha}}|\Big)\geqslant\Big|Q_{ij}(a_{\boldsymbol{\alpha}})\Big|=|C_{ij}|,\tag{6.1.7}$$

因此级数 (6.1.6) 是级数 (6.1.3) 的优级数.

下面只需证: 优级数 (6.1.6) 在 $(0,0)$ 点附近收敛. 为此, 我们构造一个适当的 $\hat{f}$, 使得

$$\begin{cases} \hat{u}_t = \hat{f}(x,t,\hat{u},\hat{u}_x), \\ \hat{u}(x,0) = 0 \end{cases} \tag{6.1.8}$$

有解. 取

$$\begin{aligned} \hat{f}(x,t,z,p) :&= \sum_{\boldsymbol{\alpha}\in\mathbf{N}^4} \hat{a}_{\boldsymbol{\alpha}}(x,t,z,p)^{\boldsymbol{\alpha}} \\ &= M\sum_{k=0}^{\infty}\sum_{|\boldsymbol{\alpha}|=k}\frac{k!}{\boldsymbol{\alpha}!}\left(\frac{\left(x,\frac{t}{\varepsilon},z,p\right)}{R}\right)^{\boldsymbol{\alpha}}. \end{aligned}$$

根据附录中的多项式定理和例 6.3.1, 有

$$\hat{f}(x,t,z,p) = M\sum_{k=0}^{\infty}\left(\frac{x+\frac{t}{\varepsilon}+z+p}{R}\right)^k = M\left(1-\frac{x+\frac{t}{\varepsilon}+z+p}{R}\right)^{-1},$$

其中 $\left|x+\dfrac{t}{\varepsilon}+z+p\right| < R$. 考虑问题 (6.1.8) 的形如

$$\hat{u}(x,t) = v(s) = v(t+\varepsilon x)$$

的解. 经计算

$$\hat{u}_t = \frac{\mathrm{d}v}{\mathrm{d}s}, \qquad \hat{u}_x = \varepsilon\,\frac{\mathrm{d}v}{\mathrm{d}s},$$

代入到问题 (6.1.8), 得到

$$\frac{\mathrm{d}v}{\mathrm{d}s} = M\Big(1-\frac{1}{R}\Big(\frac{s}{\varepsilon}+v+\varepsilon\,\frac{\mathrm{d}v}{\mathrm{d}s}\Big)\Big)^{-1},$$

化简, 得

$$\varepsilon\Big(\frac{\mathrm{d}v}{\mathrm{d}s}\Big)^2 - \Big(R-\frac{s}{\varepsilon}-v\Big)\frac{\mathrm{d}v}{\mathrm{d}s} + MR = 0.$$

从而问题 (6.1.8) 化为

$$\begin{cases} \dfrac{\mathrm{d}v}{\mathrm{d}s} = \dfrac{1}{2\varepsilon}\Big(R-\dfrac{s}{\varepsilon}-v-\sqrt{\Big(R-\dfrac{s}{\varepsilon}-v\Big)^2-4\varepsilon MR}\Big) := g(s,v), \\ v(0) = 0, \end{cases}$$

其中

$$g(0,0) = \frac{R-\sqrt{R(R-4\varepsilon M)}}{2\varepsilon}.$$

当 $\varepsilon \in \Big(0, \min\Big\{1, \dfrac{R}{4M}\Big\}\Big)$ 时, $g(s,v)$ 在 $(s,v) = (0,0)$ 的邻域内可展成幂级数.

由常微分方程的 Cauchy 定理知, 问题 (6.1.8) 在 $s=0$ 的邻域内有唯一的幂级数解

$$v=v(s)=\sum_{k=0}^{\infty}b_k s^k.$$

所以, 利用二项式定理, 得

$$\hat{u}=\hat{u}(x,t)=\sum_{k=0}^{\infty}b_k(t+\varepsilon x)^k=\sum_{k=0}^{\infty}b_k\sum_{|\boldsymbol{\beta}|=k,\boldsymbol{\beta}\in\mathbf{N}^2}\frac{k!}{\boldsymbol{\beta}!}(\varepsilon x,t)^{\boldsymbol{\beta}}=:\sum_{i,j=0}^{\infty}\hat{C}_{ij}x^i t^j.$$

证毕. □

习题 6.1.1 利用幂级数求形式解的方法求解 Cauchy 问题

$$\begin{cases}u_t=u_x+(x-t)u-\mathrm{e}^{xt},\\ u(x,0)=x.\end{cases}$$

§6.2 特征方法

6.2.1 两个自变量的一阶拟线性方程

本节考虑两个自变量的一阶拟线性方程

$$a(x,y,u)u_x+b(x,y,u)u_y=c(x,y,u) \tag{6.2.1}$$

的求解问题, 其中 $a,b,c\in C^1$. 事实上, u 是方程 (6.2.1) 的解与下列三个事实等价

- $(u_x,u_y,-1)\cdot(a,b,c)=0$;
- 向量 $(u_x,u_y,-1)$ 与向量 (a,b,c) 垂直;
- 曲面 $\Sigma: z=u(x,y)$与向量 (a,b,c)相切.

据此, 引入

定义 6.2.1 常微分方程组

$$\begin{cases}\dfrac{\mathrm{d}x}{\mathrm{d}t}=a(x,y,z),\\[2mm] \dfrac{\mathrm{d}y}{\mathrm{d}t}=b(x,y,z),\\[2mm] \dfrac{\mathrm{d}z}{\mathrm{d}t}=c(x,y,z)\end{cases}$$

称为方程 (6.2.1) 的特征方程组, 它的解曲线称为方程 (6.2.1) 的特征曲线.

作为求解方法的理论基础, 首先给出

定理 6.2.1 设 $u \in C^1$, 则 u 是方程 (6.2.1) 的解当且仅当方程 (6.2.1) 的过 $\Sigma : z = u(x,y)$ 上任一点的特征曲线完全落在 Σ 上.

证明 (充分性) 任意给定 (x_0, y_0), 设

$$L:\quad x = x(t),\quad y = y(t),\quad z = z(t)$$

是过 Σ 上点 $\Big(x_0, y_0, u(x_0, y_0)\Big)$ 的特征线, 即

$$\begin{cases} \dfrac{\mathrm{d}x}{\mathrm{d}t} = a(x,y,z), & x(0) = x_0, \\ \dfrac{\mathrm{d}y}{\mathrm{d}t} = b(x,y,z), & y(0) = y_0, \\ \dfrac{\mathrm{d}z}{\mathrm{d}t} = c(x,y,z), & z(0) = u(x_0, y_0). \end{cases}$$

由 $L \subset \Sigma$, 有

$$\begin{aligned} z(t) = u\Big(x(t), y(t)\Big), &\qquad \frac{\mathrm{d}z}{\mathrm{d}t} = u_x \frac{\mathrm{d}x}{\mathrm{d}t} + u_y \frac{\mathrm{d}y}{\mathrm{d}t}, \\ c\Big(x(t), y(t), z(t)\Big) = a\Big(x(t), y(t), z(t)\Big)&u_x\Big(x(t), y(t)\Big) + \\ & b\Big(x(t), y(t), z(t)\Big)u_y\Big(x(t), y(t)\Big). \end{aligned}$$

令 $t = 0$, 得

$$c\Big(x_0, y_0, u(x_0, y_0)\Big) = a\Big(x_0, y_0, u(x_0, y_0)\Big)u_x(x_0, y_0) + b\Big(x_0, y_0, u(x_0, y_0)\Big)u_y(x_0, y_0),$$

即在 (x_0, y_0) 点, u 满足方程 (6.2.1). 由 (x_0, y_0) 的任意性, u 是方程 (6.2.1) 的解.

(必要性) 设 u 是方程 (6.2.1) 的解, 任取 $(x_0, y_0, z_0) \in \Sigma$. 若

$$L:\quad x = x(t),\quad y = y(t),\quad z = z(t)$$

是过 (x_0, y_0, z_0) 的特征线, 则

$$\begin{cases} \dfrac{\mathrm{d}x}{\mathrm{d}t} = a(x,y,z), & x(0) = x_0, \\ \dfrac{\mathrm{d}y}{\mathrm{d}t} = b(x,y,z), & y(0) = y_0, \\ \dfrac{\mathrm{d}z}{\mathrm{d}t} = c(x,y,z), & z(0) = z_0. \end{cases} \tag{6.2.2}$$

下面想证 $L \subset \Sigma$, 即 $z(t) = u\Big(x(t), y(t)\Big)$.

设 $X(t),Y(t)$ 是

$$\begin{cases}\dfrac{\mathrm{d}X}{\mathrm{d}t}=a\Big(X,Y,u(X,Y)\Big), & X(0)=x_0,\\ \dfrac{\mathrm{d}Y}{\mathrm{d}t}=b\Big(X,Y,u(X,Y)\Big), & Y(0)=y_0\end{cases}$$

的解, 又设 $Z(t)=u\Big(X(t),Y(t)\Big)$, 则

$$Z(0)=u\Big(X(0),Y(0)\Big)=u(x_0,y_0)=z_0,$$

$$\begin{aligned}\frac{\mathrm{d}Z}{\mathrm{d}t}&=u_x\frac{\mathrm{d}X}{\mathrm{d}t}+u_y\frac{\mathrm{d}Y}{\mathrm{d}t}\\ &=u_x\Big(X(t),Y(t)\Big)a\Big(X(t),Y(t),Z(t)\Big)+u_y\Big(X(t),Y(t)\Big)\ b\Big(X(t),Y(t),Z(t)\Big)\\ &=c\Big(X(t),Y(t),Z(t)\Big).\end{aligned}$$

所以, $X=X(t)$, $Y=Y(t)$, $Z=Z(t)$ 也是方程组 (6.2.2) 的解. 由常微分方程组初值问题解的唯一性, 知

$$x(t)=X(t),\quad y(t)=Y(t),\quad z(t)=Z(t),$$

从而 $z(t)=u\Big(x(t),y(t)\Big)$, $L\subset\Sigma$. 定理得证. □

下面考虑 Cauchy 问题

$$\begin{cases}a(x,y,u)u_x+b(x,y,u)u_y=c(x,y,u),\\ u\Big(X(s),Y(s)\Big)=Z(s), & s\in I,\end{cases}\tag{6.2.3}$$

其中 $a,b,c\in C^1$, $\varGamma: x=X(s),y=Y(s),z=Z(s)$ 是 $\mathbf{R}^3$ 中的一条曲线, 参数 $s\in I$, I 是一个区间.

所谓求解 Cauchy 问题 (6.2.3) 的特征方法 (图 6.3) 就是用特征曲线 "织" 成解曲面的方法. 具体步骤如下:

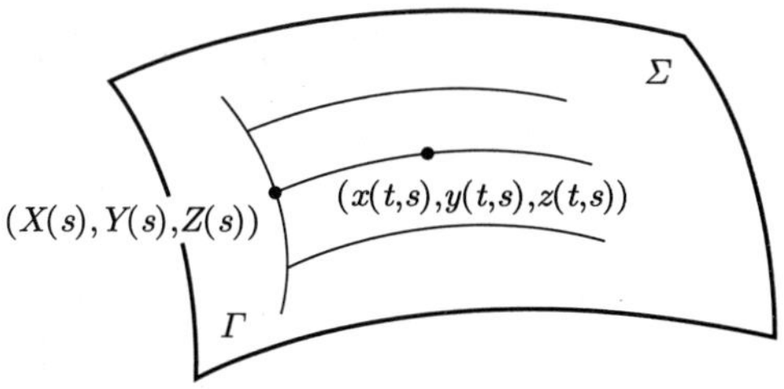

图 6.3 特征方法的示意图

命题 6.2.1 求解问题 (6.2.3) 的步骤:

1° 求解特征方程组的初值问题

$$\begin{cases}\dfrac{\mathrm{d}x}{\mathrm{d}t}=a(x,y,z), & x(0,s)=X(s),\\ \dfrac{\mathrm{d}y}{\mathrm{d}t}=b(x,y,z), & y(0,s)=Y(s),\\ \dfrac{\mathrm{d}z}{\mathrm{d}t}=c(x,y,z), & z(0,s)=Z(s),\end{cases}$$

得到解

$$\begin{cases} x = x(t,s), \\ y = y(t,s), \\ z = z(t,s). \end{cases}$$

对于每个 $s \in I$, 它都是过点 $\Big(X(s), Y(s), Z(s)\Big)$ 的一条特征曲线. 同时, 它也表示 $\mathbf{R}^3$ 中的一个曲面.

2° 为了将上述曲面表示为 (x,y) 的函数 u, 需要从

$$\begin{cases} x = x(t,s), \\ y = y(t,s) \end{cases}$$

中解出反函数

$$\begin{cases} t = t(x,y), \\ s = s(x,y), \end{cases}$$

这时要求 $\begin{vmatrix} x_t & x_s \\ y_t & y_s \end{vmatrix}$ 在 $t=0$ 时不为 0, 即

$$\begin{aligned} \Delta(s) &:= \Big(x_t y_s - x_s y_t\Big)\Big|_{t=0} \\ &= \Big(a(x,y,z)y_s - x_s b(x,y,z)\Big)\Big|_{t=0} \\ &= a\Big(X(s), Y(s), Z(s)\Big)Y'(s) - b\Big(X(s), Y(s), Z(s)\Big)X'(s) \\ &\neq 0. \end{aligned}$$

这样, 曲面被表成函数 $u(x,y) = z\Big(t(x,y), s(x,y)\Big)$.

3° 由定理 6.2.1 知, $u(x,y)$ 是问题 (6.2.3) 的一个局部解. 并且

$$Z(s) = z(0,s) = u\Big(x(0,s), y(0,s)\Big) = u\Big(X(s), Y(s)\Big).$$

例题 6.2.1 求解 Cauchy 问题

$$\begin{cases} uu_x + u_y = 1, \\ u(s,s) = 0. \end{cases}$$

解 比较问题 (6.2.3), 得

$$a = z, \quad b = 1, \quad c = 1; \quad X(s) = s, \quad Y(s) = s, \quad Z(s) = 0.$$

所以

$$\Delta(s) = Z(s)Y'(s) - 1 \cdot X'(s) = 0 \cdot 1 - 1 \cdot 1 = -1 \neq 0.$$

求解特征方程组的初值问题

$$\begin{cases} \dfrac{\mathrm{d}x}{\mathrm{d}t} = z, \quad x(0,s) = s, \\ \dfrac{\mathrm{d}y}{\mathrm{d}t} = 1, \quad y(0,s) = s, \\ \dfrac{\mathrm{d}z}{\mathrm{d}t} = 1, \quad z(0,s) = 0, \end{cases}$$

得到

$$x = s + \frac{t^2}{2}, \quad y = s + t, \quad z = t.$$

于是, 由前两个方程, 有

$$t^2 - 2t - 2(x-y) = 0,$$

从而

$$\begin{cases} t = 1 \pm \sqrt{1+2(x-y)}, \\ s = y - 1 \mp \sqrt{1+2(x-y)}. \end{cases}$$

所以

$$u = t(x,y) = 1 \pm \sqrt{1+2(x-y)}.$$

由初始条件 $u(s,s) = 0$, 舍去正号, 有 $u = 1 - \sqrt{1+2(x-y)}$, $x - y > -\dfrac{1}{2}$. □

例题 6.2.2 求解 Cauchy 问题

$$\begin{cases} uu_x + u_y = 1, \\ u\left(\dfrac{s^2}{2}, s\right) = s. \end{cases}$$

解 比较问题 (6.2.3), 得

$$a = z, \quad b = 1, \quad c = 1; \quad X(s) = \frac{s^2}{2}, \quad Y(s) = s, \quad Z(s) = s,$$

且 Jacobi 行列式

$$\Delta(s) = Z(s)Y'(s) - X'(s) = s - s = 0.$$

于是, 特征方程组的初值问题

$$\begin{cases} \dfrac{\mathrm{d}x}{\mathrm{d}t} = z, \ x(0,s) = \dfrac{s^2}{2}, \\ \dfrac{\mathrm{d}y}{\mathrm{d}t} = 1, \ y(0,s) = s, \\ \dfrac{\mathrm{d}z}{\mathrm{d}t} = 1, \ z(0,s) = s \end{cases}$$

的解是

$$x = \frac{1}{2}(s+t)^2, \quad y = s + t, \quad z = s + t.$$

虽然 $\Delta(s)=0$, 但是 z 还是能表成 x, y 的函数. 所以

$$u=y \quad \text{或} \quad u=\pm\sqrt{2x}, \quad x>0. \qquad \square$$

例题 6.2.3 求解 Cauchy 问题

$$\begin{cases} u_x+u_y=u, \\ u(s,s)=1. \end{cases}$$

解 比较问题 (6.2.3), 得

$$a=1, \quad b=1, \quad c=z; \quad X(s)=s, \quad Y(s)=s, \quad Z(s)=1.$$

且

$$\Delta(s)=1\cdot Y'(s)-X'(s)=1-1=0.$$

于是, 特征方程组的初值问题

$$\begin{cases} \dfrac{\mathrm{d}x}{\mathrm{d}t}=1,\ x(0,s)=s, \\ \dfrac{\mathrm{d}y}{\mathrm{d}t}=1,\ y(0,s)=s, \\ \dfrac{\mathrm{d}z}{\mathrm{d}t}=z,\ z(0,s)=1 \end{cases}$$

的解是

$$x=s+t, \quad y=s+t, \quad z=\mathrm{e}^t.$$

但它不能表示成 $z=u(x,y)$ 的形式. $\square$

实际上, 我们有如下的局部存在性定理.

定理 6.2.2 当 $\Delta(s)\neq 0$ 时, Cauchy 问题 (6.2.3) 在初始曲线 $\Gamma: x=X(s)$, $y=Y(s)$, $z=Z(s)$, $s\in I$ 的邻域内有 C^2 解.

习题 6.2.1 求解 Cauchy 问题

$$\begin{cases} u_x+u_y=u^2, \\ u(x,0)=h(x). \end{cases}$$

习题 6.2.2 求解 Cauchy 问题

$$\begin{cases} x^2u_x+y^2u_y=u^2, \\ u(x,2x)=1. \end{cases}$$

6.2.2 n 个自变量的一阶完全非线性方程

本节考虑一阶完全非线性方程

$$F\Big(\boldsymbol{x}, u, \mathrm{D}u\Big) = 0 \tag{6.2.4}$$

的求解问题, 其中 $F(\boldsymbol{x}, z, \boldsymbol{p}) \in C^2\Big(\mathbf{R}^n \times \mathbf{R} \times \mathbf{R}^n\Big)$. 现在, 没有拟线性方程那样清楚的几何直观, 但仍然可以给出类似的方法. 记

$$F_{\boldsymbol{p}} = \Big(F_{p_1}, F_{p_2}, \cdots, F_{p_n}\Big), \qquad F_{\boldsymbol{x}} = \Big(F_{x_1}, F_{x_2}, \cdots, F_{x_n}\Big).$$

定义 6.2.2 常微分方程组

$$\begin{cases} \dfrac{\mathrm{d}\boldsymbol{x}}{\mathrm{d}t} = F_{\boldsymbol{p}}(\boldsymbol{x}, z, \boldsymbol{p}), \\ \dfrac{\mathrm{d}z}{\mathrm{d}t} = \boldsymbol{p} \cdot F_{\boldsymbol{p}}(\boldsymbol{x}, z, \boldsymbol{p}), \\ \dfrac{\mathrm{d}\boldsymbol{p}}{\mathrm{d}t} = -F_{\boldsymbol{x}}(\boldsymbol{x}, z, \boldsymbol{p}) - F_z(\boldsymbol{x}, z, \boldsymbol{p})\boldsymbol{p} \end{cases}$$

为方程 (6.2.4) 的特征方程组, 它的解称为方程 (6.2.4) 的特征线.

$F \in C^2$ 保证了特征方程组解的存在唯一性.

该定义是拟线性情形的自然推广. 事实上, 在拟线性情形

$$F(\boldsymbol{x}, z, \boldsymbol{p}) = a(\boldsymbol{x}, z) \cdot \boldsymbol{p} - c(\boldsymbol{x}, z), \qquad F_{\boldsymbol{p}}(\boldsymbol{x}, z, \boldsymbol{p}) = a(\boldsymbol{x}, z), \qquad \frac{\mathrm{d}\boldsymbol{x}}{\mathrm{d}t} = a(\boldsymbol{x}, z).$$

当 $F = 0$ 时,

$$\boldsymbol{p} \cdot F_{\boldsymbol{p}}(\boldsymbol{x}, z, \boldsymbol{p}) = \boldsymbol{p} \cdot a(\boldsymbol{x}, z) = c(\boldsymbol{x}, z), \qquad \frac{\mathrm{d}z}{\mathrm{d}t} = c(\boldsymbol{x}, z).$$

当 u 是方程 (6.2.4) 的解时, 有

$$F\Big(\boldsymbol{x}, u(\boldsymbol{x}), \mathrm{D}u(\boldsymbol{x})\Big) = 0,$$

$$F_{x_i} + F_z \frac{\partial u}{\partial x_i} + \sum_{j=1}^{n} F_{p_j} \frac{\partial^2 u}{\partial x_i \partial x_j} = 0, \quad i = 1, 2, \cdots, n. \tag{6.2.5}$$

记 $\boldsymbol{p}(t) = \mathrm{D}u(\boldsymbol{x}(t))$, 则

$$\begin{aligned} \frac{\mathrm{d}p_i}{\mathrm{d}t} &= \frac{\mathrm{d}}{\mathrm{d}t}\left(\frac{\partial u}{\partial x_i}\big(\boldsymbol{x}(t)\big)\right) = \sum_{j=1}^{n} \frac{\partial^2 u}{\partial x_i \partial x_j}\big(\boldsymbol{x}(t)\big)\frac{\mathrm{d}x_j}{\mathrm{d}t} \\ &= \sum_{j=1}^{n} \frac{\partial^2 u}{\partial x_i \partial x_j}\big(\boldsymbol{x}(t)\big) \cdot F_{p_j}\big(\boldsymbol{x}, u, \mathrm{D}u\big) \\ &= -F_{x_i} - F_z p_i. \end{aligned}$$

下面给出特征线的两个性质.

引理 6.2.1 设 $\Big(\boldsymbol{x}(t), z(t), \boldsymbol{p}(t)\Big)$ 是方程 (6.2.4) 的一个特征线, 则

$$\frac{\mathrm{d}}{\mathrm{d}t}F\Big(\boldsymbol{x}(t), z(t), \boldsymbol{p}(t)\Big) = 0,$$

即在特征线上 F 恒为常数.

证明 由特征线的定义, 直接计算有

$$\begin{aligned}\frac{\mathrm{d}}{\mathrm{d}t}F\Big(\boldsymbol{x}(t), z(t), \boldsymbol{p}(t)\Big) &= F_{\boldsymbol{x}}\frac{\mathrm{d}\boldsymbol{x}}{\mathrm{d}t} + F_z\frac{\mathrm{d}z}{\mathrm{d}t} + F_{\boldsymbol{p}}\frac{\mathrm{d}\boldsymbol{p}}{\mathrm{d}t}\\ &= F_{\boldsymbol{x}}\cdot F_{\boldsymbol{p}} + F_z\cdot\boldsymbol{p}\cdot F_{\boldsymbol{p}} + F_{\boldsymbol{p}}\Big(-F_{\boldsymbol{x}} - F_z\cdot\boldsymbol{p}\Big) = 0.\end{aligned}$$ □

引理 6.2.2 设 $u\in C^2$ 是方程 (6.2.4) 的解, 则方程 (6.2.4) 的过 $(\hat{\boldsymbol{x}}, u(\hat{\boldsymbol{x}}), \mathrm{D}u(\hat{\boldsymbol{x}}))$ 的特征线 $\Big(\boldsymbol{x}(t), z(t), \boldsymbol{p}(t)\Big)$ 满足

$$z(t) = u(\boldsymbol{x}(t)), \quad \boldsymbol{p}(t) = \mathrm{D}u(\boldsymbol{x}(t)),$$

即特征线上的点保持着初始时刻的相互关系.

证明 由已知条件, $(\boldsymbol{x}, z, \boldsymbol{p})$ 满足

$$\begin{cases}\dfrac{\mathrm{d}\boldsymbol{x}}{\mathrm{d}t} = F_{\boldsymbol{p}}, & \boldsymbol{x}(0) = \hat{\boldsymbol{x}},\\ \dfrac{\mathrm{d}z}{\mathrm{d}t} = \boldsymbol{p}\cdot F_{\boldsymbol{p}}, & z(0) = u(\hat{\boldsymbol{x}}),\\ \dfrac{\mathrm{d}\boldsymbol{p}}{\mathrm{d}t} = -F_{\boldsymbol{x}} - F_z\cdot\boldsymbol{p}, & \boldsymbol{p}(0) = \mathrm{D}u(\hat{\boldsymbol{x}}).\end{cases}$$

设 $\boldsymbol{X} = \boldsymbol{X}(t)$ 是

$$\begin{cases}\dfrac{\mathrm{d}\boldsymbol{X}}{\mathrm{d}t} = F_{\boldsymbol{p}}\Big(\boldsymbol{X}(t), u\Big(\boldsymbol{X}(t)\Big), \mathrm{D}u\Big(\boldsymbol{X}(t)\Big)\Big),\\ \boldsymbol{X}(0) = \hat{\boldsymbol{x}}\end{cases}$$

的解, $Z(t) = u\big(\boldsymbol{X}(t)\big)$, $\boldsymbol{P}(t) = \mathrm{D}u\big(\boldsymbol{X}(t)\big)$. 直接计算, 并应用恒等式 (6.2.5) 有

$$\begin{cases}\dfrac{\mathrm{d}\boldsymbol{X}}{\mathrm{d}t} = F_{\boldsymbol{p}}\Big(\boldsymbol{X}, Z, \boldsymbol{P}\Big),\\ \dfrac{\mathrm{d}Z}{\mathrm{d}t} = \mathrm{D}u\Big(\boldsymbol{X}(t)\Big)\dfrac{\mathrm{d}\boldsymbol{X}}{\mathrm{d}t} = \boldsymbol{P}\cdot F_{\boldsymbol{p}}\Big(\boldsymbol{X}, Z, \boldsymbol{P}\Big),\\ \dfrac{\mathrm{d}\boldsymbol{P}}{\mathrm{d}t} = \mathrm{D}^2u\Big(\boldsymbol{X}(t)\Big)\dfrac{\mathrm{d}\boldsymbol{X}}{\mathrm{d}t} = \mathrm{D}^2u\Big(\boldsymbol{X}(t)\Big)\cdot F_{\boldsymbol{p}}(\boldsymbol{X}, Z, \boldsymbol{P})\\ \qquad = -F_{\boldsymbol{x}}\Big(\boldsymbol{X}, Z, \boldsymbol{P}\Big) - F_z\Big(\boldsymbol{X}, Z, \boldsymbol{P}\Big)\cdot\boldsymbol{P},\end{cases}$$

且

$$\boldsymbol{X}(0) = \hat{\boldsymbol{x}}, \quad Z(0) = u(\hat{\boldsymbol{x}}), \quad \boldsymbol{P}(0) = \mathrm{D}u(\hat{\boldsymbol{x}}).$$

由常微分方程 Cauchy 问题解的唯一性, 知

$$\boldsymbol{X}(t)=\boldsymbol{x}(t),\quad Z(t)=z(t),\quad \boldsymbol{P}(t)=\boldsymbol{p}(t).$$

从而

$$z(t)=u\big(\boldsymbol{X}(t)\big)=u\big(\boldsymbol{x}(t)\big),\quad \boldsymbol{p}(t)=\mathrm{D}u\big(\boldsymbol{X}(t)\big)=\mathrm{D}u\big(\boldsymbol{x}(t)\big).\qquad\square$$

在引理 6.2.1 和引理 6.2.2 的基础上, 得到下面求解一阶方程 Cauchy 问题

$$\begin{cases}F(\boldsymbol{x},u,\mathrm{D}u)=0,\\ u(\boldsymbol{X}(\boldsymbol{s}))=Z(\boldsymbol{s})\end{cases}\tag{6.2.6}$$

的方法, 其中 $\boldsymbol{s}\in\mathbf{R}^{n-1}$, $\varGamma:\boldsymbol{x}=\boldsymbol{X}(\boldsymbol{s}),\ z=Z(\boldsymbol{s})$ 是 $\mathbf{R}^{n+1}$ 中的 $n-1$ 维曲面. 具体步骤如下:

第一步: 写出 $\boldsymbol{X}(\boldsymbol{s})$, $Z(\boldsymbol{s})$, 求解 n 阶代数方程组

$$\begin{cases}F\big(\boldsymbol{X}(\boldsymbol{s}),Z(\boldsymbol{s}),\boldsymbol{P}(\boldsymbol{s})\big)=0,\\ \boldsymbol{P}(\boldsymbol{s})\cdot\mathrm{D}\boldsymbol{X}(\boldsymbol{s})=\mathrm{D}Z(\boldsymbol{s})\end{cases}\tag{6.2.7}$$

中的 $\boldsymbol{P}(s)$. 若问题 (6.2.6) 有解 u, 则在 $\varGamma$ 上总有

$$\begin{cases}F\big(\boldsymbol{X}(\boldsymbol{s}),Z(\boldsymbol{s}),\mathrm{D}u(\boldsymbol{X}(\boldsymbol{s}))\big)=0,\\ \mathrm{D}u\big(\boldsymbol{X}(\boldsymbol{s})\big)\cdot\mathrm{D}\boldsymbol{X}(\boldsymbol{s})=\mathrm{D}Z(\boldsymbol{s}),\end{cases}$$

从而方程组 (6.2.7) 有解 $\boldsymbol{P}(\boldsymbol{s})=\mathrm{D}u\big(\boldsymbol{X}(\boldsymbol{s})\big)$. 若方程组 (6.2.7) 无解, 则问题 (6.2.6) 也无解. 下设方程组 (6.2.7) 有解.

第二步: 求解特征方程组的初值问题

$$\begin{cases}\dfrac{\mathrm{d}\boldsymbol{x}}{\mathrm{d}t}=F_{\boldsymbol{p}}(\boldsymbol{x},z,\boldsymbol{p}), & \boldsymbol{x}(0,\boldsymbol{s})=\boldsymbol{X}(\boldsymbol{s}),\\ \dfrac{\mathrm{d}z}{\mathrm{d}t}=\boldsymbol{p}\cdot F_{\boldsymbol{p}}(\boldsymbol{x},z,\boldsymbol{p}), & z(0,\boldsymbol{s})=Z(\boldsymbol{s}),\\ \dfrac{\mathrm{d}\boldsymbol{p}}{\mathrm{d}t}=-F_{\boldsymbol{x}}(\boldsymbol{x},z,\boldsymbol{p})-\boldsymbol{p}\cdot F_z(\boldsymbol{x},z,\boldsymbol{p}), & \boldsymbol{p}(0,\boldsymbol{s})=\boldsymbol{P}(\boldsymbol{s}),\end{cases}$$

得到 C^2 解

$$\begin{cases}\boldsymbol{x}=\boldsymbol{x}(t,\boldsymbol{s}),\\ z=z(t,\boldsymbol{s}),\\ \boldsymbol{p}=\boldsymbol{p}(t,\boldsymbol{s}).\end{cases}$$

第三步: 从 $\boldsymbol{x}=\boldsymbol{x}(t,\boldsymbol{s})$ 中反解出 $t=t(\boldsymbol{x})$, $\boldsymbol{s}=\boldsymbol{s}(\boldsymbol{x})$, 这时需要相应的 Jacobi 矩阵

$$\mathrm{D}_{(t,\boldsymbol{s})}\boldsymbol{x}(t,\boldsymbol{s})=\left(\frac{\partial\boldsymbol{x}}{\partial t},\frac{\partial\boldsymbol{x}}{\partial\boldsymbol{s}}\right)^{\mathrm{T}}$$

在 $t=0$ 处的秩是满的, 即

$$\Delta(\boldsymbol{s}):=\begin{vmatrix} F_{\boldsymbol{p}}\big(\boldsymbol{X}(\boldsymbol{s}),Z(\boldsymbol{s}),\boldsymbol{P}(\boldsymbol{s})\big) \\ \mathrm{D}\boldsymbol{X}(\boldsymbol{s}) \end{vmatrix}\neq 0.$$

第四步: $u(\boldsymbol{x})=z\big(t(\boldsymbol{x}),\boldsymbol{s}(\boldsymbol{x})\big)$ 是问题 (6.2.6) 的解. 事实上, 由 $\boldsymbol{x}\equiv\boldsymbol{x}(t(\boldsymbol{x}),\boldsymbol{s}(\boldsymbol{x}))$ 和 $\boldsymbol{X}(\boldsymbol{s})=\boldsymbol{x}(0,\boldsymbol{s})$, 有

$$t\big(\boldsymbol{X}(\boldsymbol{s})\big)=0,\quad \boldsymbol{s}\big(\boldsymbol{X}(\boldsymbol{s})\big)=\boldsymbol{s},\quad u\big(\boldsymbol{X}(\boldsymbol{s})\big)=z\big(t\big(\boldsymbol{X}(\boldsymbol{s})\big),\boldsymbol{s}\big(\boldsymbol{X}(\boldsymbol{s})\big)\big)=z(0,\boldsymbol{s})=Z(\boldsymbol{s}).$$

由引理 6.2.1 和方程组 (6.2.7) 知

$$\begin{aligned} F\big(\boldsymbol{x},u(\boldsymbol{x}),\boldsymbol{p}(t(\boldsymbol{x}),\boldsymbol{s}(\boldsymbol{x}))\big)&=F\big(\boldsymbol{x}(t,\boldsymbol{s}),z(t,\boldsymbol{s}),\boldsymbol{p}(t,\boldsymbol{s})\big)\\ &=F\big(\boldsymbol{x}(0,\boldsymbol{s}),z(0,\boldsymbol{s}),\boldsymbol{p}(0,\boldsymbol{s})\big)\\ &=F\big(\boldsymbol{X}(\boldsymbol{s}),Z(\boldsymbol{s}),\boldsymbol{P}(\boldsymbol{s})\big)=0. \end{aligned}$$

下证: $\mathrm{D}u(\boldsymbol{x})=\boldsymbol{p}\big(t(\boldsymbol{x}),\boldsymbol{s}(\boldsymbol{x})\big)$, 即 $\mathrm{D}u\big(\boldsymbol{x}(t,\boldsymbol{s})\big)=\boldsymbol{p}(t,\boldsymbol{s})$.

由 $z(t,\boldsymbol{s})=u\big(\boldsymbol{x}(t,\boldsymbol{s})\big)$ 有

$$\mathrm{D}_{(t,\boldsymbol{s})}z(t,\boldsymbol{s})=\mathrm{D}_{\boldsymbol{x}}u\big(\boldsymbol{x}(t,\boldsymbol{s})\big)\cdot\mathrm{D}_{(t,\boldsymbol{s})}\boldsymbol{x}(t,\boldsymbol{s}).$$

由 $\Delta(\boldsymbol{s})\neq 0,\mathrm{D}_{(t,\boldsymbol{s})}\boldsymbol{x}$ 可逆, 只需证明

$$\mathrm{D}_{(t,\boldsymbol{s})}z(t,\boldsymbol{s})=\boldsymbol{p}(t,\boldsymbol{s})\cdot\mathrm{D}_{(t,\boldsymbol{s})}\boldsymbol{x}(t,\boldsymbol{s}),$$

即

$$\frac{\partial z}{\partial t}=\boldsymbol{p}\cdot\frac{\partial\boldsymbol{x}}{\partial t},\quad \frac{\partial z}{\partial s_i}=\boldsymbol{p}\cdot\frac{\partial\boldsymbol{x}}{\partial s_i},\quad i=1,2,\cdots,n-1.$$

由第二步知, 第一个式子是显然的. 为证第二个式子, 取

$$\beta_i(t,\boldsymbol{s})=\frac{\partial z}{\partial s_i}-\boldsymbol{p}\cdot\frac{\partial\boldsymbol{x}}{\partial s_i}.$$

现在证明

$$\beta_i\equiv 0,\quad i=1,2,\cdots,n-1.$$

由方程组 (6.2.7) 得

$$\beta_i(0,\boldsymbol{s})=\frac{\partial Z}{\partial s_i}-\boldsymbol{P}(\boldsymbol{s})\cdot\frac{\partial\boldsymbol{X}}{\partial s_i}=0.$$

由特征方程组有

$$\begin{aligned} \frac{\partial\beta_i}{\partial t}&=\frac{\partial^2 z}{\partial t\partial s_i}-\frac{\partial\boldsymbol{p}}{\partial t}\cdot\frac{\partial\boldsymbol{x}}{\partial s_i}-\boldsymbol{p}\cdot\frac{\partial^2\boldsymbol{x}}{\partial t\partial s_i}\\ &=\frac{\partial}{\partial s_i}\Big(\boldsymbol{p}\cdot\frac{\partial\boldsymbol{x}}{\partial t}\Big)-\frac{\partial\boldsymbol{p}}{\partial t}\cdot\frac{\partial\boldsymbol{x}}{\partial s_i}-\boldsymbol{p}\cdot\frac{\partial^2\boldsymbol{x}}{\partial t\partial s_i}\\ &=\frac{\partial\boldsymbol{p}}{\partial s_i}\cdot\frac{\partial\boldsymbol{x}}{\partial t}-\frac{\partial\boldsymbol{p}}{\partial t}\cdot\frac{\partial\boldsymbol{x}}{\partial s_i} \end{aligned}$$

$$
\begin{aligned}
&= \frac{\partial \boldsymbol{p}}{\partial s_i} F_{\boldsymbol{p}} - (-F_{\boldsymbol{x}} - \boldsymbol{p} F_z) \cdot \frac{\partial \boldsymbol{x}}{\partial s_i} \\
&= \frac{\partial F}{\partial s_i} - F_z \Big(\frac{\partial z}{\partial s_i} - \boldsymbol{p} \cdot \frac{\partial \boldsymbol{x}}{\partial s_i} \Big) \\
&= 0 - F_z \, \beta_i .
\end{aligned}
$$

由常微分方程 Cauchy 问题解的唯一性, 得 $\beta_i \equiv 0$.

综上所述, 得到

定理 6.2.3 若代数方程组 (6.2.7) 有解 $\boldsymbol{P}(\boldsymbol{s})$, 且 $\Delta(\boldsymbol{s}) \neq 0$, 则 Cauchy 问题 (6.2.6) 在 $\Gamma : \boldsymbol{x} = \boldsymbol{X}(\boldsymbol{s}),\ z = Z(\boldsymbol{s})$ 的邻域内有 C^2 解.

例题 6.2.4 求解

$$
\begin{cases}
2u_x u_y = u, \\
u(0, y) = \dfrac{y^2}{2}.
\end{cases}
$$

解 容易看出

$$
X(s) = 0, \quad Y(s) = s, \quad Z(s) = \frac{s^2}{2}; \quad F(x, y, z, p, q) = 2pq - z.
$$

求解代数方程组

$$
\begin{cases}
F\big(X(s), Y(s), Z(s), P(s), Q(s)\big) = 0, \\
Z(s) = P(s) X'(s) + Q(s) Y'(s),
\end{cases}
$$

即

$$
\begin{cases}
2PQ - \dfrac{s^2}{2} = 0, \\
s = p \cdot 0 + Q \cdot 1.
\end{cases}
$$

解之, 得

$$
\begin{cases}
P = \dfrac{s}{4}, \\
Q = s.
\end{cases}
$$

求解特征方程组的初值问题

$$
\begin{cases}
\dfrac{\mathrm{d}x}{\mathrm{d}t} = F_p = 2q, & x(0, s) = 0, \\
\dfrac{\mathrm{d}y}{\mathrm{d}t} = F_q = 2p, & y(0, s) = s, \\
\dfrac{\mathrm{d}z}{\mathrm{d}t} = (p, q) \cdot (F_p, F_q) = 4pq, & z(0, s) = \dfrac{s^2}{2}, \\
\dfrac{\mathrm{d}p}{\mathrm{d}t} = -F_x - pF_z = p, & p(0, s) = \dfrac{s}{4}, \\
\dfrac{\mathrm{d}q}{\mathrm{d}t} = -F_y - qF_z = q, & q(0, s) = s,
\end{cases}
$$

得

$$\begin{cases} x = 2s(\mathrm{e}^t - 1), \\ y = \dfrac{s}{2}(\mathrm{e}^t + 1), \\ z = \dfrac{s^2}{2}\mathrm{e}^{2t}, \\ p = \dfrac{s}{4}\mathrm{e}^t, \\ q = s\mathrm{e}^t. \end{cases}$$

从前两个式子中反解出

$$\mathrm{e}^t = \frac{4y + x}{4y - x}, \quad s = y - \frac{x}{4},$$

所以, 原问题的解

$$u(x, y) = z\big(t(x, y), s(x, y)\big) = \frac{1}{2}\Big(y - \frac{x}{4}\Big)^2\Big(\frac{4y + x}{4y - x}\Big)^2 = \frac{1}{32}(x + 4y)^2. \qquad \square$$

习题 6.2.3 求解 Cauchy 问题

$$\begin{cases} (u_x)^2 + (u_y)^2 = u^2, \\ u(\cos s, \sin s) = 1. \end{cases}$$

习题 6.2.4 求解 Cauchy 问题

$$\begin{cases} u_y = (u_x)^3, \\ u(x, 0) = 2x^{\frac{3}{2}}. \end{cases}$$

§6.3 附录: 多重指标及其应用

多重指标: 对多重指标 $\boldsymbol{\alpha} = (\alpha_1, \alpha_2, \cdots, \alpha_n) \in \mathbf{N}^n$ 和点 $\boldsymbol{x} = (x_1, x_2, \cdots, x_n) \in \mathbf{R}^n$, 定义

$$\boldsymbol{\alpha}! = \alpha_1!\alpha_2!\cdots\alpha_n!, \qquad \boldsymbol{x}^{\boldsymbol{\alpha}} = x_1^{\alpha_1}x_2^{\alpha_2}\cdots x_n^{\alpha_n}.$$

二项式定理: 设 $\boldsymbol{a} = (a_1, a_2) \in \mathbf{N}^2$, 则

$$(a_1+a_2)^k = \sum_{\beta_1=0}^{k} \frac{k!}{\beta_1!(k-\beta_1)!}a_1^{\beta_1}a_2^{k-\beta_1} = \sum_{\beta_1+\beta_2=k} \frac{k!}{\beta_1!\beta_2!}a_1^{\beta_1}a_2^{\beta_2} = \sum_{|\boldsymbol{\beta}|=k,\boldsymbol{\beta}\in\mathbf{N}^2} \frac{k!}{\boldsymbol{\beta}!}\boldsymbol{a}^{\boldsymbol{\beta}}.$$

多项式定理:

$$\Big(\sum_{i=1}^{m} a_i\Big)^k = \sum_{|\boldsymbol{\beta}|=k,\boldsymbol{\beta}\in\mathbf{N}^m} \frac{k!}{\boldsymbol{\beta}!}\boldsymbol{a}^{\boldsymbol{\beta}} = \sum_{\beta_1+\beta_2+\cdots+\beta_m=k} \frac{k!}{\beta_1!\cdots\beta_m!}a_1^{\beta_1}\cdots a_m^{\beta_m}.$$

一元函数的 Taylor 级数:

$$f(x)=\sum_{\alpha=0}^{\infty}\frac{1}{\alpha!}f^{(\alpha)}(0)x^{\alpha}=\sum_{\alpha\in\mathbf{N}}a_{\alpha}x^{\alpha},$$

其中 $a_{\alpha}=\dfrac{1}{\alpha!}f^{(\alpha)}(0)$.

***n* 元函数的 Taylor 级数:**

$$f(\boldsymbol{x})=\sum_{\alpha_1,\cdots,\alpha_n=0}^{\infty}\frac{1}{\alpha_1!\alpha_2!\cdots\alpha_n!}\frac{\partial^{\alpha_1+\alpha_2+\cdots+\alpha_n}f}{\partial x_1^{\alpha_1}\partial x_2^{\alpha_2}\cdots\partial x_n^{\alpha_n}}(\mathbf{0})x_1^{\alpha_1}\cdots x_n^{\alpha_n}=\sum_{\boldsymbol{\alpha}\in\mathbf{N}^n}a_{\boldsymbol{\alpha}}\boldsymbol{x}^{\boldsymbol{\alpha}},$$

其中 $a_{\boldsymbol{\alpha}}=\dfrac{1}{\boldsymbol{\alpha}!}\dfrac{\partial^{|\boldsymbol{\alpha}|}f}{\partial\boldsymbol{x}^{\boldsymbol{\alpha}}}(\mathbf{0})$.

例题 6.3.1 对 $x\in\mathbf{R},|x|<1$, 有

$$\frac{1}{1-x}=\sum_{k=0}^{\infty}x^k.$$

对 $\boldsymbol{x}=(x_1,x_2,\cdots,x_n)\in\mathbf{R}^n$, 且 $\left|\sum\limits_{i=1}^{n}x_i\right|<1$, 有

$$\frac{1}{1-\sum\limits_{i=1}^{n}x_i}=\sum_{k=0}^{\infty}\left(\sum_{i=1}^{n}x_i\right)^k=\sum_{k=0}^{\infty}\sum_{|\boldsymbol{\alpha}|=k}\frac{k!}{\boldsymbol{\alpha}!}\boldsymbol{x}^{\boldsymbol{\alpha}}=\sum_{\boldsymbol{\alpha}\in\mathbf{N}^n}\frac{|\boldsymbol{\alpha}|!}{\boldsymbol{\alpha}!}\boldsymbol{x}^{\boldsymbol{\alpha}}.$$

习题 6.3.1 设 $f(\boldsymbol{x})$, $g(\boldsymbol{x})$ 是 $\mathbf{R}^n$ 上的 m 次连续可微函数, 证明

$$\mathrm{D}^{\boldsymbol{\alpha}}\Big(fg\Big)=\sum_{\boldsymbol{\beta}+\boldsymbol{\gamma}=\boldsymbol{\alpha}}\frac{\boldsymbol{\alpha}!}{\boldsymbol{\beta}!\boldsymbol{\gamma}!}\Big(\mathrm{D}^{\boldsymbol{\beta}}f\Big)\Big(\mathrm{D}^{\boldsymbol{\gamma}}g\Big),\qquad|\boldsymbol{\alpha}|\leqslant m.$$

§6.4 习题解答

习题 6.1.1 利用幂级数求形式解的方法求解 Cauchy 问题

$$\begin{cases}u_t=u_x+(x-t)u-\mathrm{e}^{xt},\\u(x,0)=x.\end{cases}$$

解 设 $v(x,t)=u(x,t)-x$, 那么

$$v_x=u_x-1,\quad v_t=u_t,\quad v(x,0)=u(x,0)-x=0.$$

从而原 Cauchy 问题可化为

$$\begin{cases}v_t=v_x+1+(x-t)(v+x)-\mathrm{e}^{xt},\\v(x,0)=0.\end{cases}$$

令 $v(x,t)=\sum\limits_{i,j=0}^{\infty} C_{ij}x^i t^j$. 那么

$$v_x=\sum_{i,j=0}^{\infty} iC_{ij}x^{i-1}t^j, \quad v_t=\sum_{i,j=0}^{\infty} jC_{ij}x^i t^{j-1}.$$

由方程有

$$x^2-xt+\sum_{i,j=0}^{\infty} iC_{ij}x^{i-1}t^j+\sum_{i,j=0}^{\infty} C_{ij}x^{i+1}t^j-\sum_{i=1}^{\infty}\frac{1}{i!}x^i t^i-$$
$$\sum_{i,j=0}^{\infty} C_{ij}x^i t^{j+1}-\sum_{i,j=0}^{\infty} jC_{ij}x^i t^{j-1}=0.$$

利用数学归纳法我们得到, 对于 $i\geqslant 1$, $C_{(i+1)i}=\dfrac{1}{i!}$. 而对于指标取其他值时, $C_{ij}=0$. 因此

$$v(x,t)=\sum_{i=1}^{\infty}\frac{x^{i+1}t^i}{i!}.$$

从而

$$u(x,t)=x+v(x,t)=x\sum_{i=0}^{\infty}\frac{(xt)^i}{i!}=x\mathrm{e}^{xt}.$$ □

习题 6.2.1 求解 Cauchy 问题

$$\begin{cases} u_x+u_y=u^2, \\ u(x,0)=h(x). \end{cases}$$

解 容易看出

$$\begin{aligned} &a=b=1, \quad c=z^2, \\ &X(s)=s, \quad Y(s)=0, \quad Z(s)=h(s), \\ &\Delta(s)=0-1=-1\neq 0. \end{aligned}$$

特征方程组的初值问题

$$\begin{cases} \dfrac{\mathrm{d}x}{\mathrm{d}t}=1, \quad x(0,s)=s, \\ \dfrac{\mathrm{d}y}{\mathrm{d}t}=1, \quad y(0,s)=0, \\ \dfrac{\mathrm{d}z}{\mathrm{d}t}=z^2, \quad z(0,s)=h(s) \end{cases}$$

的解为

$$\begin{cases} x=t+s, \\ y=t, \\ z=\dfrac{h(s)}{1-th(s)}, \end{cases}$$

从而原问题的解为

$$u(x,y)=\frac{h(x-y)}{1-yh(x-y)}.$$ □

习题 6.2.2 求解 Cauchy 问题

$$\begin{cases} x^2u_x+y^2u_y=u^2,\\ u(x,2x)=1. \end{cases}$$

解 容易看出

$$a=x^2,\quad b=y^2,\quad c=z^2,$$
$$X(s)=s,\quad Y(s)=2s,\quad Z(s)=1,$$
$$\Delta(s)=2s^2-4s^2=-2s^2\neq 0.$$

特征方程组的初值问题

$$\begin{cases} \dfrac{\mathrm{d}x}{\mathrm{d}t}=x^2,\quad x(0,s)=s,\\ \dfrac{\mathrm{d}y}{\mathrm{d}t}=y^2,\quad y(0,s)=2s,\\ \dfrac{\mathrm{d}z}{\mathrm{d}t}=z^2,\quad z(0,s)=1 \end{cases}$$

的解为

$$\begin{cases} x=\dfrac{s}{1-ts},\\ y=\dfrac{2s}{1-2ts},\\ z=\dfrac{1}{1-t}, \end{cases}$$

从而原问题的解为

$$u(x,y)=\frac{xy}{xy+2x-y}.$$ □

习题 6.2.3 求解 Cauchy 问题

$$\begin{cases} (u_x)^2+(u_y)^2=u^2,\\ u(\cos s,\sin s)=1. \end{cases}$$

解 容易看出

$$F(x,y,z,p,q)=p^2+q^2-z^2,$$
$$X(s)=\cos s, Y(s)=\sin s, Z(s)=1.$$

求解代数方程组

$$\begin{cases} F(X(s),Y(s),Z(s),P(s),Q(s))=0,\\ P(s)X'(s)+Q(s)Y'(s)=Z'(s), \end{cases}$$

即

$$\begin{cases} P^2+Q^2-1=0, \\ -P(s)\sin s+Q(s)\cos s=0. \end{cases}$$

解之, 得

$$\begin{cases} P=\pm\cos s, \\ Q=\pm\sin s. \end{cases}$$

求解特征方程组的初值问题

$$\begin{cases} \dfrac{\mathrm{d}x}{\mathrm{d}t}=F_p=2p, & x(0,s)=\cos s, \\ \dfrac{\mathrm{d}y}{\mathrm{d}t}=F_q=2q, & y(0,s)=\sin s, \\ \dfrac{\mathrm{d}z}{\mathrm{d}t}=(p,q)\cdot(F_p,F_q)=2p^2+2q^2, & z(0,s)=1, \\ \dfrac{\mathrm{d}p}{\mathrm{d}t}=-F_x-F_zp=2zp, & p(0,s)=\pm\cos s, \\ \dfrac{\mathrm{d}q}{\mathrm{d}t}=-F_y-F_zq=2zq, & q(0,s)=\pm\sin s, \end{cases}$$

由后三个常微分方程及初始条件解得

$$\frac{\mathrm{d}z}{\mathrm{d}t}=2z^2.$$

即 $z=\dfrac{1}{1-2t}$. 从而解得

$$\begin{cases} p=\dfrac{\pm\cos s}{1-2t}, \\ q=\dfrac{\pm\sin s}{1-2t}, \\ x=(1\mp\ln(1-2t))\cos s, \\ y=(1\mp\ln(1-2t))\sin s. \end{cases}$$

由后两个式子解得

$$1-2t=\mathrm{e}^{\pm(1-\sqrt{x^2+y^2})},$$

所以

$$u(x,y)=\mathrm{e}^{\pm(\sqrt{x^2+y^2}-1)}. \qquad \square$$

习题 6.2.4 求解 Cauchy 问题

$$\begin{cases} u_y=(u_x)^3, \\ u(x,0)=2x^{\frac{3}{2}}. \end{cases}$$

解 容易看出

$$F(x,y,z,p,q)=p^3-q,$$
$$X(s)=s,\quad Y(s)=0,\quad Z(s)=2s^{\frac{3}{2}}.$$

求解代数方程组

$$\begin{cases} F\Big(X(s),Y(s),Z(s),P(s),Q(s)\Big)=0,\\ P(s)X'(s)+Q(s)Y'(s)=Z'(s), \end{cases}$$

即

$$\begin{cases} P^3-Q=0,\\ P=3s^{\frac{1}{2}}. \end{cases}$$

解之, 得

$$\begin{cases} P=3s^{\frac{1}{2}},\\ Q=27s^{\frac{3}{2}}. \end{cases}$$

求解特征方程组的初值问题

$$\begin{cases} \dfrac{\mathrm{d}x}{\mathrm{d}t}=F_p=3p^2, & x(0,s)=s,\\ \dfrac{\mathrm{d}y}{\mathrm{d}t}=F_q=-1, & y(0,s)=0,\\ \dfrac{\mathrm{d}z}{\mathrm{d}t}=(p,q)\cdot(F_p,F_q)=3p^3-q, & z(0,s)=2s^{\frac{3}{2}},\\ \dfrac{\mathrm{d}p}{\mathrm{d}t}=-F_x-F_zp=0, & p(0,s)=3s^{\frac{1}{2}},\\ \dfrac{\mathrm{d}q}{\mathrm{d}t}=-F_y-F_zq=0, & q(0,s)=27s^{\frac{3}{2}}, \end{cases}$$

得

$$\begin{cases} x=s(27t+1),\\ y=-t,\\ z=2s^{\frac{3}{2}}(27t+1),\\ p=3s^{\frac{1}{2}},\\ q=27s^{\frac{3}{2}}. \end{cases}$$

从前两个方程反解出

$$\begin{cases} t=-y,\\ s=\dfrac{x}{1-27y}, \end{cases}$$

所以原问题的解

$$u(x,y)=z(t(x,y),s(x,y))=2\frac{x^{\frac{3}{2}}}{(1-27y)^{\frac{3}{2}}}(1-27y)=\frac{2x^{\frac{3}{2}}}{\sqrt{1-27y}}.\qquad\Box$$

习题 6.3.1 设 $f(\boldsymbol{x})$, $g(\boldsymbol{x})$ 是 $\mathbf{R}^n$ 上的 m 次连续可微函数, 证明

$$\mathrm{D}^{\boldsymbol{\alpha}}\Big(fg\Big) = \sum_{\boldsymbol{\beta}+\boldsymbol{\gamma}=\boldsymbol{\alpha}} \frac{\boldsymbol{\alpha}!}{\boldsymbol{\beta}!\boldsymbol{\gamma}!}\Big(\mathrm{D}^{\boldsymbol{\beta}} f\Big)\Big(\mathrm{D}^{\boldsymbol{\gamma}} g\Big), \qquad |\boldsymbol{\alpha}| \leqslant m.$$

证明 $m=1$ 时, $\mathrm{D}(fg) = g\mathrm{D}f + f\mathrm{D}g$ 显然成立. 假设 $|\boldsymbol{\alpha}| \leqslant m$ 时上式成立, 即

$$\mathrm{D}^{\boldsymbol{\alpha}}(fg) = \sum_{\boldsymbol{\beta}\leqslant\boldsymbol{\alpha}} \binom{\boldsymbol{\alpha}}{\boldsymbol{\beta}} \left(\mathrm{D}^{\boldsymbol{\beta}} f\right)\left(\mathrm{D}^{\boldsymbol{\alpha}-\boldsymbol{\beta}} g\right).$$

下证 $|\boldsymbol{\alpha}| \leqslant m+1$ 的情形.

取 $\boldsymbol{\alpha} = \boldsymbol{\sigma} + \boldsymbol{\gamma}$, 其中 $|\boldsymbol{\sigma}| = m, |\boldsymbol{\gamma}| = 1$, 则由归纳假设知

$$\begin{aligned}
\mathrm{D}^{\boldsymbol{\alpha}}(fg) &= \mathrm{D}^{\boldsymbol{\gamma}}(\mathrm{D}^{\boldsymbol{\sigma}}(fg)) \\
&= \mathrm{D}^{\boldsymbol{\gamma}}\left(\sum_{\boldsymbol{\beta}\leqslant\boldsymbol{\sigma}} \binom{\boldsymbol{\sigma}}{\boldsymbol{\beta}} (\mathrm{D}^{\boldsymbol{\beta}} f)(\mathrm{D}^{\boldsymbol{\sigma}-\boldsymbol{\beta}} g)\right) \\
&= \sum_{\boldsymbol{\beta}\leqslant\boldsymbol{\sigma}} \binom{\boldsymbol{\sigma}}{\boldsymbol{\beta}} \left(\mathrm{D}^{\boldsymbol{\beta}+\boldsymbol{\gamma}} f \mathrm{D}^{\boldsymbol{\sigma}-\boldsymbol{\beta}} g + \mathrm{D}^{\boldsymbol{\beta}} f \mathrm{D}^{\boldsymbol{\alpha}-\boldsymbol{\beta}} g\right) \\
&= \sum_{\boldsymbol{\beta}\leqslant\boldsymbol{\sigma}} \binom{\boldsymbol{\sigma}}{\boldsymbol{\beta}} \mathrm{D}^{\boldsymbol{\beta}} f \mathrm{D}^{\boldsymbol{\alpha}-\boldsymbol{\beta}} g + \sum_{\boldsymbol{\beta}\leqslant\boldsymbol{\sigma}} \binom{\boldsymbol{\sigma}}{\boldsymbol{\beta}} \mathrm{D}^{\boldsymbol{\beta}+\boldsymbol{\gamma}} f \mathrm{D}^{\boldsymbol{\sigma}-\boldsymbol{\beta}} g \\
&= \sum_{\boldsymbol{\beta}\leqslant\boldsymbol{\sigma}} \binom{\boldsymbol{\sigma}}{\boldsymbol{\beta}} \mathrm{D}^{\boldsymbol{\beta}} f \mathrm{D}^{\boldsymbol{\alpha}-\boldsymbol{\beta}} g + \sum_{\boldsymbol{\beta}\leqslant\boldsymbol{\alpha}} \binom{\boldsymbol{\sigma}}{\boldsymbol{\beta}-\boldsymbol{\gamma}} \mathrm{D}^{\boldsymbol{\beta}} f \mathrm{D}^{\boldsymbol{\alpha}-\boldsymbol{\beta}} g \\
&= \sum_{\boldsymbol{\beta}\leqslant\boldsymbol{\alpha}} \left(\binom{\boldsymbol{\sigma}}{\boldsymbol{\beta}} + \binom{\boldsymbol{\sigma}}{\boldsymbol{\beta}-\boldsymbol{\gamma}}\right) \mathrm{D}^{\boldsymbol{\beta}} f \mathrm{D}^{\boldsymbol{\alpha}-\boldsymbol{\beta}} g \\
&= \sum_{\boldsymbol{\beta}\leqslant\boldsymbol{\alpha}} \binom{\boldsymbol{\alpha}}{\boldsymbol{\beta}} \mathrm{D}^{\boldsymbol{\beta}} f \mathrm{D}^{\boldsymbol{\alpha}-\boldsymbol{\beta}} g,
\end{aligned}$$

所以上式对 $|\boldsymbol{\alpha}| \leqslant m+1$ 也成立, 从而得证. □

§6.5 拓展习题与阅读

习题 6.5.1 设 $B_1 = \left\{(x,y) \in \mathbf{R}^2 \middle| x^2+y^2<1\right\}$, $u \in C^1(\overline{B}_1)$ 是

$$a(x,y)u_x + b(x,y)u_y = -u, \qquad x \in \overline{B}_1$$

的解. 若在 $\partial\Omega$ 上 $xa(x,y) + yb(x,y) > 0$, 则 u 在 $\overline{B}_1$ 上恒为零.

习题 6.5.2 设 $P, Q \in C^1$. 证明 $P(x,y)\,\mathrm{d}x + Q(x,y)\mathrm{d}y$ 有积分因子, 即存在函数 $\mu(x,y)$, 使得 $\mu(x,y)\Big(P(x,y)\,\mathrm{d}x + Q(x,y)\mathrm{d}y\Big)$ 是全微分.

习题 6.5.3 两个一阶偏微分方程

$$F\Big(x,y,u,u_x,u_y\Big)=0,\qquad G\Big(x,y,u,u_x,u_y\Big)=0$$

有一个公共解, 当且仅当

$$\frac{\partial(F,G)}{\partial(x,p)}+p\frac{\partial(F,G)}{\partial(u,p)}+\frac{\partial(F,G)}{\partial(y,q)}+q\frac{\partial(F,G)}{\partial(u,q)}=0$$

或者恒成立, 或者是 $F(x,y,u,p,q)=0$ 和 $G(x,y,u,p,q)=0$ 的一个推论.

习题 6.5.4 证明: 初值问题

$$\begin{cases}u_t=u_{xx},\\ u(x,0)=\dfrac{1}{1-x}\end{cases}$$

在原点 $(0,0)$ 没有实解析的解.

习题 6.5.5 通过设 $v=u_t+au_x$ 将

$$\begin{cases}u_{tt}-a^2u_{xx}=f(x,t),\\ u(x,0)=\varphi(x),\quad u_t(x,0)=\psi(x)\end{cases}$$

化为两个一阶偏微分方程的 Cauchy 问题, 进而求解上述非齐次弦振动方程的 Cauchy 问题.

习题 6.5.6 求解 Cauchy 问题

$$\begin{cases}\displaystyle\sum_{i=1}^{n}x_iu_{x_i}=3u,\\ u(x_1,x_2,\cdots,x_{n-1},1)=h(x_1,x_2,\cdots,x_{n-1}).\end{cases}$$

习题 6.5.7 设 $u=\varphi(\boldsymbol{x},z)$ 是线性方程

$$\sum_{i=1}^{n}a_i(\boldsymbol{x},z)u_{x_i}+b(\boldsymbol{x},z)u_z=0$$

的解. 证明: 若 $\varphi_z(\boldsymbol{x},z)$ 在满足 $\varphi(\boldsymbol{x},z)=0$ 的点上不为零, 则 $\varphi(\boldsymbol{x},z)=0$ 是方程

$$\sum_{i=1}^{n}a_i(\boldsymbol{x},v)v_{x_i}=b(\boldsymbol{x},v)$$

的一个隐式解 $z=v(\boldsymbol{x})$.

习题 6.5.8 阅读 Koblitz A H 著, 赵斌译的《旷代女杰 —— 柯瓦列夫斯卡娅 (Kovalevskaya) 传》, 上海辞书出版社, 2011.

§6.6 附注及参考文献

在第六章中, 我们给出了一阶偏微分方程 Cauchy 问题幂级数解的局部存在唯一性, 以及求解的特征方法; 没有涉及其他解法 (如包络方法) 和一般的一阶方程 (组) 理论等相关内容. 有兴趣的读者可按照标注分别参考下列文献:

[1] (包络方法) 保继光, 朱汝金. 偏微分方程 (第三章). 北京: 北京师范大学出版社, 2011.

[2] (包络方法) 郇中丹, 黄海洋. 偏微分方程. 2 版 (第三章). 北京: 高等教育出版社, 2013.

[3] (各类解法) Kamke E. 一阶偏微分方程手册. 李鸿祥, 译. 北京: 科学出版社, 1983.

[4] (一般的一阶方程组理论) 谷超豪, 李大潜, 陈恕行, 等. 数学物理方程. 3 版 (第二章). 北京: 高等教育出版社, 2012.

[5] (一般的一阶方程理论) Evans L C. Partial differential equations. 2nd ed (第三章). New York: American Mathematical Society, 2010.